管理大師 彼得・杜拉克 談創新實務與策略

# 創新 與 創業精神

# INNOVATION
# AND
# ENTREPRENEURSHIP

PETER F. DRUCKER

彼得・杜拉克——著　蕭富峰、李田樹——譯

Innovation and Entrepreneurship
Copyright © 1995 by Chinese language Edition Arranged with Peter F. Drucker
This Edition Arranged with Peter F. Drucker through Big Apple Tuttle-Mori Agency, Inc.
Complex Chinese Edition Copyright © 2020 Faces Publications, a division of Cité Publishing Ltd.
All Rights Reserved.

企畫叢書 FP2103X

**創新與創業精神：**
管理大師彼得‧杜拉克談創新實務與策略

作　　　者　Peter F. Drucker
譯　　　者　蕭富峰、李田樹
編 輯 總 監　劉麗真
主　　　編　謝至平

發　行　人　涂玉雲
總　經　理　陳逸瑛
出　　　版　臉譜出版
　　　　　　城邦文化事業股份有限公司
　　　　　　臺北市中山區民生東路二段 141 號 5 樓
　　　　　　電話：886-2-25007696　傳真：886-2-25001952
發　　　行　英屬蓋曼群島商家庭傳媒股份有限公司城邦分公司
　　　　　　臺北市中山區民生東路二段 141 號 11 樓
　　　　　　客服專線：02-25007718；25007719
　　　　　　24 小時傳真專線：02-25001990；25001991
　　　　　　服務時間：週一至週五上午 09:30-12:00；下午 13:30-17:00
　　　　　　劃撥帳號：19863813　戶名：書虫股份有限公司
　　　　　　讀者服務信箱：service@readingclub.com.tw
　　　　　　城邦網址：http://www.cite.com.tw
香港發行所　城邦（香港）出版集團有限公司
　　　　　　香港灣仔駱克道 193 號東超商業中心 1 樓
　　　　　　電話：852-25086231 或 25086217　傳真：852-25789337
　　　　　　電子信箱：hkcite@biznetvigator.com
新馬發行所　城邦（新、馬）出版集團
　　　　　　Cite（M）Sdn. Bhd.（458372U）
　　　　　　41-3, Jalan Radin Anum, Bandar Baru Sri Petaling
　　　　　　57000 Kuala Lumpur, Malaysia.
　　　　　　電話：+6(03)-90563833　傳真：+6(03)-90576622
　　　　　　電子信箱：services@cite.my
六 版 一 刷　2020 年 12 月
六 版 二 刷　2023 年 3 月

**城邦**讀書花園
www.cite.com.tw

ISBN　978-986-235-878-8
售價　NT$ 400
版權所有‧翻印必究（Printed in Taiwan）
（本書如有缺頁、破損、倒裝，請寄回更換）

## | 推薦序一／吳思華 |
# 發揮創業精神

進入新紀元，台灣的經濟社會正面臨急遽的改變，全球高科技市場衰退重新創外銷商品，傳統產業失去成本競爭紛紛外移，一時之間股價下跌、失業人口激增、消費力大幅縮水，許多企業界的朋友都眉頭深鎖，有時不禁要問，台灣還有未來嗎？

時局雖然不好，從基本面來看，台灣擁有豐富的基本資源：人民的專業素質高、游資充裕、閒置的土地增加，同時是華人世界中最自由開放的社會，如果能夠善用這些資源，台灣應有機會。

確實有一些企業或華人已經找到新的出路：IC製造工業朝向高附加價值的IC設計移動；空氣壓縮機製造廠改作高球桿頭；純代工的製鞋成為全球運籌中心；這些例子都讓我們看到台灣產業轉型曙光。

在其他領域我們也看到一些令人興奮的例子：有的朋友把山中的農舍改建成舒適的山莊，有的則把荒蕪的山地種上薰衣草，並萃取成香精。這些改變不僅帶動休閒旅遊的商機，更提升了生活的品味。相似的案例還很多，但在在均顯示，只要創新，就有機會；而創新不全依賴科技，主要在觀念上的原創；轉型不一定需要龐大資金，要的是資源有效的重組及落實執行的毅力。

更進一步言之，所謂創新，包括新產品、新服務、新製程、新

技術、新原料及新的經營模式等各種新穎、有用、能提高生活品質的作品或服務；創業精神，則是將創新想法具體的落實完成，這包括，洞見機會、勾勒願景、吸納資源、組織團隊與落實執行。創業精神所強調的其實不只是新創事業，而是願意面對所有的不便、老化、陳腐與過時，勇於將其改變的精神以及堅持到底的毅力。無論是社會或經濟，也無論是公共服務機構或私人企業，都需要創新與創業精神。

彼得・杜拉克是管理學界的大師，他早在五〇年代就注意到創新與創業精神的重要性，經常以此為議題進行研討或發表演講，後在一九八五年將其看法撰寫成書出版。十五年後重讀此書，可以清楚的證實他所提出的觀點、創見與法則，無疑地已是現今全球興業型經濟體系最重要的知識基礎，更是實務界最具實用價值的參考依據，大師洞見未來的遠見令人折服。

在所有重要的現代經濟學家中，只有熊彼得等少數學者關切創業家及其對經濟體系的影響。台灣以中小企業起家，整個社會略顯雜亂而無章法，但到處都有一股不服輸的旺盛生命力，正是杜拉克所稱的創業型經濟。目前社會與政府的沉寂卻令人焦急，前瞻未來的變局中，如何重新燃起那股深藏在每一個人心中的創業精神，不斷的以創新回應環境的挑戰，是大家共同關注的課題。《創新與創業精神》應是一帖及時良藥，值得所有準備留在台灣奮戰的朋友們仔細一讀。

【推薦者簡介】吳思華，曾任國立政治大學商學院院長、科技管理研究所所長、校長等職，現任企業管理學系教授。著有《策略九說》等書。

## | 推薦序二／洪明洲 |
# 平凡的創新與精緻的創業

　　重讀本書，經常忘記這本書出版於一九八五年——根據距今二十年前的環境寫成的，但是，當時彼得·杜拉克的創新論點，二十年後依然歷歷如新，二十年來少有創新或創業理論能與這本書的「創新」比擬。

　　如果過去二十年，你從未讀過這本書，現在是讀這本書的時候；

　　如果你曾經讀過這本書，有什麼理由現在非要再讀一遍呢？

　　我嘗試為你找出務必要讀這本書的理由。

## 大師風格

　　過去讀這本書，除了迫於彼得·杜拉克盛名外，絕不會對本書論點「心領神會」。簡單講，以我們過去理解的創新或創業概念，這是一本「難以下嚥」的書。書中所談的創新或創業，都不是世俗的「創新」或「創業」：

　　本書的創新，很少涉及技術創新，所談的都是觀念創新或社會創新。

　　本書的創業，很少是「新事業」的創業，大部分是「老事業」

的創業。

本書的創業家，不是自己當老闆的創業家，而是敢嘗試新機會的經營者。

本書的創業精神，與冒險犯難的人格特質無關，是一種可以學習的管理技能。

這就是大師的風格 —— 他不會去談一般人在談的話題，也不會去闡述一般人的論點；即使談同樣的話題，他絕對有不同的論述。

早先，我一直排斥讀這本書 ——「創新與創業」這一年輕領域，怎麼會是一九八五年以前「陳舊年代」所能推斷出來的新趨勢？這個領域應以技術掛帥，以冒險為先，以投機為本，豈是彼得·杜拉克這位老傢伙的研究專長？

大師果然不同凡響，當他發飆起來，切入這個創新地帶，那種無人能敵的深邃洞察力，立即震撼武林。他論述創新與創業，宏、微觀的角度不時互轉、長遠期的鏡頭隨意切換：一下子談經濟理論，一下子切入社會學；一下子談汽車業的創新，馬上又轉到醫學手術，順手再提銀行業創新，必要時調侃一下政客。他不怕預測未來，更不怕綜論過去，格局展得很廣，觀點犀利得很，論理近乎海闊天空，讓讀者不自覺掉入一種全新思想境界，彼得·杜拉克式論述風格在本書發揮得淋漓盡致。

長久閱讀杜拉克的文章，我已經抓出他獨特論述的模式：闡述某項論點之前，先提出資料背景，這些資料都是一般人想像不到的

依據，他以這些資料做為論述基礎，很快做出結論。

然後，他再根據這些結論，左打、右批，不斷引證實例，也不斷用實例駁斥現實論點。由於這些引證與辯駁都十分精采（還有些複雜），讀者不自覺迷失其中，而忘了他已經做好的結論，也忘了回味這些深厚論證背後的意涵。

## 先記住結論

所以，閱讀本書時，最好記住他已經做出有別於他人的「結論」（例如，他不認同「技術創新」是一種創新），如此才會對他闡述的論點有深入的體會。由於引導這些結論的前提背景都是一般人想像不到的論證，以致讀者常不容易對這些結論有深刻的印象，例如：

他以「康朵鐵夫（Kondratieff）經濟停滯」破題，說明美國經濟已站上「創業型經濟體系」，而擺脫經濟停滯法則的制約；
他以法國經濟學家賽伊（J. B. Say）的「資源流動法則」為論證主軸，駁斥「開店小老闆」的創業家未必是具有「創業精神」的創業家；
他以「資源產生論或改變論」直陳「創新活動」的核心概念 —— 只要能改變既有資源產生財富的潛力，都是創新行為，它未必會涉及技術創新。

　　大師在本書談的創新或創業範疇，與我們認知的創新或創業近乎兩條「平行線」。大師所引述的個案都是舊產業的創新與創業：汽車、鋼鐵、診療手術、藥品、電力設備……，依據這些舊產業所發展的創新與創業論述，大師反覆論述。對此，你一定會懷疑：這樣論證適用於一九八五年以後的時空環境嗎？

　　我們都知道，這二十年的創新與創業主要由個人電腦或通訊技術驅動，我們看到產業界著名的創新與創業個案，常不在大師的舊產業與老企業範例中，例如：

　　著名的創業都來自「新興事業」（微軟、康柏、戴爾、美國線上、亞馬遜書店、eBay、雅虎等），相對的，精采的「老事業」創業案例較少。

　　著名創業家都是新興事業的創辦人，他們敢於嘗試新機會，所以當上老闆，相對的，「老事業」經營者比較沒有「機會」嘗試新機會，很少成為杜拉克描述的創業家類型。

　　上述例證是否推翻杜拉克在本書第二章說的：「能夠與社會創新相抗衡的科技創新非常少」、「創新是一個經濟性或社會性用語，而非科技性用語」？大師的論點是否太武斷？在個人電腦與網路通訊時代，創新與創業是否已經回歸「技術創新」本位？還是依然遵循本書的模式在運作？杜拉克是否太藐視技術主導的創新？究竟是我們搞錯了創新方向，還是大師太標新立異？

　　若深入思辯這些議題，我們還是要「認輸」──創新與創業不

應該掉入技術本位的陷阱，這是很多企業（不管是高科技公司或傳統公司）創新或創業失敗的原因。如果細究目前許多以創新為名的高科技公司（例如微軟），它們的成功要素主要還是靠觀念創新或社會創新 —— 遵循彼得・杜拉克的「系統化創業管理」：有目的而且有組織的尋求改變。

「系統化創業管理」是許多舊產業的老公司（像諾基亞、IBM、新力、奇異、惠普……）繼續保持成功的要素，這些老公司能夠跨出原來經營範圍，而成為家喻戶曉的創新公司，它們的經營團隊大都遵循「系統化創業管理」的實踐原則。相對的，一些陷於困境的舊產業老公司（像柯達、通用汽車、A&T、全錄……），疏於實踐這樣的管理 —— 不會追蹤創新機會，沒有系統化實踐創新管理，以致它們徒具高超技術，卻坐失創新機會。

所以，大師是對的。

大師告訴我們：技術創新只是「起火點」，絕不是全部創業的「燃料」。相對而言，許多毫無技術創新的公司，如果能夠擁抱杜拉克的創業管理，它們幾乎沒有創新或創業失敗的理由。

## 平凡的創新與精緻的創業

這是閱讀本書時要特別注意的：在杜拉克的創新與創業模型中，並沒有哪些產業（例如新興產業）或哪類公司（例如新創立公司）有較多創新或創業機會。換言之，創新或創業機會不會偏袒哪些產業或哪些公司 —— 機會對所有企業、公共服務（政府）組織

或個人都相同，差別只是創新與創業的「管理」而已。

　　杜拉克主張每一個組織都有相同且「平凡」的創新機會；他在這本書的第二章說道：「大多數成功的創新都相當平凡，它們只是運用改變。」

　　在本書第一篇「創新實務」裡，杜拉克詳細討論了七項創新來源：

四項來自企業內部的意外、不一致、程序需要、市場機會；
三項來自企業外部的環境變化（人口特性的變化、顧客的改變、新知識的誕生）。

　　上述七項來源構成本篇七章（第三至九章），大師故意遺落第八項來源 —— 聰明的創意，因為它是成功機率最小、風險最高的創新，只在第十章做簡要討論 —— 大師觀察事情細膩而周到，你不得不折服。

　　最後。杜拉克在第十一章說明管理七項創新機會的原則與方法。

　　大師主張不同企業、不同組織，必須採用不同且「精緻」的創業管理方式，這是大師極具突破性的創見，為此，他在第二篇「創業精神的實踐」，分別以三章內容介紹三類組織的創業管理模式：

老公司的創業管理（第十三章）
公共服務（政府）組織的創業管理（第十四章）

新創公司的創業管理（第十五章）

在大師過去的著作中，極少提出「策略」（他喜歡用實踐、實務或決策），第三篇「創業型策略」（entrepreneurial strategy）整理出管理創新與創業的四類策略：孤一擲、打擊對方弱點、利基策略、改變價值及特性，這是第十六至十九章的主題。這四章絕對受到策略大師麥克‧波特（Michael Porter）的影響，也是「企業策略」這一「時髦」概念第一次走進杜拉克的著作。

## 所有企管理論的源頭思想

如果細加追查，你會發現，這二十年來，不管學術上或實務上，許多被推崇、稱頌，有關「創新與創業」的管理模式，都不出本書早在一九八五年就提出的觀點。正如有「歐洲彼得‧杜拉克」之稱的韓第（Charles Handy）說的：「幾乎企管理論中的每個細節最後都可以回溯到杜拉克身上。」

為了印證韓第的說法，我追查最近風行台灣的兩個熱門策略：一是二〇〇五年出版的《藍海策略》（Blue Ocean Strategy）與一九九六年發表的「破壞性創新」（Disruptive innovation）策略，比對「創新與創業精神」的內容。沒錯，這些「晚輩」大師的論點都不出一九八五年杜拉克在這本書提出的策略觀。

「藍海策略」是歐洲商業管理學院（INSEAD）的金偉燦（W. Chan Kim）與芮妮‧莫伯尼（René Mauborgne）兩位教授提出的，

它極類似本書第十九章〈改變價值及特性〉的創業策略。如果詳閱《藍海策略》裡建議的六項原則（改造市場疆界、聚焦願景、超越現有需求、策略次序要正確、克服組織障礙、執行與策略整合），本書第二篇的〈創新原則〉（第十一章）可以找到類似的（大師）建議。

「破壞性創新」是美國哈佛商學院克里斯汀生（Clayton M. Christensen）教授提出的策略，主張以更簡單的功能和更低廉的價格來破壞市場領導品牌，這是從一九七五年到一九九〇年硬碟廠商推出的一千四百種產品機型的技術創新裡，所歸納出的創新策略，結果也不出第十七章〈打擊對方弱點〉提出的「創意性模仿」（creative imitation）和「創業家柔道」（entrepreneurial judo）策略。

讀這本書最令我感動的，還不是杜拉克在本書前面十九章所提出近乎神祇的論證與預言，而是他在本書最後〈結論：創業型社會〉，引用德國大詩人歌德（Johann Wolfgang Goethe）晚年寫的一首詩，來表露他對「創新與創業社會」的期待：

**我們沒有理由再逃避了。**
**請賜給我們災難吧！**

大師心中認為社會需要創新與創業：任何機構、制度和政策，「在達到目標或無法達到目標之後，就應該被淘汰 —— 或許它們的機能尚仍健全，但當初設計所根據的假設已變得陳舊不堪」。他說：「各種理論、價值以及人類心智的所有結晶，終有一天會老

化、僵化和過時，而變成一個『災難』。」

　　台灣確實也面臨這樣的「災難」——老化的機構、制度和政策，但它們有讓我們深省：我們有理由逃避嗎？

　　直覺上，「革命」是解除災難最有效的對策，但彼得‧杜拉克駁斥這種「革命」思想。他說：「『革命』並不是解決目前問題的妙方。革命無法預測、指揮或控制……」，「革命不曾摧毀舊制度之下的限制，只會使限制更加擴大。」

　　最有效解除災難的對策只有「創新與創業」，杜拉克說：「無論是社會或經濟，也無論是公共服務機構或私人企業，都需要創新與創業。」因為它「能使任何社會、經濟、產業、公共服務事業或私人企業保持彈性與自我革新。」

　　台灣人有沒有感受到「沒有理由逃避」的災難？我不禁喃喃問道。

　　如果沒有，祈求上蒼**「賜給我們災難」**。

　　但是，除了**賜給台灣人災難**外，更重要的：請賜給台灣人實踐**「創新與創業」**的涵養 —— 畢竟，我們無法承受「革命」之罪。

　　台灣人有實踐「創新與創業」的涵養嗎？它就留給你解答了。

**【推薦者簡介】**洪明洲，曾位亞洲管理經典研究中心顧問、國立臺灣大學管理學院退休教授，現任中國文化大學企業管理學系教授。著有《創造組織學習》、《產業競爭分析》等書。

| 導　讀／何飛鵬 |

# 創業、創新與創業精神

　　在歷史上有四位知名人物，都談到創新與創業精神。最早的一位，是十八世紀的法國經濟學家賽伊，他認為當資源從生產力較低處移往較高的地方，就是一種創新。

　　第二位是熊彼得，他提出所謂的破壞性創新：當企業家採取破壞性手段，出現結構性的創新行為，讓市場從平衡狀態進入動態失衡，經過不斷地競爭又回到平衡。人稱管理之父的彼得‧杜拉克是第三位，他結構性的探討創新與創業精神，在整個企業經營及經濟發展過程中的地位。之後是克雷頓‧克里斯汀生，他的創新概念，基本上是杜拉克的延伸。

　　杜拉克在《創新與創業精神》這本書中，提出幾個重要的概念，第一個是，如果你「創業」但「沒有任何創新」的話，只能稱之為「找一個工作來糊口」。例如你在美國的中西部開了一家墨西哥小吃店，別人怎麼做，你也怎麼做，這就不是具有創新的創業。而連鎖經營的麥當勞就是一個全然的創新。不論是產品、生意模式或交易行為，都做了結構性的創新，真正具有創業精神的創新。

　　創新行為如何發生？在什麼樣的可能之下會發生呢？杜拉克指出企業內部有四種現象會促成創新行為的發生。第一種現象是所謂的「意外」。企業經營的過程中會發生各式各樣的意外，有時沒有

重大付出就成功了，有時非常努力卻慘遭挫敗。這些意外都隱含一些機會，企業若能仔細地觀察、分析與解讀，通常會挖掘到創新的可能。

杜邦就是歷史上非常有名的例子。它以銷售軍火與火藥起家，後來卻成為全世界第一家化學纖維公司。這個過程其實源自一場意外。一位研究員忘了熄滅燃燒的化學原料，隔週一上班時，發現竟然產生了一種結晶式的纖維。杜邦就在這個基礎之下持續研究，終於發明了化學纖維。在杜邦之前，德國一家化學公司也發現結晶式的化學纖維，可是並沒有深入研究，以致讓杜邦獨占鰲頭。這就是抓住意外而創新的典型案例。同理也發生在IBM身上。早期IBM發展大型電腦，後來發現小電腦的需求日增，於是全力發展，最終開發出個人電腦。

第二種現象是「不一致」。所謂的不一致，是指你對一件事情的認知是「這樣」，但事實上卻是「那樣」，前後產生不一致，也隱藏了創新的可能性。歷史上非常有名的例子，就是貨櫃的出現。早期海運界努力發展噸位更大、航速更快的船隻，把貨品從甲地迅速運送到乙地，但卻導致船隻壅塞在港口，無法快速地裝卸貨，運輸效率再高也沒有用。理論上，港口的裝卸貨應該要配合船隻的速度，可是這個不一致發生了，許多業者擔心海運會被航空貨運取代。後來有人轉念，利用這個不一致發明了貨櫃，從此開啟了海運業界的另一條光明大道。

第三種現象是「程序上的需要」。產品生產過程中，一定有所謂的痛點，一個無法解決的關口，它的不效率，會影響整個生產流

程。早期印刷業有快速印刷機，能減縮印製時間，唯獨欠缺鑄字排版，於是有人發明自動鑄字排版機，使得整個印製過程更加順暢。這個鑄字排版機，就是整個印刷業的痛點。從前電話接線都是由人工轉接，但速度太慢，電話交換機發明後痛點就消失了。第四種現象來自於「產業結構的轉變」。產業結構會隨著外在環境出現各種不同的變化，若針對此現象採取不一樣的做為，就會翻轉整個市場及消費行為，創新機會亦隨之而生。

　　至於企業外部環境的三種變因，第一個是「人口的變動」。嬰兒潮湧現後中產階級於焉誕生，他們對旅遊的自主性更高，地中海旅遊俱樂部因此提供創新的旅遊服務，獲得極大迴響。台灣近年出生率不斷下降，將於二〇二五年步入高齡化社會，因而出現非常大的長照需求，長照連鎖服務顯然是個創新好機會。

　　第二個變因是「認知的轉變」。認知的轉變通常會導致生活型態的轉變，例如中產階級出現後，為中產階級服務的低調奢華產品如雨後春筍，「你如果想要成為中產階級，替你的小孩買一部《大英百科全書》」，讓這套知識百科熱銷全世界。這就是認知改變造成的創新。不過，此變因暗藏了「時機」陷阱，過早進入尚未成熟的市場，必定會面對痛苦的煎熬期。認知改變的創新，時機掌握是重要關鍵。最後一個變因是「知識與科技的轉變」。科技的轉變會產生新發明，進而導致新的創新，電腦就是新科技轉變的典型產物。今天我們看到的高科技產品，大都是因為某一項新發明或新科技出現所帶來的創新。蘋果 iPhone 就創造了 APP 市場。

　　第三是「設定簡單的目標」。創新絕對不可以是一個複雜或高

遠的目標，而是一件簡單的小事。從一件小事開始創新，才能從錯誤中慢慢摸索出成功之道。第四是「走進市場尋找創新機會」，唯有深入市場了解變動實況，才知道該從哪裡開始創新。找到機會與市場的痛點，是走進市場非常重要的創新元素。第五是「成為市場領導者」。初始目標不是要發展成大事業，而是占領市場，這個創新才會做到最好、做到最大。

「為現在而非未來創新」是第六個變因。很多人尋找百分百的全新事物，但市場上尚未發生的事情需要長時間教育，過程中充滿各種變數，若看到眼前市場有缺口，就該大膽的走下去。第七是「鎖定專精領域」。創新不是天馬行空或萬箭齊發，而是要在專精熟悉的領域中尋找機會。第八則是「避開成功的包袱」。杜拉克在書裡提到大企業創新通常不會成功，為什麼？因為過去的成功經驗及複雜的官僚文化，導致看不起毛利不高的小創新。最後，創新事業必須與原有事業分開，否則這個創新事業必定會被邊緣化，得不到好的發展可能與機會。掌握以上原則與精神，就有機會讓創新在企業中真正地被實踐。

此書給我最深刻的體會來自創業與創新的關係，杜拉克揭示具有創業精神的創業，風險並不高，又給我一個當頭棒喝：沒有創新、沒有改變的單純創業，風險才高。針對不足進行創造性的破壞，才是真正的創新與創業精神，也才是管理大師心中真正的創業與創業家。

【導讀者簡介】何飛鵬，家庭傳媒集團首席執行長，暢銷書《自慢》作者。

# 創新與創業精神是一種實務與訓練

本書將創新（innovation）與創業精神（entrepreneurship）當做一種實務與訓練，它不談創業家的心理和人格特質，只談他們的行動與行動。透過案例，它主要是想說明一個觀點、一項法則，或一句警語，而非著於成功故事的報導。基於此，本書不論在意圖上或編排上，都與近日出版的許多相關書籍或文章有所不同，但它與那些出版物一樣堅信創新與創業精的重要性。事實上，它認為在過去十到十五年之間，出現於美國境內的創業型經濟型態，是近代經濟與社會史上所發生的最重要、最有希望的事件。雖然最近的討論大多將創業精神視為帶有神祕色彩的東西，如天賦、才幹、靈感，或「天資的閃現」，但，本書所呈現給你的觀點，將上述兩者視為可以組織，且需要組織，以及系統化的工作。事實上，它將創新和創業精神視為主管人員工作的一部分。

這是一本談實務的書，但並非一本技術性（how-to）的書。事實上，它是以政策／決策、機會／風險、結構／策略、人事任用、薪津，與獎酬等有形的方式，來處理「何物」（what）、「何時」（when），以及「為何」（why）等問題。

本書以三個主題來討論創新與創業精神：創新實務、創業精神的實踐，以及創業型策略。每一個主題都是創新和創業精神的一個

「構面」，而非一個階段。

本書的第一部分討論創新實務，它將創新當做一種有目的和規律的活動。它首先告訴你創業家如何尋求創新機會以及向何處尋求；然後，它討論將創意發展成實際可行的事業或服務所須注意的原則與禁忌。

第二部分的主題是創業精神的實踐，重點放在身為孕育者的機構上。它從現營事業、公共服務機構，以及新事業等三方面來探討創業型管理（entrepreneurial management），希望了解究竟是哪些政策與措施，使得一個機構（不管是企業或公共服務部門）能夠孕育出成功的創業家？為了提倡創業精神，組織和人事任用應如何配合？有哪些障礙、陷阱以及常見的錯誤？這個部分最後則對個別創業家的角色及決策加以探討。

第三部分的主題是創業型策略，討論如何將一項創新成功地導入市場。畢竟，一項創新的考驗並不在於它的新奇性、它的科學內涵或它的小聰明，而在於推出市場後的成功程度。

第三部分與本書的前言與結論連貫在一起：前言使創新與創業精神和經濟體系相連結，而結論則使它們與社會體系相連結。

創業精神既非精確的科學，亦非「運用之妙，存乎一心」的藝術，它是一種實際的應用。當然，它有它的知識基礎，本書試圖以一種組織化的方式將這個基礎呈現給你。但就如同所有著重實用的知識（譬如醫藥、工程），有關創業精神的知識只是達到目的的一種手段而已。事實上，實用知識的內涵大多是由目的來加以界定，亦即，由實務本身來界定。因此，這麼一本書必有多年的經驗做為

後盾。

　　我從三十年前（五〇年代中期），就開始對創新與創業精神進行研究。後來，我在紐約大學的企管研究所主持一個研究小組兩年。這個研究小組每星期集會一次，就創新與創業精神進行冗長的研討。小組成員有些是剛剛開創自己新事業的創業家（大多數相當成功），有些是來自於基礎穩固的公司（大多為大型公司）之中層管理人員；兩所大醫院；「IBM」和「奇異電氣」（GE）；兩家主要銀行；一家經紀商；雜誌和書籍出版公司；製藥公司；一家世界性慈善機構；紐約天主教大主教以及長老教會等等。

　　在兩年的期間，這個研討會所發展出來的觀念和想法，都由小組成員週復一週地在自己的工作中與機構裡進行測試。爾後，在我二十多年的顧問生涯裡，它們仍然不斷地測試、確認、潤飾和修改。同樣，這個過程也涉及了各種不同的機構，其中有些是營利事業：包括製藥公司和電腦公司等高科技公司；意外傷害保險公司等非科技性公司；美國和歐洲的國際性大銀行；個人開創的新事業；建築材料區域批發商以及日本的多國籍企業。另外，有許多非營利事業也包括在內：幾個主要工會；重要社會組織（如美國女童軍）；全國救助與發展合作社；相當多的醫院、大學、研究實驗室，以及各種不同的宗教組織。

　　由於本書是由多年的觀察、研究及實務經驗提煉而來，因此不論是正確的或錯誤的政策和運用，我都能舉出一些真實的「迷你個案」（mini-case）和例子，本書只有在下述情況下才會提出機構名稱：它從來就不是我的客戶（如IBM），而且故事被公開地報導，

或者機構本身揭露了這個故事。除此之外,對與我有工作關係的機構或公司都採不具名的方式,如同我在其他管理書籍裡的處理方式一樣。但是,本書個案所報導的都是實際發生的事件,所探討的也是實際存在的企業。

最近幾年,管理學者和專家們才開始對創新與創業精神付出較多的關心,而在我所有管理書籍,已持續地對它們討論了二、三十年。然而,本書是嘗試以完整和系統化形式來展開這個主題的第一本書,它應該是這個重要話題的開路先鋒,而不是蓋棺論定──但我衷心希望,人們會以一本研討會手冊的形式來接受這本書。

一九八四年耶誕節

| 前言 |
# 創業型經濟體系

## 1.

一九七〇年代中期以來,「零成長經濟」、「美國的反工業化」,以及長期的「康朵鐵夫(Kondratieff)經濟停滯」之類的口號大為流行,且有如咒語一般地常掛在人們嘴邊。然而事實與數字資料卻與這些口號不相吻合,真正發生於美國境內的是全然不同的狀況:從「管理型」經濟體系徹底地轉為「創業型」經濟體系。

一九六五年到一九八五年之間,十六歲以上的美國人(根據美國統計數字的傳統,這些人被列入勞動力人口),人數成長了五分之二,從一億二千九百萬人增加到一億八千萬人。但是,有酬工作數量在同期間卻成長了二分之一,從七千一百萬個增加到一億七百萬個。在上述二十年裡,勞動力在後面十年(即一九七四年到一九八四年)成長最快,而美國經濟體系的總工作機會在同期間增加了兩千四百萬個。

不論從百分比或絕對數字來衡量,美國任何其他承平歲月都不曾創出如此多的新工作。然而,從一九七三年起的十年,首先由該年深秋的「石油震撼」發難,隨之而來的是由「能源危機」,瀕臨崩潰的「煙囪工業」(指耗用能源很多的工業),以及兩次相當

大的經濟衰退所帶來的極端動盪。

美國的發展是很奇特的，其他國家都尚未有類似情況發生。在一九七〇年到一九八四年之間，西歐實際上喪失了三、四百萬個工作機會。在一九七〇年，西歐仍然比美國多出兩千萬個工作機會；到一九八四年，它幾乎反而比美國少了一千萬個。即使是日本，在創造工作機會上的表現也遠不如美國。在一九七〇年到一九八二年之間，日本的工作機會只成長百分之十，比美國同期成長率的一半還要少。

但是，美國在七〇年代與八〇年代初期在創造工作機會上的表現，也與所有專家在二十年前所做的預測不相符合。當時，大多數勞動力分析專家都預測，經濟體系即使以最快的速度發展，也無法提供足夠的工作機會，以容納在七〇年代和八〇年代初期即將加入勞動市場的「戰後嬰兒潮」—— 在一九四九年和五〇年出生的第一批「戰後嬰兒潮」。事實上，美國經濟體系必須吸收兩倍於該數字的勞動力，因為 —— 即使在一九七〇年也還想像不到 —— 許多結了婚的婦女在七〇年代中期開始湧進勞動市場，結果在八〇年代中期的今天，每兩個小孩尚未成年的婦女就有一個在上班 —— 而在一九七〇年，這個比例卻只有五分之一。而且，美國經濟體系所提供給這些婦女的工作機會，在許多個案裡，顯得比以前女性所曾經擁有的工作好得多。

然而，「每個人都知道」七〇年代和八〇年代初期是經濟「零成長期」、「停滯和衰退期」以及「美國反工業化時期」。那是因為每個人注意的焦點，仍放在二次大戰後二十五年間（大約至一九

七〇年告一段落）的成長時期上。

在早期的歲月裡，美國的經濟動力集中於原來已經很大，且愈變愈大的機構上：財星五百大公司（美國境內最大的企業體）、政府機構（不論是聯邦政府、州政府或地方政府）、大型與超大型大學、學生超過六千人的大型聯合高中（合併學區而成的），以及大型和成長中的醫院。事實上，這些機構提供了戰後二十五年美國經濟體系的所有新工作，而且，在該期間發生的每一次經濟衰退裡，工作減少和失業的現象主要都是發生在小型機構（當然，主要是中小企業）身上。

但是，自從六〇年代晚期以來，美國境內的工作創造和工作成長已轉向一個新的領域。在最近二十年裡，那些舊日的工作創造者實際上反而減了工作數量。大約從一九七〇年開始，財星五百大公司的常設性工作（經濟衰退所導致的失業不列入計算）就穩定地逐年下降。一開始的下降速度相當緩慢，但自一九七七年（或一九七八年）起就大幅滑落。直到一九八四年為止，財星五百大公司削減的工作數至少有四百萬到六百萬個，而美國政府機構現在所僱用的人，也比十或十五年前來得少。因為六〇年代早期出生率的下降，使得入學人數隨之減少，教師人數乃隨之下降。大學的成長到了一九八〇年就戛然停止，自那時候開始，僱用人數就一直下降。換句話說，我們實際上創造了四千萬個或更多新工作，而非三千五百萬個，因為我們必須將傳統僱用機構常設性工作的減縮 —— 至少有五百萬個 —— 予以扣除。所有這些新工作一定是由中、小型機構創造出來的，其中主要是中小企業，且有許多是新創立的企業，它

們在二十年前甚至都還沒出現。根據《經濟學人》（*Economist*）雜誌的資料顯示，如今在美國國內，每年新成立的企業數達六十萬家 —— 大約是五〇年代和六〇年代經濟繁榮時期的七倍。


## 2.

走筆至此，每個讀者一定會馬上聯想到「高科技」，但情況並非如此單純。自一九六五年以來，自經濟體系創造出來的四千多萬個工作中，高科技所提供的不會超過五、六百萬個，剛好只夠彌補「煙囪工業」的損失，其餘的工作機會都是由經濟體系的其他領域創造出來的。

我們即使對「高科技」採取最不嚴謹的定義，在每年新成立的企業當中，也只有百分之一到百分之二 —— 約一年一萬家的企業與它勉強扯上關係。

我們的確正處於重要科技轉型的初期，其來勢之強勁遠遠超過大多數「未來學家」所了解的，甚至比「大趨勢」或「未來的衝擊」更強更大。三百年以來的科技發展到了二次大戰後就告一段落了。在這三百年裡，科技發展的模式是一種機械過程：研究在一個恆星（如太陽）裡頭所發生的事情。法國物理學家帕潘（Denis Papin）於一六八〇年左右發明蒸汽引擎，揭開了這段時期的序幕，而當我們核子爆炸複製了恆星裡頭所發生的事情時，也就是這個時期的結束。在這三百年裡，科技上的進步意味著更快的速度、更高的溫度，以及更大的壓力。

　　然而，自二次大戰結束以來，科技發展的模式已變成一種生物過程：研究在一個有機體裡所發生的事情。在一個有機體裡，處理過程是繞著資訊加以組織，而非按照物理學家所詮釋的意義——繞著能源加以組織。

　　無疑地，不論高科技是以電腦或電子傳訊、廠房裡頭的機械人或辦公室自動化、生物遺傳學或生物工程學的形式出現，它都擁有相當的重要性。高科技成為大眾注目的焦點和傳播媒體的大標題，它在人群裡為創業精神和創新開創出一片遠景，並且讓人們能夠接受。一些受過高度訓練的年輕人之所以願意為不知名的小公司工作，而不去大型銀行或是跨國電子儀器製造商，就是根源於「高科技」的神祕魅力——即使這些年輕人所服務的公司，其「科技」既平庸又無驚人之處。高科技可能也刺激了美國資本市場的驚人轉變，使得「創業資金」（venture capital）從六〇年代中期幾近於零的狀態，發展到八〇年代中期幾乎供過於求的狀態。

　　前已提及就數量而言，高科技的規模仍然很小，所創造的新工作占所有新工作的比率只有八分之一。如果單從創造新工作這個角度來看，它在最近的將來還是沒有舉足輕重的地位。從現在到二〇〇〇年之間，在美國經濟體系所創造出來的新工作中，高科技所提供的機會恐怕不會超過六分之一。事實上，如果高科技就等於是美國經濟體系的創業部門——許多人做如是想，那麼我們就確實要面對「零成長時期」，並陷於「康朵鐵夫波動理論」的長期停滯裡。

　　俄國經濟學家康朵鐵夫（Nikolai Kondiatieff）在三〇年代中期

被史達林下令處決，因為他的計量經濟模型預測俄國的農產量將巨幅下降。然而事實的發展證明他的預測是對的。「康朵鐵夫經濟循環」（五十年一期）是根據科技動力推論而來的。康朵鐵夫斷言，每隔五十年，一個長期的科技波動就會達到頂峰。在該循最近的二十年裡，最新科技進步所導引出來的成長產業似乎表現得非常優異。那些產業的利潤看起來雖然好像是空前的高，但實際上只不過是對停止成長的產業所不再需要的資本加以回收而已。這種狀況的持續絕不會超過二十年，隨之而來的是一個突發的危機，通常會經由某種恐慌發出警兆，再來就是二十年的經濟停滯。在這一段期間裡，剛發展出來的新科技無法產生足夠的工作量，使經濟體系再度成長——而且沒有人能夠扭轉這種局勢，其中尤以政府最是無能為力。

支持二次大戰後長期經濟擴張的產業，汽車、鋼鐵、橡膠、電力設備、消費性電子產品、電話以及石油，完全吻合康朵鐵夫經濟循環的理論。就技術層面來講，這些產業都可以回溯到十九世紀的最後二十五年——或更近一點，回溯到一次大戰以前。自從二〇年代以來，不論就科技層面或企業觀念而言，它們之中沒有一個出現過重大的突破。二次大戰以後，當經濟開始成長時，它們都已經成為完全成熟的產業，只要投入少數的新資本，就可以擴張和創造出工作機會。這就解釋了為什麼在付出高漲的工資和員工福利的同時，它們還能夠展現出空前的利潤。然而，如同康朵鐵夫所預測的一樣，這些身體強健的信號——如同肺病患者的雙頰泛紅一樣——具有煙幕效果，事實上，這些產業正從內部開始腐蝕。

它們並非是緩慢地趨向停滯或衰退，相反地，當一九七三年和一九七九年的「石油震撼」給與它們首次打擊時，它們就幾乎支持不住了。在短短幾年內，它們從利潤空前的情況陡落到瀕臨破產的境地。情況很快就明朗，它們將會有好長一段時間，無法回復到早期的僱用水準（如果它們還有能力回復的話）。

高科技產業同樣吻合康朵鐵夫的論理。如同康朵鐵夫所預測的一樣，迄今為止，它們所產生的新工作數，仍無法超過老舊產業所失去的。所有的預測資料顯示，在未來一段相當長的歲月裡——至少在本世紀結束以前，它們可能仍然無法改善這種狀況。例如，雖然電腦業享有極快速的成長，但在八〇年代中期和九〇年代早期，所有資料處理與資訊處理部門（硬體和軟體的設計與工程、生產、銷售與服務等）預期增加的工作數，仍然不足以彌補鋼鐵業與汽車業幾乎可以確定會減少的工作數。

但康朵鐵夫的理論完全無法解釋美國經濟體系實際上所創造出來的四千萬個工作機會。迄今為止，西歐一直遵循著康朵鐵夫的模式，但美國卻非如此，而日本也可能不是這個樣子。美國國內有某些事情抵銷了康朵鐵夫的「科技長期波動」，而這些已然發生的事情，顯然與長期停滯的理論無法並存。

而且跡象顯示，這並非只是將康朵鐵夫循環遞延而已。與最近這個二十年相比較，下一個二十年裡所須創造的新工作將大幅減少，因此，美國經濟成長對新工作的依賴程度也會大幅降低。到本世紀末為止——精確地說是到二〇一〇年為止，加入美國勞動市場的人數若與「戰後嬰兒潮」進入勞動市場的人數相比（即一九六

五年到一九八○年左右），前者只有後者的三分之一。由於一九六
○年與一九六一年之間抗拒生育的風潮，使得生育人數比「戰後嬰
兒潮」時期少了百分之三十。此外，在目前五十歲以下的人口裡，
女性加入勞動市場的人數已與男性相等，因此從現在開始，能夠進
入勞動市場的女性也將受限於自然成長，亦即，她們也將減少百分
之三十左右。

關於傳統「煙囪工業」的未來，我們即使不將「康朵鐵夫理
論」視為最合理的解說，也應該將它視為一種嚴謹的假設而加以
接受。再就高科產業無法抵銷過氣產業的停滯而言，康氏理論仍
然值得加以重視。雖然高科技產業在經濟體質方面非常具有重要
性 —— 它們是視野開拓者和速度設定者，但就數量而言，高科技
代表的是未來，而非現在（尤其是以工作創造者的角度來看），它
們是未來的開拓者，而非現在的開創者。

雖然康氏理論能夠解釋美國經濟行為並預測其方向，但是我們
仍然能夠加以駁斥。在「康朵鐵夫長期停滯」期間，美國經濟體系
創造了四千萬個新工作，這件事實在是無法從康氏理論加以解釋。

我無意暗示目前沒有任何經濟問題或危機存在，正好相反，我
們在二十世紀行將結束之際所經歷的這個轉變，是經濟體系科技基
礎的重大轉變，它一定會帶來許多經濟性、社會性及政治性問題。
由於難以控制（且似乎無法控制）但卻具有高度膨脹性的預算赤
字，以及二十世紀的福利國家政策，使我們處於一個重大政治危機
的陣痛裡。在國際經濟上，也有相當多危機存在。由於快速工業化
國家（如巴西或墨西哥）搖擺於快速的經濟起飛與災情慘重的破產

之間，使得一九三〇年的全球性經濟蕭條可能會再度出現（且時間可能拖得更長）。另外，還有令人怵目驚心的幽靈 ── 即欲罷不能的武器競賽。雖然如此，但至少就美國經濟體系而言，我們可以將康朵鐵夫停滯現象視為一種虛幻的想像，而不是實情。我們所擁有的是一個嶄新的創業型經濟體系。

目前要斷言創業型經濟體系是否將成為美國獨特的現象，或是否將出現在其他已開發國家中，恐怕為時尚早。我們有理由相信這種現象正出現於日本境內 ── 雖然是以一種日本形式出現，但沒有人敢說，創業型經濟體系是否也會出現在西歐境內。就人口統計的觀點而言，西歐大約落後美國十到十五年左右。「戰後嬰兒潮」與抗拒生育風潮都是先出現於美國，再出現於西歐。同樣的，西歐延長學校教育年限的時間，也大約比美國或日本晚十年，而在英國境內幾乎尚未開始發動。如果人口組成特性是創業型經濟體系出現於美國的因素之一（事實上很有可能是如此），那麼，等到一九九〇年或一九九五年時，我們就可以在歐洲看到類似的發展。但這只是猜測而已，迄今為止，創業型經濟體系純粹是一種美國現象。

## 3.

所有的新工作究竟從何處來？答案是從任何一個地方。換句話說，工作來源並不止一個。

自一九八二年以來，在波士頓出版的《企業》（*Inc.*）雜誌每年都會印出一份英雄榜，榜上包括一百家成長最快、公開上市，且

創立時間在五到十五年之間的美國公司。由於局限於公開上市的公司，使得英雄榜明顯地偏向高科技公司。高科技公司很容易接近股票承包商和股票市場資金，也很容易在某個股票交易所進行交割或店頭交易（over the counter），因為高科技是很時髦的產業。但一般而言，其他新創立的事業只有經過長年的奮戰，再加上五年相當可觀的利潤，才有可能公開上市。即使如此，在該雜誌年復一年所出現的英雄榜中，高科技公司仍然只占了四分之一，其他四分之三則大多為「低科技」公司。

例如，在一九八二年的英雄榜裡，有五家餐廳連鎖店、兩家女性服飾製造廠商以及二十家提供醫療服務的機構，而高科技公司只有二十到三十家。雖然在一九八二年裡，美國報紙不斷刊載悲嘆「美國反工業化」的文章，但是《企業》雜誌的英雄榜上卻有一半是製造公司，只有三分之一屬於服務業。雖然一九八二年謠傳美國結霜帶（frost belt）瀕臨瓦解，而陽光帶（sun belt）是唯一可能的成長區域，但是《企業》雜誌的英雄榜卻只有三分之一是位於陽光帶。關於這些成長快速、成立不久且公開上市的公司，紐約所擁有的數目並不輸於加州或德州。而且，這種公司的數目在賓夕法尼亞、紐澤西以及麻州──想像中這些地方的新興公司即使不是已經死寂，也應該是瀕臨瓦解──也和加州或德州以及紐約一樣多，而明尼蘇達也擁有七家。該雜誌一九八三年和一九八四年的英雄榜，不論在產業和地理的分配上，也顯示出相當類似的現象。

一九八三年，在《企業》雜誌的另一份英雄榜──「公司五百大」英雄榜，榜上所列的是成長快速、創立不久且為私人所擁有的

公司。名列第一的是位於西北部太平洋沿岸的一家建築包商（在一個建築業被認為是有史以來最不景氣的年度裡），名列第二的是一家製造家庭健身器材的加州製造商。

而對創投家所進行的各項調查都反映出一件相同的現象，在他們的投資組合裡，高科技通常扮演著相當不重要的角色。有一個非常成功的創投家，他的投資組合包括了好幾家高科技公司：一家新的電腦軟體製造商、一家在醫藥科技上的新事業等。但該組合裡最有利潤的投資，以及在一九八一年到一九八三年之間收益和獲利力成長最快的新公司，卻是最平庸而最低度科技的企業──理髮連鎖店。在銷售成長與獲利力方面表現次佳的是牙醫診所連鎖店，再來是一家工具製造商和租賃機器給小型企業的融資公司。

在上述公司中，我對其中一家有所認識，它是一家財務服務公司，在一九七九年到一九八四年之間它創造了最多的工作，且在收益和利潤方面成長最快。在五年之間，這家公司創造了兩千個新工作，且其中大多數工作的待遇都非常好。雖然它是紐約股票交易所的成員之一，但是股票交易只占它營業額的八分之一左右，其餘的營業項目如年金、免稅債券、貨幣市場基金和互助基金、抵押信託保證、節稅合夥權，以及一大堆類似的投資項目，提供給該公司所稱的「明智投資者」選擇。這種投資者被界定為有點餘錢，而不是十分富有的人士。他們是住在小城鎮或郊區的專業人士、小商人或農夫，所賺的錢比平日花費還要多，因此想要尋找存錢的場所。他們相當實際，不會期望透過投資而變成富豪。

關於美國經濟體系的成長部門，我所發現最能揭露訊息的資訊

來源是某個對一百家成長最快的「中型」公司——收益在兩千五百萬到十億美元之間——所進行的研究，那是美國商業總會委託「麥肯錫顧問公司」（Mckinsey & Company）進行的，研究期間是一九八一年到一九八三年。

這些中型成長公司不論是在銷售或利潤方面，成長的速度都是「財星五百大公司」的三倍。自一九七〇年以來，「財星五百大公司」的工作數量就穩定地減少。但是，在一九七〇年到一九八三年間，這些中型成長公司所增加的工作機會，是美國經濟體系整體工作成長速度的三倍。即使是一九八一年到一九八二年的經濟蕭條期間，這一百家中型成長公司的僱用率仍然增加了百分之一，而美國工業界同期的工作量卻滑落百分之二。這些公司擴張了經濟領域，其中有一些是高科技公司，但也有一些是財務服務公司——如「DLJ」（Donaldson, Lufkin & Jenrette）公司。在這一群表現傑出的公司裡，有一家是製造和銷售客廳用家具；有一家製造和行銷甜甜圈；有一家是產銷高級瓷器；有一家是產銷書寫用具；有一家是產銷家用塗料；有一家是從發行地方報紙擴展到消費者行銷服務；有一家是為紡織廠生產紗線。而且，雖然「每個人都知道」美國經濟體系內的成長只出現於服務業，但卻有一半以上的中型成長公司是置身於製造業。

使情況更加混淆的是，在過去十到十五年裡，美國經濟體系的成長部門出現了許多通常不被視為營利事業的機構，且其數量仍在成長之中——有些已經被組織成營利公司了，其中最顯而易見的就是醫療保健領域。雖然美國傳統的社區醫院如今正處於水深火熱

之中，但是快速成長且欣欣向榮的連鎖醫院也為數不少。這些連鎖醫院有些是營利機構，有些是（且愈來愈多）非營利機構。此外，成長更快的是獨立的保健設施，如旅行病患收容所、醫療與診斷實驗室、獨立外科中心、獨立產婦療養所、自由進出的心理治療診所或老人診斷與治療中心等。

　　幾乎每一個美國社區的公立學校都正在萎縮中。但儘管六〇年代抗拒生育的風潮造成了學齡兒童總數的降低，一種全新的非營利私人學校卻蓬勃發展中。在我所居住的加州小城裡，有一家一九八〇年成立的托兒合作社，它最初是由幾個母親基於照顧自己小孩的動機而成立的。但到了一九八四年時，這家合作社已發展成一家有兩百個即將就讀四年級學生的學校。此外，有一家幾年前由當地浸信會教徒成立的教會學校，目前正從克雷蒙市政府手中接辦一所初中。這所初中於十五年前創辦，但最近五年因缺乏學生而任其荒廢。各種在職進修課程都呈現出一片好景，不論是針對中階經理人所舉辦的管理訓練課程，或是針對醫生、工程師、律師，以及臨床醫學家所舉辦的充電課程（refresher courses，譯者註：為補充或複習專門知識而舉辦的課程），即使是在一九八二到一九八三年的嚴重衰退期間，這種訓練課程也只受到短暫的挫折。

　　另外一個重要的創業精神領域是由公、私部門合作形成的「第四部門」，它是由政府單位（州政府或市政府）決定績效標準並提供資金，然後以競標為基礎，將一項服務 —— 如消防、清運垃圾或公車運輸，交由私人企業承包，以確保更好的服務和大幅降低的成本。自從海倫・布薩利斯（Helen Boosalis）於一九七五年

當選為內布拉斯加州林肯市市長以來，該市就一直是這方面的先驅 —— 同樣的內布拉斯加州林肯市，在一百年以前，人民黨員（Populist，譯者註：於一八九一年結合在一起，主張保護農民政策的政黨黨員）和布賴恩（William Jennings Bryan），開始領導我們走上市府擁有公共服務所有權的道路。德州也正在這方面從事開路工作 —— 如在聖安東尼奧和休士頓所做的，而位於明尼亞波利的明尼蘇達大學在這方面的努力尤其積極。「資料控制公司」（CDC, Control Data Corporation）是一家位於明尼亞波利的著名電腦製造廠商，它在教育方面，甚至在囚犯管理和再就業方面，建立起公私合作的關係。如果有一項行動能夠長期地拯救郵政服務 —— 當然，前提條件是大眾願意為這項日漸萎縮的服務付出更多的補貼和更高的費率 —— 那麼，透過競標，它可以委託給「第四部門」，以獲取第一流的服務。（否則，十年以後，還有什麼東西會剩下呢！）

## 4.

這些成長企業除了成長和違反康朵鐵夫停滯現象外，還有什麼共同點嗎？實際上，它們都是「新科技」的例子，都對知識加以創新的應用。「科技」並非就是電子、遺傳學或新材料，「新科技」是指創業型管理。

一旦弄清楚這個道理以後，美國經濟體系過去二十年間（尤其是最近十年）驚人的工作成長就能夠加以解釋了。它甚至可以和康朵鐵夫理論相調和，美國 —— 日本多少也有一點 —— 正在經歷一

種所謂的「不定型的康朵鐵夫循環」（atypical Kondratieff cycle）。

自從熊彼得（Joseph Schumpeter）在一九三九年首度指出以來，我們就已經明瞭，在一八七三年到第一次世界大戰的五十年間，實際發生於美國與西德的狀況並不符合康朵鐵夫循環。奠基於鐵路繁榮的第一個康朵鐵夫循環，因一八七三年的維也納股票交易所崩潰而結束。那次崩潰使全世界的股票交易都受到打擊，並導致了嚴重的經濟蕭條。當時，英國與法國的確進入一段很長的工業停滯時期，那個時候新出現的科技 —— 鋼鐵、化學、電力設備、電話以及後來出現的汽車業，都並不能提供足夠的工作量，以彌補老舊產業如鐵路建造、採煤或紡織業的停滯。

但這種現象並未發生於美國或德國。而且，雖然奧國政壇一直沒有完全從維也納股市崩潰的創痛中復元過來，但上述現象也沒有在奧國出現。剛開始，這些國家都受到嚴重的打擊，但是五年以後，它們就脫離了困境，並再度快速成長。從「科技」的角度來看，這些國家與深受停滯之苦的英國或法國並沒什麼兩樣，但有一個因素（也只有這麼一個因素）可以解釋它們的經濟行為為什麼會有所不同：創業家。例如，德國在一八七〇年到一九一四年之間，最重要經濟事件是「綜合性銀行」（Universal Bank）的創立，其中第一家，「德意志銀行」（Deutsche Bank），是由喬治・西門茲（George Siemens）在一八七〇年成立的，它的特定任務就是發掘創業家，並將組織化、紀律化的管理加諸他們身上。而在美國經濟史上，創業家型的銀行家，如紐約的摩根（J. P. Morgan），也扮演了類似的角色。

今天，非常類似的事情似乎再度發生於美國，且這種現象可能多少也會出現於日本。

事實上，高科技領域並非這種「新科技」以及「創新型管理」的一部分。矽谷的高科技創業家主要仍然以十九世紀的模式運作，他們仍然相信富蘭克林（Benjamin Franklin）的格言：「如果你發明了一個更好的捕鼠器，那麼，全世界的人將會排在你家的門口。」他們並沒有想到應該問一些問題，如什麼樣的捕鼠器才是「更好的」捕鼠器？這種更好的捕鼠器要給誰用的？

當然，有許多高科技公司十分了解如何管理創業精神與創新，這種例外的情形很多。而在十九世紀那段時期裡，也有例外發生。有一個叫西門子（Werner Siemens）的德國人設立了一家公司，迄今為止，該公司仍以他的名字為名。此外，有一個美國人，西屋（George Westinghouse）── 他是一個偉大的發明家和企業經營者 ── 在他死後留下了兩家以他為名的公司，其中一是運輸界的泰斗，另一家則是電力設備業的重鎮。

但是，對於「高科技」創業家而言，愛迪生（Thomas Edison）似乎仍然是他們的典型。愛迪生是十九世紀最偉大的發明家，他將發明轉換成我們現在所謂的「研究」。然而，他真正的野心在於成為一個企業經營者，並進而變成一名大亨。但是，他對於自己所開創的事業完全不會管理，使得他不得不含恨下台，以挽救每一個事業。到如今，仍然有許多人是以愛迪生的方式（管理不善）經營高科技公司。

這解釋了為什麼高科技產業會遵循著起起落落的傳統模式，這

種模式一開始時閃耀奪目，繼之快速成長，然後是突然殞落。在五年之內，「從布衣竄升到卿相，又從卿相跌回布衣」。大多數的矽谷公司與大多數的生物高科技公司，仍然是發明家，而非創新者；仍然是投機者，而非創業家。這種現象可能可以解釋為什麼迄今為止，高科技產業與康朵鐵夫的預測相吻合，且無法產生足夠的工作以促使整個經濟體系再度成長的原因。

但是，有系統、有目的，且管理良善的創業精神所運作的「低科技」卻做到了。

## 5.

在所有主要的現代經濟學家中，只有熊彼得關切創業家以及其對經濟體系的影響。每一個經濟學家都知道創業家很重要且會帶來影響。但是對大多數的經濟學家而言，創業精神是「外在於經濟」（meta-economic）的事件。它對經濟體系有深遠的影響，但本身卻非經濟體系的一部分。科技對於經濟學家而言也是如此。換句話說，經濟學家們對於為什麼創業精神會出現，如同它出現於十九世紀晚期而且似乎又要重現於今天，以及為什麼它只局限於一個國家或一個文化，並沒有提出任何合理的解釋。的確，解釋為什麼創業精神會變得如此有效的原因，可能並非經濟事件，其原因可能存在於價值、認知以及態度的改變；也可能是因為人口統計資料、機構（如在一八七〇年左右，創立於德國與美國的創業型銀行）和教育的改變。

　　在過去二十到二十五年之間，許多美國青年的態度、價值和抱負發生了改變。顯然，這種情況不是任何觀察六〇年代晚期的觀察家所能預料的。例如我們對於突然間有這麼多人願意如此長年賣命地工作，並寧願選擇高風險的小公司，而不願選擇有安全感的大公司，應該如何加以解釋呢？那些享樂主義者、地位追求者、「模仿他人者」以及順從者都到哪裡去了呢？相反地，那些唾棄物質價值、金錢、財貨以及世俗功名，並希望使美國回歸自然的年輕人又到哪裡去了呢？不論我們所提出的解釋為何，都與最近三十多年來預言家對年輕一代所做的預測不相吻合 —— 如黎士曼（David Riesman）在《寂寞的群眾》（*The Lonely Crowd*）一書所談的；懷特（William Whyte）在《組織人》（*The Organization Man*）一書所談的；雷奇（Charles Reich）在《美國的綠意》（*The Greening of America*）一書所談的。當然，創業型經濟體系的出現不僅與經濟和科技有關，也與文化和心理有關。然而，不管原因為何，其效果主要還是在於經濟面。

　　這種使態度、價值及行為發生深遠改變的媒介物是一種「技術」，我們稱之為「管理」。管理的新應用促成了美國創業型經濟體系的出現：

- 運用到新的企業上，不管它是否營利。迄今為止，還有許多人認為管理只適用於現存的企業。
- 運用到小型企業上。僅僅在幾年前，大多數人還一口咬定，管理只適用於「大企業」。

- 運用到非營利事業（nonbusiness）上，如醫療保健、教育等。
  當大多數人碰到「管理」這個名詞時，他們所想到的仍然是
  「營利事業」（business）。
- 運用到根本不被視為「企業」的活動上，如地區性餐廳。
- 最重要的是，運用到系統化創新上，運用到為了滿足人類需
  要，而對新機會所進行的研究發展上。

　　管理是一種「實用的知識」，是一種技術。它與構成今日高科技產業基礎的其他主要知識 —— 如電子學、固態物理學、遺傳學或免疫學等，有同樣的歷史。管理大約起源於一次大戰，在二○年代中期發展。但是管理和工程或醫藥同樣是一種「實用的知識」，因此，在成為一門學科以前，必須先在實務界發展。到了三○年代晚期，美國出現了一些實行管理的主要企業：「杜邦」公司、「通用汽車」，以及「西爾斯」（Sears Roebuck）大型連鎖店。在大西洋的彼岸，有德國的「西門子」，以及英國的「馬克士」（Marks and Spencers）百貨連鎖店。但是，管理發展成一門學問的時間，是在二次大戰期間和戰後那幾年。

　　大約從一九五五年起，所有已開發國家都經歷了一次「管理繁榮期」。大約在四十年前，我們稱之為「管理」的社會技巧首度展現在一般大眾面前（包括經理人自己）。然後，它很快地成為一門學科，而非只是少數信仰者漫無計畫的操作。這四十年來，管理與同時期所發生的各種科學有所突破，造成了同樣多的影響 —— 或許前者的影響比後者更多也說不定。二次大戰以後，每個已開發國

家都成為「組織的社會」（society of organization），而管理可能不是造成這項事實的唯一因素。今天，在已開發國家中，大多數人，以及絕大多數受過相當教育的人，都在組織中工作，當然老闆們也包括在內。但這些人愈來愈傾向於成為「專業經理人」，亦即受僱於股東的經營者，而非擁有者，而管理可能也不是造成這項事實的唯一因素。但是，如果管理沒有以一種系統化科學的形式出現，那麼我們根本就不可能實現目前各個已開發國家的社會現況：「組織的社會」和「僱員的社會」。

　　眾所公認，關於管理我們還有許多東西要學習，其中尤以對知識工作者的管理為最迫切。但是，一些基本的概念已經廣為流傳。的確，在四十年前，大多數大型公司的主管人員事實上根本不了解他們所執行的是管理工作。到如今，以往被視為祕辛的東西已經沒什麼稀奇了。

　　但是，就整體而言，一直到最近，管理仍被局限於營利事業的範圍裡。而在營利事業裡，又覺得它最適於「大型企業」。在七〇年代早期，「美國管理協會」（American Management Association, AMA）曾經邀請一些小型企業的負責人參加「總裁管理課程」，但得到的回答大多是：「管理？那不適用於我，它只適用於大公司。」一直到一九七〇年（或一九七五年），美國醫院行政主管仍然排斥「管理」：「我們是醫療人員，不是商人。」（在大學裡，教職人員仍然會說類似的話，但他們同時也會抱怨他們的機構是如何地「管理不善」。）事實上，在二次大戰結束到一九七〇年之間的漫長歲月裡，「進步」意味著建立更大的機構。

　　許多原因造成了在社會各個層面——企業、工會、醫院、學校、大學等——建立更大型組織的趨勢，其中，「我們知道如何管理大企業，卻不知道如何管理小企業」的信念是主要的因素。這個信念與當初成立大型聯合高中的熱潮有相當大的關係，他們辯稱：「教育需要專業化的管理，只有大規模才能如此運作，小規模則辦不到。」

　　在最近十到十五年間，我們已經扭轉了這種趨勢。事實上，我們現在的趨勢可能是「反機構化」，而非「反工業化」。從三〇年代以來，美國及西歐人民有一個觀念，認為醫院是不舒服者的最佳去處，對患有重病的人更是如此了。「病人來醫院的時間愈早，我們能夠給他的照顧也愈好」是很流行的信念，且為醫生與病人所共同接受。但在最近幾年，我們已經把這種趨勢扭轉過來了。現在，我們逐漸相信，使病人能夠遠離醫院的時間愈長愈好，以及使他們能夠出院的時間愈快愈好。當然，這種轉變與醫療保健或管理沒什麼關係，它是對於崇拜集權和政府規畫（始於二〇年代和三〇年代，而到甘迺迪政府與詹森政府時達到巔峰）的一種反動——不管是永久的或短暫的。但是，如果我們沒有管理小型機構和非營利事業（如醫療保健機構）的能力和自信，我們就無法沉醉於這種「反機構化」的趨勢中。

　　我們得知，相較於管理良好的大型組織，小型企業組織可能更需要管理，且管理對它的影響也可能較大。最重要的是，不論是對新企業，或是對注重管理的現有組織，管理所能做的貢獻一樣多。

　　舉個例子來說，自從十九世紀以來，漢堡就出現在美國境內，

二次大戰以後，它們紛紛出現於大城市的街角。但在「麥當勞」漢堡連鎖店中 —— 近二十五年來的成功故事之一 —— 管理制度被運用到原本漫無規畫、一團混亂的作業裡。麥當勞首先設計了最終產品，接著，它又重新設計了整個製作過程，然後，它又重新設計（或發明）了操作工具，使得每一塊肉、每一片洋蔥、每一塊麵包、每一塊炸洋芋片的大小完全一樣，結果產生了一個時間固定且完全自動化的製作程序。最後麥當勞開始研究「價值」對消費者的意義，並將它定義成產品的品質與可預期性（即這次吃的漢堡與上次吃的一樣，甲地吃的漢堡和乙地吃的一樣）、服務速度、絕對的乾淨以及親切。然後，針對這些項目訂出標準，依照標準實施員工訓練，並將獎酬與這些標準結合在一起。

　　所有這些措施都是管理，而且是相當進步的管理。

　　管理是使美國經濟走向創業型經濟的新科技，它也將引導美國走進創業型社會體系。事實上，在美國以及全體已開發的社會體系裡，教育、醫療保健、政府以及政治方面的社會創新，這比商業與經濟創新的天地大多了。在社會體系裡，引進創業精神最重要的事項是：將管理的基本觀念和技巧運用到新問題和新機會上。

　　這意味著，大約在三十年前，我們對管理做了一些努力，而現在到了將這些努力用到創業精神和創新上的時候了：包括發展原則、實務以及訓練。

# Part 1
# 創新實務

創新是創業家的特殊工具；他們藉著創新，把改變
看做是開創另一事業或服務的大好機會。創新是可
以訓練、可以學習，和可以實地運作的。創業家必
須有目的地尋找創新的來源、改變，以及成功創新
機會的徵兆。他們也必須了解成功創新的原則，並
加以運用。

chapter *1*

# 系統化創業精神

　　創新精神是一種行為，而非人格特質；它的基礎在於觀念和理論，而非機構本身。任何能夠大膽面對決策的人，都可以學習成為創業家，並依照創業精神行事。創業家視改變為規範，並因應改變，視它為一種機會而加以利用。創業之所以「具有風險」，主要是因為只有少數人知道創業家們正在做些什麼。

## 1. 什麼是創業精神

　　「創業家，」法國經濟學家賽伊在一八〇〇年左右如此說道，「將資源從生產力較低的地方，轉移到生產力較高及產出較多的地方。」但是，賽伊的定義並沒有告我們這個「創業家」是誰。而且，由於賽伊創造這個術語的時間距今將近兩百年，使得「創業家」與「創業精神」兩個字的定義相當混淆。

　　例如，在美國，創業家常被定義成開創自己嶄新的小型企業的人。最近盛行於美國商學院的「創業精神」課程，實際上就是「開創自己的小型事業」這個課程的嫡傳後代，該課程出現於三十年前，如今觀之，兩者在許多方面並無顯著的不同。

　　但是，並不是每一個新的小型企業都是一種創業家行為或代表著創業精神。

　　夫婦倆在美國郊區開了一家熟食店或墨西哥餐館，他們當然是冒了一點風險，但他們是創業家嗎？他們所做的事以前被重複了許多次，他們相信他們區域裡頭的外食人口日漸增加，並投入他們的時間與金錢放手一搏。但他們既沒有創造出一種新滿足，也沒有創造出新的消費者需求。從這個角度來看，即使他們所開創的是新事業，但他們顯然不是創業家。

　　然而麥當勞所展現出來的就是創業精神。確切地說，麥當勞沒有發明任何東西，任何一家美國的高級餐廳老早就開始供應它的最終產品了。但是，藉著應用管理觀念與技巧（思索顧客所重視的「價值」），使「產品」標準化，設計製程與操作工作，以及基於分析工作流程的結果而設定標準，並依據標準訓練人員，麥當勞不但大幅提高了資源的產出，而且開創一個新市場和新顧客階層，這就是創業精神。

　　幾年前，在美國中西部由一對夫婦創立，目前正欣欣向榮的一家鑄造工廠，同樣也是創業家的例子。該廠是對鑄鐵進行熱處理，以達到高標準規格，例如，大型挖土機所用的軸承。這種作業所需的科技背景廣為人知，事實上，該公司所做的工作，很少是別人沒做過的。但是，他們的特點在於：第一，他們將技術資訊系統化，他們現在能夠將規格標準輸入電腦，並立即從電腦印出所需進行的處理；第二，他們將製程加以系統化，一般而言，尺寸相同、金屬成分相同、重量相同，而且規格相同的鑄鐵，訂單很少超過六片以

上，然而，該廠的鑄鐵事實上是以流程的方式生產，而非分批處理，廠內的機器與烤箱由電腦控制，以進行自我調整。

這種高標準的鑄鐵，以往的不良率高達百分之三十至四十，但在這座新鑄造廠裡，良品率卻超過百分之九十，此外，雖然該廠付出了美國工會所訂定的工資與福利，但若與業界最低價的競爭者（一家韓國造船廠）相比較，前者的成本比後者成本的三分之二還要低。由此可見，在這個產業裡，創業家行為並非創立「新」組織或保持「小」規格 —— 雖然它正在快速成長 —— 而是了解到這種鑄鐵與眾不同，需求已經大到足以創造出一個「市場利基」，而且目前的科技（尤其是電腦科技）已經能夠將藝術轉換成科學程序。

眾所公認，所有新的小型企業都會有許多共同點，但是為了要成為創業家，一個企業的特點必須要比「新且小」更突出才行。事實上，在新創立的企業當中，創業家確實占了大多數。他們創造出一些新穎而與眾不同的東西，他們改變了價值。

不一定最新成立的小型企業才能成為創業家。事實上，創業精神經常被一些有悠久歷史的大公司採行。「奇異電氣」（GE）是世界著名的大企業，有一百年以上的歷史，但是它從零開始建立創業家型態的新事業，並將它們培養成相當規模公司的做法，也有相當長的歷史了。奇異公司並不將其創業精神局限於製造業，「奇異電氣信用公司」（G. E. Credit Corporation）—— 奇異公司在財務上的左右手 —— 所引發的大轉變，改變了美國的金融體系，且目前正迅速擴展到英國和西歐。當它在六〇年代發現商業本票可以用來融通商業時，它就突破了金融界的馬奇諾防線（Maginot Line，在法

國東邊國境的防線），同時也打破了傳統上銀行在商業貸款上享有的獨占地位。

馬克士 —— 英國一家大型百貨連鎖店 —— 在最近五十年間的表現，可能比西歐任何公司更具有創業精神和創意。它對於英國經濟體系（甚至社會體系）的影響，可能比英國境內任何「改變推動者」（change agent，譯註：積極尋求改變他人想法的個人或機構），甚至比政府當局或法律還要大。

奇異電氣和馬克士百貨連鎖店，與其他完全沒有創業精神的大公司有許多共同之處，而使它們具有「創業精神」的原因，除了規模或成長以外，就是它們所擁有的特點。

此外，創業精神絕對不只局限於經濟性機構。

關於「創業精神發展史」，沒有比現代大學的創立與發展更好的教材了（尤其是現代的美國大學）。我們知道，當曾任德國外交官的洪堡（Wilhelm von Humboldt）在一八○九年構思並設立柏林大學時，是基於兩個明顯的目標：（1）從法國人手中奪得學術與科學的領導地位；（2）捕捉法國大革命所散發出來的活力，並用來對抗法國人（尤其是拿破崙）。六十年後（大約一八七○年左右），當德國大學的聲譽如日中天時，洪堡將大學視為一種改變推動者的想法越過了大西洋，而為美國所採行。到了美國南北戰爭結束時，殖民時期所成立的老式「大學」正因年代久遠而瀕臨瓦解。在一八七○年，美國大學的學生人數還不到一八三○年的一半，而這段期間的人口數卻成長了三倍。但是，在接著而來的三十年裡，一群顯赫的美國大學校長創設並建立了新的「美國大學」—— 明顯

地既新又美國化。一次大戰以後，這些學校很快地就為美國贏得學術與研究的世界性領導地位，就如同洪堡所成立的柏林大學，在一世紀以前奪得了學術與研究的領導地位一樣。

二次大戰後，新一代美國學術界的創業家又再度創新，建立新的「私人」及「大都會」大學：位於紐約地區的「佩斯大學」（Pace University）、「狄更生大學」（Fairleigh Dickinson University）、「紐約工學院」（New York Institute of Technology）；位於波士頓的「東北大學」（Northeastern University）；位於西海岸的「聖克拉拉大學」（University of Santa Clara）和「金門大學」（Golden Gate University）等等。它們構成了近三十年來高等教育的主要成長部門。在課程的安排上，大多數新學校與歷史悠久的學校似乎沒什麼不同。但是，它們是針對一個不同的新「市場」所精心設計的 —— 有點事業基礎的人，而非剛從高中畢業的年輕人；整天通勤上下學的大城市學生，而非住在校園，一個禮拜上五天課，每天從九點上到五點的學生；以及背景差異相當大的學生，而非美國傳統的大學生。它們是因應市場上的重大轉變而出現的。大學文憑的地位從「高級」（upper-class）轉變到「中級」（middle-class），以及「上大學」所代表的意義之轉變。它們代表著創業精神。

你同樣可以基於醫院的發展史，寫出一本有關創業精神的書來。十八世紀末，現代醫院首度出現於愛丁堡和維也納。到了十九世紀，各種創新形式的「社區醫院」出現於美國。到了二十世紀初，大型專業化中心開始出現。二次大戰後，新一代的創業家忙於將醫院改變成專業化的「診療中心」：可移動的外科診所、獨立的

婦產中心或心理治療中心。它們著重於專業化的「需要」，而不像
傳統醫院，強調對病患的照顧。

　　並非每一個非營利服務機構都具有創業精神（還差得遠呢！）
其中只有少數機構仍然擁有服務機構的所有特性、所有問題，以及
所有辨識標幟。使這些服務機構具有創業精神的，是一些不同而且
特殊的因素。

　　雖然，英語系國家以新成立的小企業來做為辨識創業精神的方
法不太高明，但德國人用權力以及所有權來辨識更易令人誤解。德
國人所謂的「創業家」是指擁有一家企業並親自經營的人，主要是
用於將「老闆」（企業擁有者）與「專業經理人」和「僱用的經營
者」區分開來。

　　但是創立系統化創業精神的首度嘗試，並非著眼於所有
權──一八五七年，皮耶兄弟（Brothers Pereire）在法國設立了
「不動產信用銀行」（Credit Mobilier），然後在一八七〇年，這種做
法飄渡過萊茵河，由西門茲在他的「德意志銀行」加以改變而更趨
完美。同一時間，年輕的摩根也把這種做法引進美國的紐約。身為
創業家的銀行家，其責任在於運用他人的資金，使之分配到生產力
較高以及產出較多的地方。早期的銀行家都變成了企業所有者。他
們每次修造鐵路，都是以自己的資金融通。相形之下，創業家型的
銀行家從來不想成為所有者，藉著將他初期融通企業的股份賣給一
般大眾，他賺到了錢；透過向一般大眾「借錢」，他可以得到所需
的資金。

　　雖然創業家需要資本以從事各種經濟（以及大多數非經濟）活

動，但他們並非資本家，他們也不是投資家。雖然他們要承擔風險，但任何從事經濟活動的人都要承擔風險。經濟活動的本質在於投入目前的資源，以換取未來的期望，這意味著投入不確定性與風險當中，創業家不是一名僱員，但可以是（且通常是）一名僱主或獨力工作的人。

因此，不論是對個人或機構而言，創業精神都是一種獨特的特性，它不是一種人格特質。三十年來，我看過一些性格與氣質雖然迥異，但在各種企業挑戰中卻表現極為優異的人。確切地說，需要確定性的人無法成為良好的創業家。而且這種人在其他許多活動裡也不會有優異的表現 —— 如在政壇，在軍隊裡處於指揮地位，或在船上擔任船長。在這些位置上，制訂決策是不可避免的，而任何決策的本質就是不確定性。

但是，任何能夠大膽面對決策者都可以學習成為創業家，並依照創業精神行事。因此，創業精神是一種行為，而非人格特質；它的基礎在於觀念和理論，而非機構本身。

## 2. 視改變為規範

即使應用者本人並不了解，但每一種應用事實上都是基於理論的基礎。創業精神是基於經濟與社會理論，該理論視改變為健康的常態。它認為在社會體系裡，尤其是在經濟體系裡，最重要的事在於做一些與眾不同的事，而非將原來已經做過的事做得更好 —— 基本上，這就是賽伊在兩百年前創造「創業家」這個名詞時所要表

達的意義。它是用來當做一種不滿的宣告：創業家破壞現狀，搞亂秩序。如同熊彼得所歸納的：企業家所從事的工作是「創造性的破壞」。

賽伊是亞當斯密（Adam Smith）的仰慕者，他將亞氏的《國富論》（*Wealth of Nations*，一七七六年出版）譯成法文，且終其一生一直念茲在茲地鼓吹亞氏的想法與政策。但是，他自己對經濟思想方面的貢獻——創業家與創業精神的觀念——卻是獨立於古典經濟學之外的。事實上，兩者甚至是無法並存的。古典經濟學講求將已然存在的狀況予以最佳化，如同迄今為止的經濟理論主流——包括凱因斯學派、傅利曼學派以及供給學派——所主張的一樣，它專注於使現存資源發揮最大的效用，並重視均衡的建立。由於它無法探討創業家這個問題，乃將它塞到「外在力量」那個幽暗的領域裡，與氣候和天氣、政府和政治、瘟疫與戰爭，以及科技等放在一起。當然，傳統的經濟學家（不管他是屬於何種學派或信仰何種主義）並不否認這些外在力量的存在，且承認其重要性，但它們並不在他的研究範圍之內。在他的模式、方程式或預測裡，不會對這些因素加以說明。即使是對科技抱持著最強烈敬意者，如馬克思（Karl Marx）——他是第一位科技發展歷史學家，也是最優秀的一位——在他的理論體系或經濟學裡，仍然無法給與創業家與創業精神一席之地。在馬克思的理論裡，所有追求現有資源最佳化——亦即均衡建立——以外的改變，都是所有權與權力關係改變的結果，這不在經濟理論體系的討論範圍內。

熊彼得是第一位回歸到賽伊觀點的主要經濟學家，在他一九

一一年出版的經典之作《經濟動態理論》（*The Theory of Economic Dynamics*），熊彼得與傳統經濟學劃清界線 —— 比凱因斯二十年後的所作所為更激進。他主張，健全經濟的「規範」以及經濟理論與實務的中心課題是，由創新的創業家所引發的動態失衡，而非均衡與最佳化。

　　賽伊關切的重點主要在於經濟面，但他的定義卻只要求資源是「經濟的」。事實上，這些資源所致力的目的不一定是傳統所認為的「經濟的」。像教育通常不被認為是「經濟的」，且經濟標準幾乎不適合於決定教育的「產出」（雖然沒有人知道什麼標準可能比較適合）。但是，教育所使用的當然是經濟資源，事實上，它們與用於最清晰的經濟目的（如製造和銷售肥皂）之資源是相同的。用於所有社會活動的資源都是相同的，也都是「經濟的」資源：例如資本（亦即，抑制現在的消費，以換取未來的期望）、物資資源、玉米種籽、銅、教室、病床、勞工、管理以及時間等。因此，雖然創業精神源於經濟面，但它絕不只局限於經濟面，除了有關「存在的」活動以外，它與所有「社會的」活動都有關聯。我們目前已然了解，無論是在哪一個領域裡，創業精神的運作大都相去不遠。教育界和醫療保健的創業家，與身處企業或工會的創業家所做的事非常類似，所使用的工具非常類似，所遭遇的問題也非常類似。

　　創業家視改變為規範，且視改變為健康的現象。通常，他們本身並不引發改變，但是 —— 而這也定義了創業家與創業精神 —— 創業家總是在尋找改變，因應改變，並視它為一種機會而加以利用。

## 3. 創業不代表高風險

一般都相信創業的風險非常高。事實上，在那些非常引人注目的創新領域裡（如高科技）── 微電腦或生物遺傳 ── 折損率非常高，而成功的機率（甚至生存的機率）似乎相當低。

為什麼情況會這樣呢？根據定義，創業家將資源從生產力和產出較低的地方移到較高的地方。當然，其中可能存在著失敗的風險，但是，即使它們只是中度成功，其報酬應該就足以抵銷其中所涉及的風險。因此，我們對創業所預期的風險，應該比最佳化還要低。事實上，當創新是正確而有利可圖時 ── 亦即，創新的機會已然存在，再沒有比採取資源最佳化的風險更大的了。理論上，創業應該是風險最低，而非風險最高的方式。

事實上，有許多創業家的平均安打率相當地高，足以證明創業與創新是高風險的這種普通信仰是不正確的。

例如，在美國，「貝爾實驗室」（Bell Laboratories）是「貝爾電話系統」的創新重鎮。七十多年來 ── 從一九一一年左右設計出第一個自動交換總機開始，到一九八〇左右設計出光纖電纜為止，其中包括了電晶體與半導體的發明，以及運用於電腦上的基本理論與工程工作 ── 貝爾實驗室接二連三地擊出安打。貝爾實驗室的紀錄顯示，即使是在高科技領域裡，創業與創新也可以是低風險的。

「IBM」在一個快速前進的高科技領域 ── 電腦業，與電力和電子業「老手」相競爭，但迄今為止尚未遭遇過重大的挫敗。在一

個較平凡的產業裡，英國百貨連鎖店馬克士 —— 世界主要零售商裡最富創業精神的大公司，也沒有嘗過挫敗。世界上最大的消費品生產廠商「寶鹼」（Procter & Gamble），在成功創新上也同樣擁有幾近完美的紀錄。一家「中科技」公司 —— 位於明尼蘇達聖保羅的「3M」公司，在最近六十年裡，創造了將近一百個新企業（或新的主要產品線）；在它所創造的事業中，有五分之四是成功的。這只是創業家以低風險從事創新的一個小樣本。當然，以低風險從事創業的成功個案有許多是僥倖，是天公特別作美，是意外或者只是運氣。

此外，也有極多的創業家在開創新事業上，顯示出相當高的安打率，足以駁倒創業是高風險的普遍觀念。

創業之所以會「具有風險」，主要是因為在所謂的創業家中，只有少數人知道他們正在做些什麼。他們缺乏方法論的背景，他們違反了基本且廣為人知的法則。對高科技創業家而言，這種狀況尤其明顯。確切地說（第九章也將會討論到），高科技的創業與創新在本質上比其他創新 —— 基於經濟與市場結構的創新，基於人口統計特性的創新，或甚至是基於看起來有點縹緲而無形的認知和態度（如世界觀）的創新 —— 更為棘手且更具風險。但是，即使是高科技的創業也不一定代表著「高風險」，這是貝爾實驗室和IBM所證明的。然而，它的確需要加以系統化，也需要加以管理，但最重要的是，它必須是基於有目的的創新。

Chapter*2*

# 有目的的創新與創新機會的七個來源

　　不管基於何種動機 —— 金錢、權力、好奇,或追求名聲與認同的欲望,成功的創業家都會試著去創造價值和有所貢獻。他們的目標相當高,而且不會滿足於只是對現存事物加以改善或修正,他們試圖創造出新穎不同的價值與滿足;試圖將「材料」轉換成「資源」;試圖以一種新穎且更具生產力的結構,將現在的資源結合在一起。

　　創業家都從事創新。創新是展現創業精神的特殊工具。創業活動賦予資源一種新的能力,使它能創造財富。事實上,創新活動本身創造資源。除非人們發現自然界某樣東西的用途,並賦予其經濟價值,否則,根本就無所謂「資源」存在。因此,在創新之前,每一種植物都只是雜草,而每一種礦物也都只是另一種石頭而已。在不到一百年以前,埋在地下的石油和鋁礦砂(即鋁的原礦)都還不是「資源」。當時,它們只是令人討厭的東西,因為它們使得土壤不夠肥沃。在過去,盤尼西林黴菌是一種有害的細菌,而非一種資源;細菌學家在做細菌培養時,都要費好大的工夫去防治它的侵害。後來到了二○年代,一名倫敦醫生弗萊明(Alexander Fleming)發現了這種「有害的細菌」,就是細菌學家一直在尋找的細菌殺

手，從那個時候開始，盤尼西林黴菌就成為一種珍貴的資源了。

在經濟和社會領域也是如此。在經濟體系裡，沒有比「購買力」更重要的資源了，但購買力卻是創業家的創新結果。

在十九世紀早期，美國農夫事實上沒什麼購買力，沒有能力購買農業機械。當時，雖然市場上已經出現許多收割機器，但不論農夫多麼想要它們，卻沒有錢購買。後來，收割機的發明者之一——麥考密克（Cyrus McCormick），發明了分期付款制度，這種方式使得農夫能夠以未來的收入來購買收割機，不必靠過去的儲蓄。於是，突然之間，農夫就有了購買農業機械的「購買力」了。

同樣的，只要能使既有資源產生財富的潛力有所改變，都足以構成創新行為。

將卡車的車體從它的輪子上卸下，放置於貨運船上的想法並沒有涉及多少新科技。這個「創新」——貨櫃（container）——根本不是脫胎於科技，而是根源於將「貨運船」視為一種物料處理工具，而非一艘「船」的認知。這意味著，真正重要的是盡量縮短在港口停留的時間。但這個平凡的創新卻使得海上貨運船隻的生產力大約提高了四倍，且可能挽救了海上貨運的性命。如果沒有它，世界貿易近四十年來的巨幅成長——在任何主要經濟活動領域裡，都創下了成長最快的空前紀錄——根本就不可能發生。

使學校教育遍行全世界（尤有進之，對學校教師施以系統化訓練或教學理論）的，是那個「卑賤的」創新——教科書。它是偉大的捷克教育改革家柯美紐斯（John Amos Comenius）的發明，柯氏在十七世紀中葉，首度設計並使用拉丁文的入門教材。如果沒有

教科書，那麼即使是一個非常優秀的老師，一次頂多能教一兩個學生，但有了教科書以後，即使是一個差勁的老師，也能夠將一些學識塞進三十到三十五個學生的腦袋裡。

　　如同這些實例所顯示的，創新並不一定要涉及技術問題，甚至根本就不需要是一個實體的「東西」。若從所造成的影響來看，能夠與社會創新（如報紙或保險）相抗衡的科技創新非常少。分期付款改變了整個經濟體系。只要分期付款制度引進一個地方，它就能將當地的經濟體系從供給驅動轉變為需求驅動，而對當地生產力水準的高低幾乎可以不加考慮（這就是為什麼馬克思主義者一旦當政，就立即將禁止分期付款列為首要任務的原因，此舉可見於一九四八年捷克的共產主義者以及一九五九年古巴）。目前的醫院型態導源於十八世紀啟蒙期所發生的社會創新，它對於醫療保健的影響，遠大於許多藥物上的進步。管理 —— 首度使得擁有不同技藝與知識的人能夠在一個「組織」裡一起工作的「實用的知識」——則是本世紀的創新，它將現代社會轉變成一種我們尚沒有政治或社會理論來加以詮釋的嶄新體系：一個組織社會。

　　在經濟史中，博爾希（August Borsig）被認為是第一位在德國建造蒸汽火車頭的人，但更重要的是，他冒著同業工會、教師與政府官員的激烈反對所進行的一個創新。迄今為止，這個創新已成為德國工廠的組織系統以及工業優勢的基礎。他發明了師傅（擁有高度技藝且非常受人尊敬的資深技師，以相當程度的自治權經營工廠）學徒制，這個制度將在職訓練與學校教育結合在一起。馬基維利（Niccolo Machiavelli）的《君王論》（*The Prince*，一五一三年出

版）一書對現代政府體制所提出的創新，以及六十年後他的早期追隨者布丹（Jean Bodin，法國政治學家，一五七六年發表國家論，主張政教分離）對現代國家所提出的創新，顯然比大多數科技發明有更持續性的影響。

在現代日本，可以看到一個社會創新及其重要性的有趣例子。

日本自從一八六七年開放門戶以來，儘管它在一八九四年與一九〇五年先後打敗了中國與俄國；儘管它發生了珍珠港事件；以及儘管它在七〇年代與八〇年代，突然以超級經濟強國與國際市場上最難纏的競爭對手的姿態出現，它還是一直受到西方人士的低估。造成這種現象的重要因素之一，可能是認為創新是根源於科學或技術水準的普遍信念。一般人（日本人本身及西方人士）認為，日本人是模仿者，而非創新者，因為就整體而言，日本人並沒有發展出引人注目的技術或科學創新，他們的成功是基於社會創新。

當一八六七年明治維新，日本人十分不情願地開放門戶時，他們很技巧地避免了印度與十九世紀中國的命運——兩者都被西方國家征服，殖民並且西化。當時日本人的目標是以純粹柔道的方式，運用西方人的船堅砲利，使西方人不得越雷池一步，保持了日本傳統的風味。

這意味著社會創新遠比蒸汽火車頭或電報重要。而且，觀察學校、大學、文官制度、銀行以及勞資關係的發展，我們可以得知，社會創新遠比建造火車頭或電報困難。一個可以將火車車廂從倫敦拖到利物浦的火車頭，不需加以調整或改變，也可以將火車從東京拖到大阪。但日本的社會機構卻必須是典型的「日本式」，而且必

須十分「現代化」；它們須由日本人經營，而且須在「高度技術性的」西方經濟體系下運作。科技可透過低成本和最少量的文化風險加以進口，但機構卻需要有文化基礎才能成長茁壯。一百年前，日本人慎重地制訂了決策，將他們的資源投注於社會創新，並對科技創新加以模仿、進口和調整，且獲得了驚人的成功。事實上即使是現在，這個政策可能仍然適用。某些人半開玩笑地稱它為「創造性模仿」，這是一種備受推崇且通常相當成功的創業型策略。

即使日本人現在必須放棄模仿、進口和修改他人科技的政策，並學習自行從事科技創新，我們仍然不應低估他們的能力。科學研究本身是一個相當新的「社會創新」，而日本人基於以往優異的表現，對於這種創新已然展現出驚人的能力。最重要的是，他們已經顯現出對創業型策略高人一等的掌握力。

因此，「創新」是一個經濟性或社會性用語，而非科技性用語。我們可以用賽伊界定創業精神的方式來對它加以定義：創新就是改變資源的產出。我們同樣可以用需求面用語（而非供給面用語）來界定它 —— 現代的經濟學家將會傾向於如此，亦即將創新界定為：「改變資源所給與消費者的價值與滿足。」

依我看，上述兩種定義應視個別狀況（而非理論模式）來決定何者較為適用。鋼鐵廠從一貫化煉鋼廠轉移到「迷你工廠」—— 以碎鋼（steel scrap）為原料，而非鐵礦砂；生產出來的是最終產品，如橫梁（beam）和連桿（rod），而非需要再加工的粗鋼 —— 的過程，由供給面用語加以描述和分析最為適合。雖然兩者的最終產品、最終用途以及銷售對象都一樣，但迷你工廠成本卻大幅降低。

而同樣的供給面定義可能也適用於貨櫃。雖然就「技術」而言，錄音機或錄影機即使沒有比前者更為尖端，至少也在伯仲之間，但是，比較適宜來描述或分析它們的卻是需求面用語。此外，亨利‧魯斯（Henry Luce），在二〇年代所發展出來的新聞性雜誌 ——《時代》（*Time*）、《生活》（*Life*）、《財星》（*Fortune*），以及在七〇年代和八〇年代早期所創設出來的貨幣市場基金，這些社會創新也適用需求面用語。

我們尚未發展出一個創新理論，但我們所知道的，已足以說明一個人於何時、何地，如何有系統地尋找創新機會，也足以說明一個人如何判斷成功的機率或失敗的風險。此外，我們所知的已足以發展創新的應用和實務，雖然還只是相當粗略的方式。

對於科技史學者而言，十九世紀眾多偉大成就之一是「發明中的發明」（invention of invention），幾乎已成了他們的口頭禪。大約在一八八〇年以前，發明是帶有神祕色彩的。十九世紀早期的書籍不斷地提及「靈機一動」（flash of genius），而發明家本人則是一個既浪漫又荒謬的人物，獨自在一個孤寂的閣樓裡冥想。到了一九一四年第一次大戰爆發時，「發明」已變成「研究」，後者是一種系統化而且有目的的活動，經過精心的策畫與組織，以期對所投注的目標與可能獲得的成果有高度的可預測性。

諸如此類的事情現在必須訴諸於創新，而創業家則必須學習如何進行系統化的創新。

成功創業家不會坐等「繆斯降臨他們身上」（Muses，希臘神話中職司詩、音樂及其他藝術的九位女神），並賜予他們一個「良好

的創意」；相反的，他們自求多福。總而言之，他們並不尋找「大幹一票的機會」——像「革新產業」、創造一個「十億美元的生意」，或者「一夜之間成為巨富」之類的創新。那些誇張創意的創業家，幾乎一定會失敗，他們幾乎注定會做錯事。一個看起來十分偉大的創新，結果可能變成了只是技術面的探討；而中度智慧的創新——例如麥當勞所做的——反而可能演變成驚人而且有高度利潤的事業。同樣的道理亦適用於非營利事業和公共服務機構的創新。

不管基於何種動機——金錢、權力、好奇，或追求名聲與認同的欲望，成功的創業家都會試著去創造價值和有所貢獻。他們的目標相當高，而且不會滿足於只是對現存事物加以改善或修正，他們試圖創造出新穎不同的價值與滿足；試圖將「材料」轉換成「資源」；試圖以一種新穎且更具生產力的結構，將現在的資源結合在一起。

「改變」提供了人們創造新穎且與眾不同事物的機會，因此，系統化創新包括了有目的而且有組織的尋求改變，以及對改變本身所可以提供的經濟性或社會性創新機會，進行系統化的分析。

一般說來，這些改變都是已經發生的或正在進行中的，絕大多數成功的創新都是利用改變來達成。確切地說，有些創新本身就包含著一個重大的改變，例如萊特兄弟發明飛機這一類的科技創新就是一例。但是這些是例外，而且是相當不尋常的情況。大多數成功的創新都相當平凡，它們只是運用改變。因此，創新的訓練（這是創業精神的知識基礎），是一種具有診斷性的訓練，是對提供創業

機會的改變範疇進行系統化的檢討。

　　明確地說，系統化創新即是追蹤創新機會的七項來源。

　　前四項來源存在於企業內，不管是營利事業或公共服務機構，它們可能存在於一個產業或一個服務部門之內。因此能看到它們的人，主要是處於那個產業或服務部門的人。它們基本上是一些徵兆，但卻是那些已然發生（或只要少許努力就能使它發生）的改變非常可靠的指標。這四個來源是：

- 意料之外的事件 ── 意外的成功，意外的失敗，意外的外在事件。
- 不一致的狀況 ── 實際狀況與預期狀況之間的不一致。
- 基於程序需要的創新。
- 產業結構或市場結構上的改變，以出其不意的方式降臨到每個人身上。

第二組創新機會來源則包括發生於企業或產業外部的改變：

- 人口統計特性（人口的變動）。
- 認知、情緒以及意義上的改變。
- 新識 ── 包括科學的與非科學的。

這七個創新機會的來源界線相當模糊，而且彼此之間有相當大的重疊部分。它們可以被比擬成位於同一個建築物不同方位的七扇

　　窗戶，每一扇窗戶所顯現的某些景色，都可以從附近的窗戶窺得，但是，每一扇窗戶的中心部位所呈現的景觀卻互不相同。

　　由於每一項來源都有它與眾不同的特性，因此，這七項來源須進行個別的分析。然而，沒有哪一個來源比其他來源更重要或更具生產力，重大的創新可能來自於對改變徵兆的分析（例如產品或定價上不太重要的改變卻造成意外的成功），也可能來自重大科學突破的大量應用。

　　然而，這些來源的討論順序不是任意安排的，它們按照可靠與可預測的程度，由高到低依次排列。就新知識 —— 尤其是科學新知 —— 而言，它並非成功創新最可靠或最可預測的來源，這種狀況與一般人的信念正好相反。雖然基於科學的創新是如此醒目、風光與重要，但它事實上卻是最不可預測的創新來源。相反的，對基本改變 —— 如意外的成功或意外的失敗 —— 所進行的平庸，且不惹人注意的分析，其風險和不確定性反而相當的低。一般而言，基於後者而產生的創新，在創立新事業與獲得成果（不管是成功或失敗）之間所需的前置時間最短。

Chapter **3**

# 來源一：意料之外的事件

意料之外的事件，能使我們跳出先入為主的觀念、假設及原先確定的事物，所以它是一個相當有用的創新來源。

## 1. 意外的成功

在提供成功創新機會的來源裡，沒有比意外成功所提供的機會更多了。它所提供的創新機會比其他來源的風險更低，追求的過程也較不辛苦。然而，意外的成功卻幾乎完全受到忽略，更糟糕的是，管理人員傾向於積極地加以抗拒。

下面就是一個明顯的例子。

三十多年前，紐約最大的「梅西」百貨公司（R. H. Macy）的董事長告訴我：「我們不知道如何使家電用品的銷售成長停止下來。」

「為什麼你想要使它們停下來呢？」我滿頭霧水地問道，「你在這方面的生意賠錢嗎？」

「正好相反，」他說道，「它們的邊際利潤比時髦產品好，沒有退貨，而且根本沒有順手牽羊的問題。」

「是不是購買家電用品的顧客趕走了時髦產品的顧客呢？」我問道。

「哦！不是，」他答道，「我們以前推銷家電用品的對象，主要是來買時髦產品的顧客，現在我們反而常常對前來購買家電用品的顧客推銷時髦產品。但是，」他繼續說，「在我們這種商店裡，時髦產品的銷售應該占總銷售的百分之七十才是正常而健康的。而家電用品的銷售成長如此之快，以至於它現在已經占總銷售額的五分之三，這是反常的現象。我們已經嘗試過我們所了解的所有方法，以期讓時髦產品的銷售成長回復正常的比例，但卻沒什麼效果。目前剩下來的唯一方法就是壓低家電用品的銷售成長，回到自己應該待的地方。」

在這段對話後將近二十年的時間，紐約梅西百貨每下愈況。關於梅西無法有效運用它在紐約零售市場支配性地位的原因，出現了許多不同的解釋：市區衰落、規模太大所造成的不經濟等等。實際上，新的管理人員於一九七〇年入主該店，改變了強調重點，並接受家電用品銷售的貢獻後，梅西百貨 —— 儘管市區仍然衰落，儘管它的人工成本相當高，以及儘管它的規模如此龐大 —— 馬上就再度繁榮起來了。

在梅西拒絕意外成功的同時，另一家紐約零售店 —— 布魯明戴爾（Bloomingdale's）利用了相同的意外成功，使它登上了紐約市場第二把交椅的寶座。當時，布魯明戴爾在排名上頂多只是軟弱無力的第四名，倚賴時髦產品的程度尤過於梅西。但是當家電用品的銷售在五〇年代早期開爬升時，它就與這個機會一起成長。

它了解到某些意料之外的事件正在發生，並加以分析，然後，它靠著「家庭用具部門」在市場上建立了一個新地位。同時，它也轉換了時髦產品和服飾銷售的重點，以迎合一個新的顧客層：對這個顧客層而言，家電用品銷售的巨幅成長只是一種徵兆而已。截至目前為止，梅西仍然是銷售量上的第一把交椅，但是布魯明戴爾已成為「具有現代風格的紐約商店」，而那些在三十年前角逐這個頭銜的許多商店都已經消失無蹤了（在第十五章裡，將會有更多的例子）。

梅西的故事可能會被認為是極端的情況，但是其中唯一的不尋常是該公司董事長了解他正在進行的事情。但即使對自己的愚蠢行為渾然不知，仍有許多管理人員會照著梅西的處理方式行事。要管理當局接受一個意外的成功絕非易事，它需要決心、特別的政策、觀察現實的意願以及足夠的謙遜來說出：「我們錯了！」

管理當局不易接受意外成功的原因之一：人們有一種傾向，認為持續相當歲月的任何事情一定是「正常的」，而且將會「永遠」存在。因此，任何與我們所認定的自然法則相互矛盾的事情，都會被視為不合理、不健康，而且顯然是反常的現象。

這解釋了一九七○年美國某家主要鋼鐵公司拒絕「迷你工廠」的原因。管理當局知道，它的煉鋼廠很快就會變得老舊，如果要使它現代化，將需要投入天文數字般的資金，而且它也知道無法獲得所需的資金。因此，一座較小的新「迷你工廠」，將是合理的解決方案。

幾乎是在意外的情況下，該公司得到了這麼一座「迷你工

廠」。不久之後，它就開始迅速地成長，並產生現金與利潤。該公司一些較年輕的人士乃建議，將所有的投資基金用於獲取更多的「迷你工廠」及建造新的「迷你工廠」上。如此一來在幾年之內，這些「迷你工廠」將會奠基於現代科技、低人工成本及目標明顯的市場之上，為該公司帶來數百萬噸的鋼鐵產能。高層管理人員憤怒地否決了該項提案，事實上，所有與該提案有關聯的人員在往後幾年裡，都發現自己的飯碗很難保住。「一貫化製鋼程序是唯一的正確和序，」高層主管辯稱，「其他東西都是騙人的，只是一時的流行，是不健康的現象，而且無法持久。」不用說，十年以後，在美國鋼鐵業裡，唯一仍舊健康、成長，而且相當繁榮的是「迷你工廠」。

對於一個終生奉獻於使一貫化製鋼程序更趨完美的人、對於一個熟稔大型鋼廠而且本人可能是鋼鐵工人後裔的人（許多美國鋼鐵公司的主管人員就是這種情況）而言，「大型鋼廠」以外的東西都是詭異而陌生的；明確地說，就是一種威脅。要在這種「敵對狀態」之下找出最佳機會，需要相當的努力。

大多數組織的高層管理人員 —— 不管規模是大是小，是公共服務機構或營利事業 —— 都是從某個職能或領域發跡的。對這些人而言，那是使他們感到最舒服的地方。例如，當我與梅西百貨的董事長對談時，在高層管理人員裡，除了人事副總裁外，其他人都是從時髦產品採購人員開始幹起，並靠著自己在這方面的表現掙得今天的地位。對這些人而言，家電用品是別人的事。

意外成功有時是相當難堪的。例如，有一家公司孜孜不倦地修

改一項老產品，使它更趨完美。多年以來，這項產品一直是公司的「旗艦」，且代表著公司的「品質」。但是，在很不情願的情況下，公司當局同意修改另一項老舊、落伍，而且「低品質」的產品。公司的人都知道這項修改毫無意義，他們之所以會同意如此做，是因為公司裡某個頂尖業務員從中進行遊說，或者是因為某個關係良好的客戶提出了這麼一個要求，使得公司當局無法拒絕。但沒有人預期它會賣得好，事實上，根本沒有人希望它賣得好。然而，這隻沒有人疼的「狗」在市場上獲得了壓倒性的勝利，甚至超越了「系出名門」、「品質卓越」的產品線所預期的銷售量。難怪每個人都感到吃驚，並且認為這個成功是一種「喧賓奪主的行為」（cuckoo in the nest）── 這句話我聽了好多遍。在這種情況下，每個人的反應很可能與上述梅西百貨董事長 ── 當他看到自己所討厭的家電用品超越了自己所鍾愛的時髦產品時 ── 的反應完全一樣，因為他投注了終生的歲月與精力於時髦產品上，所以無法忍受時髦產品屈居劣勢。

意外成功是對管理當局判斷力的一種挑戰。「如果迷你工廠是一個機會，我們一定能夠看得出來。」那家大型鋼鐵公司董事長拒絕迷你工廠提案時如是說。管理人員是因為他們的判斷能力而受聘，但我們並不是被聘來扮演永遠不會犯錯的角色。事實上，他們就是被聘來了解並承認他們所犯的錯誤 ── 當他們的認錯開啟了另一個機會時尤然。但這種認知並不普遍。

一家瑞士製藥公司雖然在家畜藥品上享有世界性領導權，但它自己卻從未發展出任何一種家畜藥品。它之所以如此，是因為那些

研究藥品的公司拒絕服務獸醫市場。藥品 —— 主要是抗生藥，當然是為了治療人類疾病而發展的，當獸醫們發現這些藥對動物一樣有效並開始下訂單時，這些藥品公司感到極為不愉快。其中有些藥商拒絕把藥品提供給獸醫，有些藥商則不喜歡重新調配適用動物的藥方，不喜歡重新包裝等等。在一九五三年左右，一家主要製藥公司的藥品主管反對將一種新的抗生素應用到動物治療上，他覺得那是一種對「高貴藥品的濫用」。因此，當瑞士人與這些藥廠進行接觸時，能夠毫無困難地以低成本獲得將這些藥品用於動物的許可證，有些藥商甚至對於能夠免除這種令人尷尬的成功，感到興奮不已。

長久以來，人類服用的藥物就受到價格壓力及管制當局的嚴格管制，因而使得家畜藥品成為製藥廠最賺錢的部分。但那些最初發展出家畜藥品的公司，卻沒有得到這些利潤。

時常發生的是，意外成功根本沒有被發現，沒有人注意到它，因此也沒有人會加以利用。結果是競爭者帶著它往前跑，並獲得其中的報酬。

一個主要的醫療用品供應商針對生物和臨床測試，引進了一系列的新儀器。新產品相當不錯，然後突然之間，訂單從工業界和大學實驗室蜂擁而來。沒有人被告知這種狀況，也沒有人注意到這種狀況，更沒有人了解這種情況。純粹出乎意料之外，除了原先所預期的市場以外，這一系列產品又發展出更多、更好的銷售對象。由於這種「無知」，使得該公司沒有派出任何業務人員去拜訪這些新客戶，也沒有建立起服務網。五到八年以後，另外一家公司占據了

這些新市場，由於這些市場所產生的交易量夠大，使它能以比原先的市場領導都更低的價格和更好的服務，很快地侵入醫院市場。

對於意外成功茫然無知的原因之一是：我們現存的報告體系通常不會對它加以報導，遑論要引起管理人員的注意了。

差不多每一家公司 —— 包括每一家公共服務機構，都擁有月報表或季報表，這些報表的第一頁列出績效表現低於預期之處：它列出問題與業績的低落。在主管人員和董事會的月會裡，每個人會專注於發生問題之處，而沒有人注意那些表現比預期水準好的地方。而且，如果意外成功是在質不在量 —— 在上述醫院儀器的例子裡，除了公司所服務的傳統市場以外，它又開闢了另一個新的主要市場 —— 那麼，就算是數字恐怕也無法表示出這種成功了。

為了利用意外成功所帶來的創新機會，我們必須進行分析工作，意外成功是一種徵兆，但它是什麼東西的徵兆呢？基本的現象可能是，我們常受限於自己的看法、知識及理解。例如，製藥公司拒絕讓他們的新藥進入動物市場就代表著一種現象，亦即他們未能了解全世界家畜市場有多大和多重要，未能了解二次大戰後全世界對動物蛋白質的需要巨幅上揚，以及未能了解全世界的畜牧業者在知識、複雜程度與管理才能上的驚人改變。

梅西百貨在家電用品上的意外成功也是一種徵兆，它代表著一大群消費者在行為、期望與價值上的基本改變 —— 如同布魯明戴爾所了解的一樣。一直到二次大戰以前，百貨公司的消費者都是按社經地位（socioeconomic status），亦即依據所得區隔，進行購買。二次大戰後，市場變得逐漸以「生活型態」（lifestyle）來區

隔。布魯明戴爾是第一家 —— 尤其是在東海岸 —— 了解到這種現象，加以運用，並創造出一個新零售店形象的主要百貨公司。

　　為醫院設計的實驗儀器卻在大學和工廠實驗室獲得意外成功，這是另一種徵兆，它代表著各種科學儀器使用者之間的差距已經消失了。過去一世紀以來，這些使用者創造了壁壘分明的市場，各自擁有不同的最終用途、規格與期望。這個現象所表示的 —— 而公司當局從未了解的 —— 不只是某個產品線擁有原先所未想到的用途，它還暗示著公司在醫院市場裡所執著的市場利基的結束。因此，雖然公司三、四十年來一直成功地將自己界定成醫院實驗設備的設計者、製造者和行銷者，到頭來，還是不得不重新將自己界定成實驗儀器的製造者，並發展出與原先領域相去甚遠的設計、製造、配銷和服務能力。然而，等到一切都就緒時，它也已經喪失了大部分的市場了。

　　因此，意外成功不只是一個創新的機會，它還必須有行動來配合。它強迫我們自問：就公司的業務範圍而言，目前有哪些基本改變適合它？就它的技術而言呢？就它的市場而言呢？如果能夠勇敢地面對這些問題，那麼，在所有的創新機會裡，意外成功可能會帶來報酬最高而風險最低的機會。

　　兩家世界級的大型企業 ——「杜邦」（全世界最大的化學公司）和「IBM」（電腦業的巨人）—— 把它們的傑出表現歸功於將意外成功視為創新機會加以運用的意願。

　　杜邦將自己局限於製造軍火和炸藥的時間達一百三十年之久，然後在一九二〇年代，它首度將研究努力延伸到其他領域，其中

之一是全新的聚合物化學（polymer chemistry）。一次大戰期間，德國人在這方面一直居於領先地位。杜邦的研究進行了好幾年都沒什麼進展，後來（一九二八年），有一位研究助理讓爐子（burner）燒了整個週末，到了星期一早上，負責研究的化學家凱洛薩斯（Wallace H. Carothers）發現，鍋裡的東西已凝結成纖維。接著，杜邦又花了十年工夫，才發現如何製造尼龍。然而，這個故事的要點在於，同樣的意外在德國大型化學公司的實驗室裡也出現過好幾次，且出現的時間更早。當然，德國人是在尋找聚合纖維，而他們本來也可以比杜邦早十年得到尼龍，並延續德國在化學工業的世界領導權。但是，因為他們沒有對該實驗加以規畫，所以他們放棄了這個實驗結果，將這些意外產生的纖維倒掉，並且從頭開始進行實驗。

　　IBM的歷史同樣顯現出對意外成功加以注意所能產生的效果。IBM之所以有今天的成就，是兩度運用意外成功的結果。三〇年代早期，IBM幾乎要完蛋了，它將所有的資金投注於第一部電機式的會計機器設計上。這種機器是針對銀行而設計的，但是美國銀行在三〇年代早期的大恐慌時期並不想購買新設備。IBM當時甚至訂有不資遣員工的政策，因此它繼續製造這種機器，並且將成品囤積在倉庫裡。

　　當IBM到達它的最低潮時，故事就這麼展開了。一天，它的創始人老華森（Thomas Watson Sr.）參加一個晚宴，他坐在一位女士的旁邊。當她得知他的名字時，她說：「你是不是IBM那個華森先生？為什麼你的銷售經理拒絕向我展示你們的機器呢？」華森搞不

清楚一個女人家要一部會計機器幹什麼。甚至當她表明自己是紐約公共圖書館館長時，他還是覺得大惑不解，因為他從未到過公共圖書館。但是第二天早上，當圖書館的大門打開時，他就出現門前。

在當時，圖書館擁有相當可觀的政府補助，華森進館兩個小時以後，他就得到一份足夠發放下個月薪資的訂單，而且事後不管他在什麼時候提起這個故事，他總會笑著說：「我當時就發明了一項新政策：先拿錢，後送貨。」

十年後，IBM發展出一部早期的電腦，如同其他早期的美國電腦一樣，IBM的電腦是為科學用途而設計的。事實上，IBM之所以會插手電腦業，大部分也是因為華森對天文學的興趣。當IBM的電腦首度在麥迪遜大道的展示櫥窗與大眾見面時，吸引了相當多的人潮，IBM並利用它計算出月亮在過去、現在以及未來的所有圓缺。

但是，緊接著企業界開始購買這個「科學奇葩」，以提供一些最平常的服務 —— 如薪資計算。「優尼韋克」（Univac）公司雖然擁有當時最進步和最適合商用的電腦，卻不希望因供應給企業界而「貶低」了自己所創造的科學奇蹟。IBM雖然也同樣驚訝於企業界對電腦的強烈需求，但它立即加以因應。事實上，它寧願犧牲自己原本的電腦設計 —— 這種設計不太適用於會計作業 —— 而採用它的競爭對手優尼韋克所發展出來的設計。於是，在短短四年之內，IBM就奪得了電腦市場的領導權 —— 雖然往後的十年裡，它的電腦在技術上仍略遜於優尼韋克的產品。但IBM卻願意站在企業界的立場，去滿足它們的需要，例如為企業界訓練程式設計人員。

同樣的，日本的「松下電氣」（以「Panasonic」和「National」

兩個品牌聞名於世）也將它的崛起，歸功於與意外成功一起成長的
意願。

在五〇年代早期，松下只是一個規模相當小且沒沒無聞的公
司，在任何方面都遠遠落在歷史較悠久且基礎穩固的業界巨人如
「東芝」、「日立」之後。松下「了解」──如同當時日本其他的家
電廠商所了解的一樣──「電視在日本無法快速成長。」「日本太
過貧窮，以致無力購買這奢侈品。」東芝社長在紐約的一次會議裡
（一九五四年或一九五五年左右）如是說。但是，松下相當聰明，
它接受了日本農人顯然不知道自己無力購買電視的事實。這些農夫
所知道的是：電視第一次讓他們得以接近大世界。他們雖然無力購
買電視，但他們還是準備購買。在當時，東芝和日立所製造的電視
比較好，但它們將電視放在東京銀座和大城市的百貨公司裡展示，
很明顯地透露出不歡迎農夫前來參觀的訊息。而松下則到農村挨家
挨戶地推銷電視。在當時的日本，這種推銷方式還沒有被用在比棉
紗褲或圍裙更貴的產品上。

當然，光憑意外事件是不夠的，枯等鄰座的女士對瀕臨失敗的
產品表現出意外的興趣也不是辦法。因此，尋找意外事件的過程必
須是有組織和有系統的。

首先要確使意外事件能夠被發現──事實上，應該是要引起
有關人員的注意，它必須被適當地記載在管理人員所獲得並加以研
究的資訊裡（第十三章，將詳細描述如何做到這一點）。

管理當局必須對每一個意外成功深入追問：（1）如果我們利
用它，對我們有何意義呢？（2）它會引導我們走向何處？（3）我

們要如何做才能將它轉換成機會？（4）我們如何著手進行？這意味著，首先，管理當局必須撥出特定的時間，對意外成功加以討論；其次，必須指派人員對某個意外成功予以分析，並對如何利用詳加思考。

但是，管理當局也必須了解意外成功向他們要求些什麼，這個最好用一個例子來說明。

在五〇年代早期，美國東海岸有一家著名大學為成人開設了「補習教育」（continuing education）的夜間課程。這個教育計畫將正常的大學課程提供給擁有高中文憑的成人，並頒發大學學位。

教職員沒有人相信這個計畫會成功，學校之所以會提出這個計畫，是因為有一小部分從二次大戰生還的退役軍人在就業以前必須獲得大學學位，吵吵鬧鬧地要求給與他們一個機會，以獲得他們仍然缺乏的文憑。然而，令人吃驚的是，後來這個計畫非常成功，有許多夠資格的學生前來報名，而且參加的學員比正常的學生表現更好。這種狀況反而創造了一種困境。如果要利用這個意外成功，校方必須動用相當多的教職員，但這樣會削弱它的主要教育計畫，至少會使校方的注意力從原先訓練大學生的主要使命轉移一部分。另外一種選擇就是停辦新計畫。這兩個方案都是負責的決定。然而，校方卻決定以廉價的臨時人力——大部分是攻讀更高學位的助教來充任新計畫的教職，結果，這種做法在幾年之內就摧毀了整個計畫，而且校方的聲譽也受到了嚴重的傷害。

意外成功是一種機會，但它也會有所要求。它要求被鄭重地對待；它要求以最優秀的人員支援，而非任何有空閒的人。在管理當

局方面，它要求的注意和支持，與機會的大小成比例。機會的大小
是應該加以慎重考慮的。

## 2. 意外的失敗

失敗與成功不同，人們無法拒絕它，且幾乎不可能不注意它，
但它們很少被視為是機會的徵兆。當然，有許多失敗只是錯誤、貪
婪、愚蠢、貿然跟進、設計或執行不力的結果。但是，如果在精心
策畫、細心設計、小心執行後仍然失敗，那麼這種失敗常常意味著
基本的改變，以及隨之而來的機會。

或許是產品或服務的設計或行銷策略不再適用於現實狀況了；
或許是顧客已經改變了他們的價值和感受，亦即雖然他們還是購
買相同的「東西」，但他們實際上所購買的卻是截然不同的「價
值」；或許是原本屬於同一個市場或最終的用途，如今卻分裂成兩
個部分或更多，且每一部分所要求的東西全然不同了。任何諸如此
類的改變都是一種創新的機會。

大約在六十年前，我從高中畢業，剛剛開始我的工作生涯。那
個時候，我就碰上了平生第一次的意外失敗。我的第一份工作是在
一家歷史悠久的出口商當練習生，這家公司外銷五金到英屬印度有
一百多年了。

公司最暢銷的產品則是一種掛鎖，平均每個月要出口一整船的
鎖。這種鎖不太牢靠，一枚大頭針就可以輕易地將它打開。在二○
年代期間，隨著印度人民所得的增加，這種鎖的銷售不但沒有水漲

船高，反而開始急速下降，我的老闆因此採取了一項順理成章的行動：他重新設計掛鎖，使它更牢靠，亦即使它的「品質好一點」。這種改變所增加的成本微不足道，而品質上的改進卻相當可觀，但是改良過的掛鎖卻賣不出去。四年之後，公司走上了清算之途，而掛鎖在印度市場失利是造成它沒落的一個主要原因。

　　該公司在印度出口生意上，有一家規模非常小的競爭者——規模不到該公司的十分之一，當時幾乎無法繼續生存——了解到這個意外失敗是一種基本改變的徵兆。對於大部分居住於村落的印度人而言，掛鎖是（據我所知，到目前也還是）一種神聖的象徵，沒有任何一個小偷膽敢去開啟這種鎖，因此鑰匙從來沒有被使用過，而且常常弄丟了。

　　如此一來，做出一種沒有鑰匙就很難打開的鎖——我的老闆辛勤工作所改良出來的鎖，他在沒有增加什麼成本的前提下使它更趨完美——所帶來的是一份災難，而非廣為大眾接受的恩賜。

　　然而在城市裡，一群人數雖少但成長快速的印度中產階級卻需要一個真正的鎖。老式的鎖不夠牢靠，是它開始失去銷售和市場的主要原因。但對他們而言，重新設計的鎖仍然不合用。

　　這家競爭公司乃將掛鎖劃分成兩種不同的產品：其中一種沒鎖頭和鑰匙，只有一個簡單的拉栓，其售價不到老式掛鎖的三分之一，但邊際利潤也遠大於後者。這兩種產品馬上就為市場所接受。在短短兩年之內，這家競爭公司就成為歐洲出口五金到印度的最大出口商。它維持這個寶座達十年之久，一直到二次大戰結束歐洲對印度的出口為止。

有些人可能會說，這是一則年代久遠的有趣故事，當然，在現代這種電腦、市場研究以及企業碩士充斥的時代裡，我們的處理方式顯然會更加老練。

但這裡還有另一個例子，時間是半個世紀以後，且來自於一個非常「老練的」產業，但它卻提供了完全相同的教訓。

當第一批「戰後嬰兒潮」成長到二十幾歲，亦即到了組織家庭以及購買第一棟房子的年齡時，出現了一九七三年到一九七四年之間的不景氣，通貨膨脹變得相當嚴重，尤其是房價，它上揚的速度比其他東西都快。同時，房屋抵押貸款的利率也直線上升。因此，美國建築商乃開始設計並提供所謂的「基本房屋」（basic house），它是比標準房屋小、較為簡單，且較為便宜的房子。

儘管它具有如此「良好的價值」，而且在第一次住宅購買者的財力範圍之內，但它卻是一項令人驚異的失敗。建築商試圖削價和提供長期低利貸款來振衰起弊，仍然沒什麼人買這種基本房屋。

大多數建築商所採取的行動，和一般商業界人士碰到意外失敗時所採取的一樣：他們歸罪於「不理性的顧客」。但有一家小規模的建築商決定瞧瞧究竟是怎麼一回事。它發現美國年輕夫婦對第一棟房屋的要求有所改變，它不再像他們的祖父母輩一樣，代表著家庭永久的住家。在七〇年代裡，年輕夫婦在購買他們的第一棟房子時，所購買的是兩種不同的「價值」：他們先買下一個暫時的避風港，以度過短暫的歲月；他們同時買下幾年以後購買「真正的住家」的優先權 —— 這是一棟比較大、比較豪華、鄰近住家的水準較高，而且上學環境也較好的房子。然而，為了要付價格較高的永

久房屋之頭期款，他們需要第一棟房子的資產。這些年輕人充分了解基本房屋並非他們所需要的。即使他們都有能力購買它，但他們擔心而且完全理性地怕基本房屋脫手時，無法賣到好價錢。因此，基本房屋非但不是購買「真正房屋」的另一項選擇，反而成為實現他們真正購屋需要的嚴重障礙。

一般而言，一九五〇年的年輕夫婦仍然認為自己是「勞動階級」（working-class）。西方的勞動階級在結束學徒生涯而得到第一份專任工作時，並不期望他們的所得和生活標準會有顯著的提高。對於勞動階級而言（日本是主要的例外），資深代表著更大的工作保障，而非更多的收入。但是傳統上，「中產階級」的家庭在一家之主到達四十五（或四十八）歲以前，都可以預測所得能夠穩定地成長。在一九五〇年到一九七五年之間，美國年輕人的現實狀況與自我印象 —— 他們的教育、他們的期望、他們的工作 —— 都從勞動階級轉變到中產階級，而伴隨著這種改變而來的是：年輕人第一個住家所代表的意義以及「價值」的劇烈轉變。

一旦了解到這一點 —— 只要花幾個週末的時間，去聽聽潛在購屋者的心聲就行了 —— 引進成功的創新就很容易了。房子本身幾乎沒什麼改變，只是對廚房加以重新設計，使它變得比較寬敞一點，除此之外，與建築商一直賣不出去的「基本房屋」沒什麼兩樣。但是，房子並不是以「你的房子」這種形式推出，而是以「你的第一棟住家」、「朝著你理想中的房子邁進的建築物」這種形式推出。明確地說，這意味著展現在年輕夫婦面前的是與以前相同的房子 —— 基本房屋 —— 以及未來的擴建，如附加一間浴室，多一

兩間臥室，或加蓋一個地下室「家庭活動中心」。事實上，該建築商在將「基本房屋」改建成「永久住家」方面，已得到了政府機關的核准。此外，它也保證「第一棟房子」一個固定的脫手價格，使得年輕夫婦在五到七年之內，能向該公司購買第二棟更大的「永久性」住家。「這種做法事實上沒什麼風險，」該公司解釋道，「畢竟，根據人口統計資料的保證，到八〇年代晚期或九〇年代以前，對『第一棟房子』的需求會有穩定的成長。在這段期間，一九六一年抗拒生育風潮時期出生的嬰兒也長大到二十五歲左右了，他們將會開始組織自己的家庭。」

在這家建築商將失敗變成創新以前，它的業務範圍只局限於某個大都會區域，而且所扮演的角色也微不足道。五年以後，該公司的營業範圍擴大到七個大都會區域，在每個區域裡，它不是奪魁，就是來勢洶洶的第二名。即使在一九八一年到一九八二年的不景氣期間 —— 這個不景氣是如此地嚴重，以致某些大型美國建築商在整整一季的時間都沒有賣出一棟新屋 —— 這家創新的建築商仍然在成長。「理由之一是，」該公司的創始人解釋道，「當我決定提供第一次購屋者再購屋的保證時，壓根兒就沒有想到，它會穩定地供應我們建築良好而且還相當新的房子，使我們只需稍做整修，就能夠以相當可觀的利潤，脫手賣給下一批第一次購屋者。」

面對著意外失敗，主管人員，尤其是在大型組織裡的主管，傾向於要求更深入的研究和分析。但是，正如同掛鎖和基本房屋這兩則故事所顯現的一樣，這是一種錯誤的反應，意外失敗要求你走到外面，四處看看，聽聽別人的意見。失敗應該被認為是一種創新機

會的徵兆，並鄭重地處理。

從供應商的角度來觀察意外事件，與從客戶的角度來觀察同等重要。例如，麥當勞因為它的創始人雷・克勞克（Ray Kroc）注意到某個客戶的意外成功，而開始了他的事業。當時，克勞克正在推銷奶昔製造機給漢堡販賣店，他注意到其中有個客戶——一家位於加州小鎮的漢堡店——購買了數倍於它的店址和規模正常需要的機器。他對這種現象加以調查，發現有個老年人藉著將速食作業加以系統化，革新了速食業的運作方式。克勞克買下了他的設備，並在原始擁有者的意外成功基礎上，將它建構成一個數十億美元的企業。

競爭者的意外成功或意外失敗亦同等重要，在任何一種情況下，人們都應該鄭重其事地將它視為創新機會的一種徵兆。人們不僅要進行「分析」，還需要走到外面進行調查。

創新——這是本書的主題——是一種組織化、系統化、理性化的工作。明確地說，創新者所見所聞必須依據嚴謹的邏輯分析，憑直覺行事是不夠的。事實上，若根據「直覺」就意味著根據「我的直覺」，根本就沒什麼好處，因為那通常代表「我希望它怎樣」，而非「我認知到什麼」。但是分析本身——需要進行測試、試驗和評估，必須嚴格地奠基於對改變、對機會、對新的現況，以及對大部分人仍然確信的現象與實際現象之間不一致的認知。這需要人們有這樣的態度：「我所知的仍不足以進行分析，但我將會發掘足夠的資料，我會走出象牙塔，四處看看，問一些問題，並聆聽他人的意見。」

意料之外的事件，能使我們跳出先入為主的觀念、假設及原先確定的事物，所以它是一個相當有用的創新來源。

事實上，創業家並不需了解為何情況會有所改變。在上述兩個案例裡，我們很容易就能了解發生什麼事以及發生的原因。然而通常的情況是：我們雖然發現了所發生的事情，卻沒什麼線索可供我們了解發生的原因。然而即使在這種情況下，我們仍然能夠成功地創新。

這裡有個例子。

「福特汽車」公司在一九五七年推出「艾德索」（Edsel）車的失敗，已經成為美國家喻戶曉的故事了，即使是在艾德索失敗以後才出生的人也聽說了這件事 —— 至少在美國是如此。但是，「艾德索是一種粗心大意的賭博」這種普遍的信念是一種錯誤的想法。

很少有產品比它經過更細心的設計、更小心的推出，以及更巧妙的行銷了。艾德索本來是想做為美國商業史上規畫最精細的策略的最後一擊；在為期十年的激烈競爭中，福特汽車在二次大戰後將自己從瀕臨破產的慘境扭轉成一個虎視眈眈的競爭者。在美國市場上，它成為強而有力的亞軍。而且數年之後，在快速成長的歐洲市場上，它甚且是有爭奪冠軍寶座實力的競爭者。

至一九五七年為止，在美國四個主要汽車市場中，福特已在三個市場上成功地將自己塑造成強而有力的競爭者：在「標準」汽車市場上，以「福特」（Ford）參與競爭；在「低—中」市場上，以「水星」（Mercury）參與競爭；在「上層」市場上，以「Continental」參與競爭。當時，艾德索是專門為剩下來的「上—中」區隔市場而

設計的。在這個市場上，福特的頭號勁敵，「通用汽車」（GM），產銷「別克」（Buick）和「奧斯摩比」（Oldsmobile）。第二次大戰後，這個區隔市場是汽車市場成長最快的部分，而且排名第三的汽車公司「克萊斯勒」（Chrysler），在這個市場上也沒有什麼有力的產品，因此，使得市場門戶大開，等著福特的進入。

福特非常細心地規畫及設計艾德索。在它的設計裡，融入了市場調查所得到的最新資訊、關於顧客在外觀和型式上的偏好之最新資訊，以及最高標準的品質管制。

然而，艾德索一上市立刻就完全失敗。

福特汽車所採取的反應相當具有揭露性，他們並不責怪「不理性的消費者」，他們認為現實世界一定發生了某些事情——與汽車業者對消費者行為的假設不一致的事情，而長久以來，這些假設已經成為毋庸置疑的通則了。

福特決定走出象牙塔進行調查，這項決定是美國汽車史上，自史隆（Alfred P. Sloan，通用汽車前總裁兼執行長）在二○年代依社會經濟地位將汽車市場區隔為「低」、「低—中」、「上—中」、「上」四個市場以後，又一偉大的創新。當福特的人員走到外在世界時，我們發現這個區隔市場正迅速地被另一個市場所取代，或至少是並駕齊驅，後者就是我們現在所稱的「生活型態區隔市場」。結果，在艾德索失敗以後不久，福特就推出了「雷鳥」（Thunderbird），它是自老福特（Henry Ford Sr.）於一九○八年推出T型車以來最成功的美國汽車。雷鳥再度將福特塑造成自力更生的汽車製造商，而非通用汽車養不大的小兄弟或永久的模仿者。

　　而且直至今日，我們仍然不知道引起這項改變的原因，它發生的時間遠在通常被列為解釋原因的事件之前：如人口結構的重心由於「戰後嬰兒潮」而轉移到青少年、高等教育的迅速發展，或兩性關係的改變。同時，我們也還不知道「生活型態」的意義為何，所有對它加以描述的嘗試都徒勞而無功，我們所知道的只是「發生了某些事」。

　　但是，這就足以將意外事件 —— 不管成功或失敗 —— 轉變成有效而且有目的的創新機會。

## 3. 意外的外在事件

　　迄今為止，對意外會成功和意外失敗所進行的討論都局限於一個事業或產業內。但是，並不出現在管理人員的資訊及數字上的外在事件，也是同等的重要。事實上，它們常常更為重要。

　　以下列舉一些意外的外在事件案例，並說明它們也可以成為成功創新的主要機會。

　　其中之一與IBM和個人電腦有關。

　　不管IBM內部的主管人員和工程師彼此在意見上多麼分歧，一直到七〇年代為止，IBM的人員顯然對以下觀點有著相同的看法：「未來的市場屬於集中化的『主機型』（main-frame）電腦 —— 因為它擁有更大的記憶容量和更快速的計算能力。」每個IBM工程師都能夠很有說服力地證明出，其他產品如果不是太貴，就是太令人混淆不清，或能力極為有限。因此，IBM將所有的努力與資源投注於

維持自己在主機市場的領導權上。

　　然後，大約在一九七五年或一九七六年左右，令人吃驚的是，十一、二歲的小孩竟然開始玩起電腦遊戲來了。於是，他們的父親開始想要一部他們自己的辦公室用電腦或個人電腦，亦即一個分開的、獨立的小機器。它的容量不必太大，甚至比最小的主機還小都沒關係。所以IBM人員預測的悲慘狀況終於發生了，這些獨立機器比一個相容的終端機（plug-in terminal）貴上好幾倍，且容量大為減少。這些機器以及適用的程式如雨後春筍般地出現，且常常彼此無法相容，使得整個業界呈現一片混亂，也無法提供正常的服務與維修。但這些現象似乎沒有使顧客卻步，相反的，在短短五年之間（一九七九到一九八四年），美國個人電腦市場的銷售量高達一百五十億到一百六十億美元之間，是主機市場花了三十年的工夫才掙得到的成績。

　　IBM大可忽視這項發展，然而，它不但沒有如此做，而且早在一九七七年全世界個人電腦銷售額還不到兩億美元時，就設立了互相競爭的工作小組來發展個人電腦。因此，IBM在一九八〇年製造出它自的個人電腦，正好趕上這個市場開始蓬勃發展的時期。三年之後（一九八三年），IBM就奪得了個人電腦的世界性領導權，如同它以前在主機市場所獲得的戰果一樣。同年，IBM引進了非常小型的「家用電腦」──「花生」（peanut）。

　　當我與IBM人討論這段歷史時，我總是問他們相同的問題：「當每個IBM人員如此肯定它不可能發生且毫無意義時，為什麼IBM竟然能夠將這個改變視為一種機會呢？」而我也總是得到相

同的答案：「就是因為我們知道這種現象不可能發生而且根本毫無意義，所以這種發展對我們造成很大的震驚。我們了解到我們過去所做的一切假設以及我們十分確信的事情，突然之間就被全盤否定掉。同時，我們必須走出窠臼，武裝自己，以充分利用我們以前確知不會發生，但後來卻發生了的發展。」

第二個例子比較平淡，雖然它缺乏耀眼的光芒，還是相當具有啟發性。

美國從來就不是一個購書習慣相當普及的國家，部分原因是免費公立圖書館遍布各地。當電視於五〇年代早期出現時，愈來愈多的美國人看電視，而且看電視的時間愈來愈長，尤其是高中生和大學生。當時，「每個人都知道」書籍的銷售量將會大幅下跌，書商也開始瘋狂地進入「高科技」領域：教育性影片或電腦程式（大多數都成效不彰）。但是自從電視首度出現以來，書籍銷售不但沒有慘跌，反而大幅增加，比每一項指標——不管是家庭所得、「在學」學生總人口數，甚或受過較高教育的人所預測的成長速度，都快上好幾倍。

沒有人知道為什麼會發生這種情況，事實上，沒有人完全了解真正發生了些什麼事。在典型的美國家庭裡，書籍仍像以前一樣地稀少。那麼，所有的書都跑到哪裡去了呢？我們雖然無法對這個問題提出解答，但這並不能改變書愈賣愈多的事實。

當然，所有的書商和書店都知道書籍銷售量與日俱增，然而他們卻沒有對這種現象做任何的表示，反而是由幾家大型零售店——如位於明尼亞波利和洛杉磯的百貨公司加以利用。這些人

以前與書籍都沒什麼牽連，但他們了解零售業。他們創立了與美國早期書店截然不同的連鎖書店。基本上，這些書店都是超級市場，它們並不把書籍當做文學作品，而是「大眾化商品」，而且專注於成長快速的產品項目上，以使每一單位的架位（shelf space）產生最大的銷售金額。它們都設置在租金高而人群流動大的購物中心裡。然而，一般從事書籍生意的人都認為，書店必須位於一個低租金的地方，最好是靠近大學。傳統上，書商本人就是「書卷氣較濃的那種人」，僱用一些「愛書人」一起經營書店。而新書店的經理人以前則是化妝品推銷員，在他們之間流傳著這麼一則笑話：任何一個除了標價之外，還想閱讀一本書的其他部分的推銷員，都是無藥可救的。

十年來，這些連鎖書店躋身美國零售業最成功且成長最快的市場裡，同時也是美國新事業裡成長最快的一種。

上述案例都代表著真正的創新，但沒有一個是代表著多角化。

IBM仍舊待在電腦業，而連鎖書店則是由那些待在零售業、購物中心或經營「名店」（boutique）的人所開設的。

要成功地運用意外的外在事件有一個前提，即必須吻合運用者本身的知識與專技。缺乏零售專業知識而貿然進入新的書籍市場或大眾商品市場的公司，即使是大公司，其結果仍是無可避免的將遭到挫敗。

因此重要的是，意外的外在事件只是一種將既有的專業應用到新事物的機會，但並未改變「我們所從事行業」的本質。它可能是一種延伸，但並非多角化。然而，正如同上述例子所顯示的一樣，

它也需要產品上的創新，且常常需要在服務和經銷通路上的創新。

關於上述案例的第二點是，它們都是大公司的個案。和許多管理書籍一樣，本書也充滿著大型公司的個案。它們是唯一較容易得到的資料，也是唯一可以在出版品上找到的資料，以及唯一在報紙商業版或雜誌上公開討論的資料。小型公司的個案比較難以取得，且通常很難在不洩漏祕密的情況下進行討論。

但意外的外在事件似乎特別適合現存企業運用，尤其在該行業裡具有相當規模的公司。據我所知，成功地運用意外的外在事件之小型公司相當有限，我在「創業精神與創新」課程中所帶領的學生也有同樣的認知。這可能只是一種巧合，也可能是現存的大企業比較能看到「大勢所趨」。

美國的大型零售商慣於觀看數字，以找出消費者將錢花在何處以及如何消費，他們也對購物中心的店址以及如何得到一個良好的位置瞭然於心。而一家小公司可能像IBM那麼大手筆的將第一流的設計人員和工程師組成四個工作小組，以發展新產品線嗎？對於處在快速成長產業的那些較小型高科技公司而言，即使對現存的工作，他們都常感到人手不足，更遑論新的工作了。

對大型公司而言，意外的外在事件所提供的可能是最大的創新機會和最低的風險。它可能是最適於大型企業從事創新的來源，也可能是專業知識最具影響力的範疇。在這方面，快速移動大量資源的能力是最大的差異所在。

但是，正如這些案例所顯示，光是規模大並不足以保護該企業會認知到意外事件，並且成功地武裝自己來利用這個機會。IBM

的美國競爭對手都是大型公司，年銷售額都在數十億美元左右，但卻沒有一家公司開發個人電腦 —— 它們都忙於與IBM對抗。此外，美國原來的連鎖書店 —— 如位於紐約的「布列塔諾」（Brentano's）—— 也沒有一家利用了新的書籍市場。

　　換句話說，機會總是存在那邊，通常被發現的是那些重大的機會。而當機會被發現時，它所提供的前景相當有希望，對於現存的大型企業尤然。但這些機會所需的不只是運氣和直覺而已，它們還要求企業尋求創新，武裝自己，善加管理，以便利用大好機會。

Chapter*4*

# 來源二：不一致的狀況

在不一致的狀況裡，我們須對創新的解決方案清楚地加以界定。它的可行性必須奠基於已知的科技和輕易就可以取得的資源上；它當然也必須經歷辛苦的發展階段，但是如果它仍然需要大量的研究和新知，那麼，它就還不能供創業家運用──亦即它尚未「成熟」。

所謂「不一致」（incongruity），是指「事實如何」與「應該如何」，或現實狀況與假想狀況之間的差異。我們可能不了解不一致的原因，實際上，我們也常常無法理解其中的道理。不過，不一致是創新機會的一種徵兆，它表示一種基本的「錯誤」，這種錯誤代表著創新的機會。它創造出一種不穩定，在不穩定之中，只要稍微下點工夫，就可以產生大效用，並促成經濟或社會結構的重新調整。然而，不一致的狀況通常不會出現在主管人員所收到並加以研究的數據或報告中，因為它們是定性的（qualitative），而非定量的（quantitative）。

如同意外事件一樣──不管是意外成功或意外失敗，不一致也是一種已然發生的或可以經由努力而使其發生的改變徵兆；而且，正如那些構成意外事件的改變一樣，構成不一致的改變也是

在一個產業、一個市場以及一個程序之內的改變。因此，對於該產業、市場或程序中的人士（或與其中十分接近的人）而言，不一致的狀況就變得清楚可見了，它就直接呈現在他們的眼前，但是它卻常被內部人士所忽略，他們傾向於將它視為理所當然——「這就是它一貫出現的方式。」他們會如此地說，即使這種「一貫方式」可能只是最近的發展。

不一致的狀況有好幾種：

- 某個產業（或公共服務領域）的經濟現況間存在的不一致。
- 某個產業（或公共服務領域）的現況與假設所存在的不一致。
- 某個產業（或公共服務領域）所做的努力與其價值及顧客的期望之間所存在的不一致。
- 存在於某個程序的步調（或邏輯）裡的不一致。

## 1. 不一致的經濟現況

如果某項產品或服務的需求穩定地成長，那麼，它的經濟效益也應該會穩定地改善。在一個需求穩定增加的產業裡，獲得利潤是輕而易舉的事，此乃大勢所趨，因此在這種行業裡，如果得不到利潤，就表示經濟現況間存在著不一致。

一般說來，這種不一致是一種總體現象，亦即它發生於整個產業或服務部門內部。然而，其中存在著重大的創新機會，這種機會通常適於小型而資源高度集中的新企業、新程序或新服務。在現存

企業或供應商察覺到市場上出現了危險的新競爭者之前，運用這種不一致的創新者通常能擁有一段自創前程的歲月。因為前者忙於彌補需求高漲與結果落後之間的差距，使得他們幾乎無暇注意到有人正在進行不太一樣的事情 —— 能產生結果，並對高漲的需求加以利用的事情。

有時我們能夠了解所發生的事情，但是有時我們無法理解為什麼高漲的需求並沒有導致較好的表現。因此，創新者不必一直想設法了解為什麼事情沒有按照想像的方式去進行，他應該問的問題是：如何能夠利用這種不一致的狀況？如何將它轉變成一種機會？我們能夠做些什麼呢？經濟現況之間的不一致是要求有所行動的信號。有時候，即使問題本身相當模糊不清，但應該採取的行動卻相當明顯；有時候，雖然我們對問題十分了解，但卻想不出應該採取什麼樣的行動。

「迷你工廠」就是一個創新的良好例子，它成功地利用了不一致的狀況。

自從一次大戰結束後五十多年來，已開發國家的一貫化大型煉鋼廠只在戰時表現良好，而在和平歲月裡，即使鋼鐵的需求仍然穩定地成長（至少在一九七三年以前是如此），但這些工廠的營運結果卻一直令人感到失望。

造成這種不一致的原因早已明朗化了。對一貫化煉鋼廠而言，為了要滿足額外增加的少量需求，它必須進行大手筆的投資。並大幅擴充產能，因此如果要擴充到現有煉鋼廠的規模，可能就要忍受相當多年的低產能利用率，直到需求水準到達新的產能水準為

止 —— 然而除了戰時，需求總是以少量漸增的方式成長。但是，面對需求成長而不擴張則意味著市場占有率的喪失，而且是永久地喪失，沒有一家公司擔得起這種風險。因此，整個產業只有短短幾年的時間可以獲得利潤，也就是每家公司開始建造新產能，到這些產能正式動工生產之間的時間。

此外，在一八七〇年代所發明的煉鋼程序，基本上是相當不經濟的，這一點也早就為人所熟知了。它試圖向物理法則挑戰 —— 這意味著違反經濟原理 —— 在物理的領域裡，除了與地心引力和慣性定律相抗衡以外，再沒有比創造溫度（不管是熱的或冷的）更費事了。在一貫化的煉鋼程序裡，為了要將它淬冷，四度創造出相當高的溫度，而且舉起了相當重量的滾燙原料，並將它們移動了相當的距離。

多年以來，大家心裡都十分清楚，第一個能在製程裡緩和這些缺點的創新，將會大幅地降低成本，這正是「迷你工廠」所做的事情。一個迷你工廠並非一座「小型」工廠。迷你工廠最低經濟規模大約是在一億美元左右的銷售量，大約只是一貫化煉鋼廠最低經濟規模的六分之一到十分之一，因此人們可以建造迷你工廠，並在符合經濟效益的前提下，滿足市場上已然存在且增加量相當少的需求。迷你工廠所創造的高溫只有一次，且不加以淬冷，直接將它延用到後續的製程裡。它以碎鋼為原料，而非鐵礦砂，然後就專注於某一最終產品：例如薄板、橫梁或鋼圓。此外，一貫化煉鋼廠屬於高度勞力密集，而迷你工廠卻能夠自動化，因此成本比傳統煉鋼程序的一半還要少。

　　政府機關、工會以及擁有一貫化煉鋼廠的業者一直對迷你工廠加以抗拒，但是它仍然穩定地向前邁進。到西元二〇〇〇年時，美國境內所使用的鐵，有百分之五十（或更多）將來自於迷你工廠，而大型的一貫化煉鋼廠將走向無法避免的沒落之途。

　　然而，這裡還有一個引人注意的「問題」，而且是一個重大問題。在造紙業中，需求與製程的經濟現況之間，也存在著類似不一致的現象。但是在這方面，我們還不知道如何將它轉變成創新的機會。

　　顯然所有已開發和大部分開發中國家的政府當局不斷努力想增加紙張的需求 —— 或許這是所有國家的政府當局唯一意見相同的目標，但是造紙業的表現一直不太令人滿意。在這個產業裡，三年的「空前利潤」之後，一定會跟著五年的「產能過剩」和虧損。可是迄今為止，對於造紙業，我們仍然想不出類似迷你工廠的解決方案。八、九十年以來，我們已知道木造纖維是一種單體（monomer）。人們可能會說，尋找一種可塑劑將它轉換成聚合體（polymer）應該不會太難；這種「創新」能夠使造紙從一種無效率而浪費的機械程序轉換成很有效率的化學程序。事實上，大約在一百年以前，我們就成功地從紙漿裡提煉出紡織用纖維 —— 在人造絲的製程裡，時間是一八八〇年代。但儘管大筆大筆的經費花在造紙研究上，迄今為止，還沒人發明出新的造紙技術。

　　如同上述案例所顯示，在不一致的狀況裡，我們須對創新的解決方案清楚地加以界定。它的可行性必須奠基於已知的科技和輕易就可以取得的資源上；它當然也必須經歷辛苦的發展階段，但是如

果它仍然需要大量的研究和新知，那麼，它就還不能供創業家運用——亦即它尚未「成熟」。成功地利用一項不一致的創新必須是簡單的，而非複雜的；應該是顯而易見的，而非浮誇不實的。

此外，在公共服務領域裡，同樣也可以找到經濟現況之間的重大不一致。

已開發國家的醫療保健就是一個例子。即使在一九二九年，醫療保健在所有已開發國家的公共支出中所占的分量仍然不太重要；若以國民生產毛額（GNP）或消費者支出來計算，它所占的比例還不到百分之一。半個世紀以後的今天，醫療保健——尤其是醫院支出，占GNP的比例已達百分之七到百分之十一之間。然而經濟效益卻是走下坡，而非往上跑，成本增加的速度遠快於服務的速度——或許有三、四倍之多。在未來三十年裡，由於所有已開發國家的老人人數穩定地成長，使得醫療方面的需求繼續增加，而成本也會跟著上揚；後者（成本）與人口年齡結構密切相關。

我們對這種現象並不了解，但是，成功的創新——簡明、對象明確且專注於特定目標——卻已出現在英國和美國境內。這些創新彼此差異頗大，因為英美兩國的體制本身就有相當大的差別。然而，它們都能利用本國體制上的特定弱點，並將它轉換成機會。

英國的「根本創新」（radical innovation）是私人健康保險。目前，它已成為成長最快且最普遍的員工福利；它使保單持有人能夠立刻接受專家的診斷，而不必大排長龍；萬一需要進行「選擇性的外科手術」，他們也不需苦苦等候。英國的制度試圖透過「三分法」來降低醫療保健成本，亦即，將立即的注意力和治療保留給例

行性的疾病以及「危及生命」的疾病，而延遲其餘疾病 —— 尤其是選擇性外科手術 —— 的治療時間。目前等待的時間已經有超過一年的（如替換因關節炎而受損的關節）。但是，投保私人健康保險的人則可以立即接受開刀。

相對於英國，美國迄今的努力是試圖去滿足所有醫療保健的需求，而不管成本的高低。因此，美國的醫院費用貴得嚇人，這就創造了一項不同的創新機會：「鬆綁」（unbundle），亦即將一大堆不需要用到的高成本醫院設備 —— 如治療癌症的鈷放射線或身體掃描機、配備齊全且自動化的醫學實驗室或復健治療 —— 的服務從醫院移到獨立的機構。這些創新的範圍都相當特定：一個獨立的婦產中心（可提供嬰兒和產婦汽車旅館的設備）；一個獨立的「可移動的」外科手術中心（針對不需住院和不需手術後觀察的患者）；以及心理診斷和諮詢中心、老人疾病中心等性質類似的機構。

這些新機構並未取代醫院的地位。事實上，它們所做的只是迫使美國醫院擔負起英國人指派給醫院的角色：成為一個處理緊急事件、處理威脅生命的疾病，以及提供完備的疾病看護的場所。但是如同在英國一樣，這些創新最初是出現在營利「事業」裡，它們將「醫療保健日漸增加的需求」與「醫療保健的績效每下愈況」這兩者之間的不一致，轉變成創新的機會。

這些都是「大型」的例子，取自於主要產業和公共服務。但是，也是基於這項事實，才使得我們得以接近、探究和了解它們。最重要的是，這些例子顯示出為什麼經濟現況之間的不一致能夠提供如此良好的創新機會。服務於這些產業或公共服務機構的人都知

道，這中間存在著一些基本缺陷，但是他們幾乎不得不忽略它們，而將注意力貫注於修補這裡，改善那裡，救這邊的火，填那邊的縫隙。如此一來，他們就無法很鄭重地將創新當做一回事，更別提會為它爭得頭破血流了。一般說來，他們甚至等到它已成長得夠大，以致侵犯到他們的產業或服務時才加以注意；但到了那個時候，一切就已回天乏術了。同時，創新者本身也早已占據了自己的地盤。

## 2.認知與實況之間的不一致

處於某個產業或某個服務業的人，當他們對現況有所誤解，或當他們做出了錯誤的假設，他們的努力也就會被誤解，他們將會專注於不會產生任何結果的領域。於是現況與行為之間就存在著不一致；只要有人能認知到它的存在並加以利用，它就提供了一項成功創新的機會。

昔日國際貿易的運輸工具 —— 海上貨運輪船，就是一個簡明的例子。

在五〇年代日期，一般人都認為海上貨運輪船即將沒落，並且預測它將會被航空貨運所取代 —— 除了大宗產品以外。當時，海上貨運的成本快速地上升，同時由於許多港口逐漸變得擁擠不堪，海運所需耗費的時間也愈來愈長，當愈來愈多的貨品由於船隻無法進港而堆在港口等著裝船時，碼頭的偷竊乃隨之提高。

基本的原因在於，多年以來，貨運業一直將它的努力誤導至不會產生結果的領域。它一直試圖設計及建造速度更快、更耗油和人

員更少的貨船。它專注於船隻在海上及在港埠之間的經濟性。

但是，一艘船是一項資本設備。對於所有的資本設備而言，最大的成本是閒置成本，因為設備一旦閒置，它就無法賺取必須付出的利息。當然，航運界的人都知道，一艘船的主要費用就是投資的利息支出，然而，業者還是繼續將他的努力投注於原已相當低的成本 —— 船隻在海上且在運作當中所發生的成本。

解決的方案很簡單：將裝貨與裝船分開。在陸地上裝貨，因為陸地上有足夠的空間可供裝貨，且它可以在船隻進港前完成。如此一來，剩下來的工作只是將事先裝好的貨物加以裝卸而已。換句話說，注意力應放在閒置成本之上，而非工作中的成本；亦即，解決之道就是將裝貨與載貨分開。

這些簡單創新所造成的結果令人驚訝。在過去三十年間，貨運船隻的交通量增加了五倍之多。就整體而言，成本降低了百分之六十左右，在許多案例中，港埠停留時間被削減了四分之三，港口擁擠的狀況與貨物失竊的情形也大獲改善。

認知的現況與實際現況之間的不一致通常都相當清楚可見。但是，當認真而專注的努力非但沒有改善狀況，反而使它更惡化 —— 速度更快的船只會造成更嚴重的港口擁擠和更長的運送時間 —— 那麼，很有可能是努力的方向被誤導了。十之八九，只要將注意力重新投注於會產生結果的領域，就能夠輕易且快速地帶來相當豐盛的收穫。

實際上，認知的現況與實際現況之間的不一致很少需要「英雄式」的創新。將裝貨從裝船作業獨立出來所需的只是調整工作，亦

即，將卡車與鐵路運輸早已發展出來的方法加以調整，使其適用於
海上運輸而已。

認知的現況與實際現況之間的不一致，一般都出現在整個產業
或服務業裡。但是，解決方案仍然應該保持其範圍狹窄、簡單、專
注且特定的性質。


## 3. 價值和期望之間的不一致

在第三章裡，我提到電視機在日本的個案，並將它當做一個意
外成功的例子。事實上，對認知的消費者價值和期望，與實際的消
費者價值和期望之間的不一致而言，它也是一個好例子。早在那位
日本工業家告訴他的美國聽眾日本窮人無力購買電視以前，美國和
歐洲的窮人就已經表現出電視能夠滿足他們的期望，而且這些期
望與傳統經濟學沒什麼關聯。但這位非常聰明的日本人就是無法
理解：對顧客而言（尤其是對窮顧客而言），電視不只是一種「東
西」，它代表著人們得以接近一個全新的世界，甚或是一個全新的
生活。

同樣的，赫魯雪夫（Nikita Sergeyevich Khrushchev）也無法
理解汽車不只是一種「東西」，他於一九五六年訪問美國時說道：
「俄國人絕不會想要擁有汽車，便宜的計程車比它更有意義。」但
任何一個青少年都會告訴他，「四輪的汽車」並不只是交通工具而
已，它還代表著自由、移動性、權力以及浪漫情調。赫魯雪夫的錯
誤認知，創造了一個最瘋狂的創業機會：在俄國境內，汽車的短缺

造就了最大且最活躍的黑市。

這些可能又會被說成是「大而無當的」（cosmic）例子，對企業人士或醫院、大學、同業公會的主管人員沒什麼大用，但這例子呈現的都是普遍的現象。下面又一個大而無當的例子，但絕對具有操作上的重要性。

在過去幾年裡，成長最快的美國金融機構之一是一家證券公司，它不是位於紐約，而是位於中西部城市的郊區。如今它在美國境內已經擁有兩千家分支機構，它將它的成功與成長歸功於利用了某項不一致。

那些大型的金融機構——「美林」（Merrill Lynch）、「韋特」（Dean Wither）以及「哈頓」（E. F. Hutton），都假設客戶與它們擁有相同的價值觀，對它們而言，情況相當明顯，人們是為了致富而投資。然而，這種假設只適用於一部分投資大眾，而且絕不是廣大的多數。這些多數人不是「財務人員」，他們知道想要經由投資而「致富」，必須投入所有的時間並且擁有相當豐富的知識。然而，地區性專業人員、小規模商人以及富裕的農夫則既沒有時間，又缺乏知識；他們忙於賺錢，以致無暇處理投資的事情。

這就是這家中西部證券公司所利用的不一致。從表面上看來，它與其他證券公司沒什麼兩樣，它是紐約證券交易所的成員，但證券交易的比例大約只占營業額的八分之一左右。它遠離了華爾街那些大交易所極力推動的營業項目：優先購股權、期貨交易等等，取而代之的，它訴諸於所謂的「明智投資者」。它並不向客戶承諾他們將會因此而發財——這是美國金融服務機構的一大創新，它甚至

不想要那些做大買賣的客戶，它想要的客戶是那些收入多過支出的人，例如成功的專業人員、有點閒錢的農夫、小城鎮的生意人。它之所以選這些人，倒不是因為他們的收入較高，而是因為他們的支出習慣比較適度。然後，它將訴求重點擺在這些人保護餘錢的心理需求上，該公司推銷的是保存個人的儲蓄的機會 —— 經由債券和股票、遞延年金、節稅合夥權、房地產信託等等的投資。該公司所提供的是與眾不同的產品，從來沒有一家華爾街交易所曾經推銷這種產品：心靈的平靜，而這正代表了「明智投資者」真正的價值觀。

自從這些顧客出現並否定了華爾街那些大型交易所一貫持有的信念以來，這些大型交易所還是不太能想像竟然有這種客戶存在。目前，這家成功的公司已廣泛地被報導；在每一份成長的大型股票交易公司名單上，它都榜上有名。但是，那些大型證券公司的資深幹部仍然尚未接受這名競爭者，更遑論去認同它的成功了。

在認知與現況之間的不一致背後，總是存在著「智者」的傲慢、強硬以及武斷等因素。「了解日本窮人有能力購買電視的人是我，而不是他們。」那位日本工業家事實上是如此地斷言的。「如同每個優秀的馬克思信徒所知，人們是依照經濟理性行事的。」赫魯雪夫如是說道。這解釋了為什麼不一致那麼容易為創新者所利用的原因：他們可以在自己的天地裡奮鬥，而不用擔心別人的打擾。

在所有的不一致裡，認知與現況的不一致可能是最常發生的一種。生產者與供應商幾乎總是對顧客真正購買的「東西」產生誤解。他們必須假設對他們有價值的東西，對消費者也會具有同樣的價值。為了成功地做一件事，一個人必須相信這件事並慎重其事。

例如，生產化妝品的廠商必須相信它們的產品，否則就會變成劣等產品，然後很快地就會失去顧客。經營醫院的人必須相信醫療保健絕對是一流的，否則醫療和照顧病患的品質將會迅速惡化。然而，沒有一個顧客會認為他所購買的是生產者或供應商所提供的價值；他們的期望與價值總是不相同的。

　　生產者和供應商對這種現象的典型反應是，抱怨消費者「不理性」或「不願為品質付出代價」。只要聽到這種抱怨，我們就有理由假設，生產者或供應商所抱持的價值與期望和顧客的真實價值與期望並不一致，然後，我們就有理由去尋找一個非常特定且成功機率相當高的創新機會。

## 4.某個程序的步調或邏輯所發生的不一致

　　五〇年代晚期，某家製藥公司的推銷員決定自行創業。於是，他開始在醫學操作的程序裡尋找不一致，他幾乎是馬上就找到了。在外科手術裡，最普遍的手術之一就是老年人的白內障手術。多年以來，這個手術的程序已相當精密化、例行化及儀器化，能以相當完美的步調進行，且完全可以掌握。但是，在這個手術裡，仍有一個不太完美和不太和諧的地方：眼科大夫在切斷韌帶時，有可能會使病患流血，進而使病患的眼睛受到傷害。這個步驟的成功率超過百分之九十九，它事實上並不困難，但仍使眼科大夫感到相當困擾。每一個眼科大夫 —— 不論他操刀的經驗多豐富，都對這麼一個步驟感到畏懼。

　　這位推銷員的名字叫康納（William Connor），他沒花多大工夫就有所發現。他發現，在一八九〇年代被成功分離出來的某種酵素，幾乎可以立即分解這個特定的韌帶，只是當時沒有人能夠有效地儲存這種酵素 —— 直到六年前，即使放在冰箱冷凍，保存的時間也不會超過幾個小時。而康納使用「試誤法」（trial and error），在幾個月之內，就發現了一種保存方法，可以在不破壞它的效力的前提下，給與這種酵素相當長的存活時間。於是，在短短幾年之內，世界上每一位眼科大夫都開始使用康納申請專利的這種化合物。二十年後，他把他的公司 ——「艾爾康實驗室」（Alcon Laboratories）—— 以高價賣給一家多國籍公司。

　　在美國生產草坪產品的廠商裡，「史谷特」（O. M. Scott & Co.）公司是其中的領導者。該產業的產品包括草坪的種籽、肥料、殺蟲劑等等。雖然該公司目前是另一家大型公司（「國際電話電報」，ITT）的子公司，但當它還是一家小型的獨立公司時，雖然面對著許多大公司的激烈競爭 —— 從西爾斯到「陶氏化學」（Dow Chemical）—— 就已經取得了業界的領導權。它的產品相當好，但它競爭者的產品也不差。它的領導權是由一個名叫「散布者」的產品所奠定的；這是一種重量很輕的小型獨輪手推車，車上附有一些小洞，可以讓相當數量的史谷特產品均勻地通過。基於多方的實驗，照顧草坪的產品一向是「科學的」，而且相當複雜。所有的業者都會詳細地說明，在既定的土壤狀況和溫度下，應使用多少材料。他們都試圖傳達一個觀念給消費者，即種植草坪是一門「精確的」、「經過控制的」學問。然而，在史谷特的「散布者」以前，

沒有任何一家供應商提供消費者控制整個程序的工具；而缺乏這種工具，會使得整個程序的邏輯過程存在著一種內部不一致。這種不一致使顧客感到困擾和沮喪。

這種程序內的不一致，是否只有仰賴個人的「直覺」或意外才能發覺？或者它能夠加以組織和系統化？

據說康納是經由詢問外科醫師對工作有哪些方面感到不舒服而開始的，而史谷特之所以能從一家小型的地區性種籽零售商，發展成相當規模的全國性公司，是因為它詢問經銷商和顧客，在現有的產品裡還缺少什麼，然後開始設計它的「散布者」產品線。

存在於某個程序內的不一致 —— 它的步調或邏輯過程，並不是很複雜的。產品使用者都知道這種不一致。每一個眼科大夫都對切割韌帶時所感到的不適相當了解，並會常常談論它；每一家五金行的店員都對他的顧客照顧草坪所遭受的挫折相當了解，並會常常談論它。然而，所缺少的是願意傾聽，並將每個人所宣稱的信念（產品或服務的目的在於滿足顧客）當做一回事的人。如果上述箴言被接受並付諸實行，那麼，將不一致當做創新機會加以運用，就會變得相當容易而有效率了。

然而，這中間存在著一個嚴格的界限，這種不一致通常只有特定產業或服務業內部的人才看得見，它不是外行人輕易就能發現、了解，進而加以運用的機會。

Chapter **5**

# 來源三：程序需要

真實世界存在著一種「無力的環節」，我們能夠加以界定，清楚地看到，並強烈地感受到它的存在。但是，要滿足這種程序需要，必須先有相當數量的新知識做為後盾。

前面數章的中心思想是「機會是創新的來源」，但是一則流傳久遠的諺語卻如是說：「需要為發明之母。」本章將視需要為一種創新來源，事實上，是將它視為一種重要的創新機會。

列為創新機會來源的「需要」，是一種相當特定的需要：我稱它為「程序需要」（process need）。它不含糊也不籠統，它相當的具體，如同意料之外的事件或不一致，它也是存在於某個企業、產業或服務業的程序內。有些基於程序需要的創新，利用的是不一致的狀況，有些則利用人口統計資料。事實上，程序需要 —— 不同於其他創新來源，並不始於環境內部或外部的事件，而是始於尚待完成的工作（job）。它專注於工作，而非專注於狀況。它使既有的程序更趨完美，取代較弱的環節，並基於新知重新設計既有的舊程序。有時候，它會經由提供「欠缺的環節」（missing link），而使得某個程序成為可能。

　　在基於程序需要的創新中，組織內的每個成員都會知道這個需要的確存在，可是通常不會有人對它採取行動。當創新出現時，它馬上就會被視為「理所當然」而加以接受，並且很快地就會成為新標準。

　　在第四章裡，我們提過這個例子，康納將白內障眼科手術時用來分解韌帶的酵素，由教科書上的一個新奇觀念轉換成不可或缺的產品。白內障手術本身是一個歷史相當悠久的程序，使這個程序更趨完美的酵素也早為人知，其中的創新在於儲存方式，使得這種酵素在冷藏下不致壞死。一旦這個程序需要被滿足了，再也沒有一個眼科大夫能夠想像出如何在缺乏康納酵素的情況下進行手術了。

　　在基於程序需要的創新裡，很少有像上述創新個案那麼完美的搭配：需要被發現以後，馬上就產生了所需的解決方案。但是，就本質而言，大多數基於程序需要的創新都擁有共同的要素。

　　以下是另一個基於程序需要的創新例子。

　　默根特勒（Ottmar Mergenthaler）於一八八五年設計了自動鑄造排字機。在十九世紀，所有印刷品 —— 雜誌、報紙、書籍 —— 都隨著識字人口的普及和交通與通訊的發展，呈現指數成長。印刷程序的所有其他要素都已改變了，例如，當時已經有高速印刷機，也有高速造紙機，但只有排字從四百多年前古騰堡（Johannes Gensfleisch Gutenburg）年代以來一直沒有改變；它仍然需要緩慢而昂貴的人工操作，需要仰賴高度技術及長年的學徒制。默根特勒如同康納一樣，對所需的東西加以界定：一個透過機械的運作，就能從字組裡選出正確字母回到正確的存放處，以供將來再次使用的機

械裝置。上述每一項工作都需要多年的辛勤工作和相當的智慧才能有所成，但沒有一項需要用到新知識，更不必用到新科技。儘管舊日的技工（排字員）強烈抗拒，默氏的自動鑄造排字機還是在不到五年的時間就成為一種標準。

在這兩個案列裡 —— 康納的酵素和默氏的自動鑄造排字機，程序需要是基於程序的不一致。然而，人口統計資料常常也是一個有力的程序需要的來源，同時也是程序創新的一個機會。

在一九○九年左右，貝爾電話系統裡的一名統計學家畫出了兩條曲線，對往後的十五年的情況加以預測：一條是美國人口成長曲線，另一條曲線則描繪處理日益成長的電話通話量所需的接線生人數。這些預測指出，如果人工處理電話系統繼續存在，那麼，到了一九二五年（或一九三○年），每一位十七歲到六十歲的美國女性都必須擔任接線生的工作。兩年之後，貝爾實驗室的工程師就設計出第一部自動交換總機，並使它應用到實際作業上。

同樣的，目前研究機器人的熱潮主要也是由人口統計資料所引起的程序需要造成的。製造機器人的知識大都早為人知，但是在工業化國家裡 —— 尤其是在日本和美國，一直到抗拒生育風潮的結果明顯地呈現在主要製造廠商面前，他們才覺得有需要以機器來取代半技術性裝配線工人。日本人在機器人方面的領先並非導源於技術高人一等，他們的設計大多來自美國本土；但是日本的抗拒生育風潮比美國早四、五年，比德國則幾乎要早上十年，日本花了十年的時間 —— 與美、德兩國所花的時間一樣長，才了解到他們正面臨一種勞工短缺的窘狀，但是這十年的光陰發生在日本的時間比

美國早很多。至於德國，筆者在寫這本書時，它的十年都還沒過完呢！

　　默氏的自動鑄造排字機，主要也是來自於人口的壓力。由於印刷品的需要暴漲，使得六至八年才能供應一個排字員的學徒制很快就變得不敷所需，而排字員的工資更是直線上升，因此印刷廠乃對這個「無力的環節」有所警覺，而且也願意付出一大筆錢來購買自動鑄造排字機，並以一名半技術性的機器操作員來代替五名高薪的技師。

　　不一致和人口統計資料可能是程序需要最普遍的原因。然而，還有另外一類更困難、風險更大，而且常常是更重要的來源：「計畫性研究」（program research，相對於傳統科學家所進行的「純粹研究」）。真實世界存在著一種「無力的環節」，我們能夠加以界定，清楚地看到，並強烈地感受到它的存在。但是，要滿足這種程序需要，必須先有相當數量的新知識做為後盾。

　　很少有比攝影更快的成功發明了。在攝影發明後的二十年內，它就普及全世界。只有二十年的光陰，幾乎每個國家都出現了偉大的攝影家；布雷迪（Mathew Brady）在南北戰爭時所拍攝的照片迄今仍然無人能及。在一八六〇年時，每一位新娘都會照相留念。攝影是「入侵」日本的第一項西方科技，入侵的時間遠在明治維新之前。當時，如果沒有它的傳入，日本對外國人和外國想法可能還會抱持著相當封閉的態度。

　　到了一八七〇年，業餘攝影家紛紛出現，但是現有的科技使他們感到相當困難：攝影需要厚重而易碎的玻璃板，這些東西必須隨

身攜帶和小心照顧，另外還需要一部相當笨重的相機，在照相之前的一大堆準備工作，以及精心構圖的背景等等。每個人都了解這一點，事實上，當時的攝影雜誌充斥著對照相極度困難性的抱怨，和應該採取哪些行動的建議。但是，一八七○年的科技水準，沒有辦法解決這些問題。

然而，到了一八八○年代中期，新知識已經出現，使得伊士曼（George Eastman，柯達公司創始人）能夠以極輕的軟片取代重玻璃片。這種軟片即使相當粗心的操作，也不致曝光。伊士曼還依照軟片的大小設計出重量較輕的相機。不到十年的時間，柯達公司就在攝影業裡取得了世界領導權，而且一直維持至今。

要將一個程序從潛在狀況轉變成實際狀況，常常需要進行「計畫性研究」；當然，需要本身必須能被感受到，而且必須能夠清楚地指出所需為何。接下來就是新知識的產生，愛迪生就是這種基於程序需要的典型創新者（請參閱第九章）。二十多年來，每個人都知道將會出現一種「電力事業」。在電力事業出現之前的五、六年裡，情況已經變得十分明朗了，「欠缺的環節」是電燈泡。沒有它，就不可能有電力事業。愛迪生乃界定了將這種潛在電力事業轉變成實際事業所需的新知，然後進行研究，並在兩年之內發明了電燈泡。

將潛在狀況轉變成實況的計畫性研究，已經成為一流工業研究實驗室的主要方法，同時也是國防、農業、醫藥及環境保護等研究的主要方法。

乍聽之下，計畫性研究的規模似乎相當的龐大。對許多人而

言，它乃意味著「把人送上月球」，或發現抵抗小兒麻痺的疫苗。但它最成功的應用卻出現在界定清楚的小型計畫上──當範圍愈小，注意力愈集中，效果就愈好。將日本交通意外事故發生率幾乎削減三分之二的道路反射鏡，就是基於程序需要而成功創新的小型計畫。

直到一九六五年為止，日本境內除了大城市以外，幾乎沒什麼柏油路，但是整個國家已快速地轉向「汽車化」。因此，日本政府乃瘋狂地舖設柏油路。現在，汽車可以高速行駛了，但是馬路還是跟以前一樣寬──那是按照十世紀時牛車寬度舖設的，幾乎只夠兩輛車擦身而過，到處充斥著死角和不易看見的出入口，而且每隔幾公里就有交叉路口，許多馬路以各種不同的角度交會。因此，意外事故以驚人的速度開始爬升，尤其是夜間的意外事故。新聞媒體、廣播媒體、電視媒體以及國會的反對黨很快地就大聲疾呼，要求政府當局「拿出對策」。然而，重新闢建馬路當然不可能，即使要如此做，也要花上二十年的工夫，而大量教育汽車駕駛人「小心駕駛」的公共報導活動，也沒有產生什麼效用。

一個名叫岩佐多門的日本年輕人將這個危機當做一個創新機會，並加以把握。他重新設計了傳統的道路反射鏡，使得這個小玻璃片可以任意調整，反射出從任何方向駛來的汽車前燈。日本政府趕緊裝設無數個岩佐多門所設計的反射鏡，而意外事故發生率也因此隨之大幅下降。

再舉另外一個例子。

一次大戰在美國境內創造出一大群對國內及國際新聞極感興趣

的民眾。每個人都知道這種狀況。事實上，在一次大戰後的歲月裡，報章雜誌上充滿了如何滿足這種需要的討論。但是地方性報紙無法勝任此項工作，幾乎大型出版公司 ── 如《紐約時報》（*New York Times*），也曾做過這方面的嘗試，但都沒有成功。然後魯斯指出了程序需要，並對滿足需要的東西加以界定：它不能是一個地方性出版物，它一定要是全國性的，否則讀者和廣告客戶都不夠多；而且它不能是每天出版一次的東西，一天之內沒有足夠的新聞吸引這一大群人的興趣。整個編輯風格都特別遵從這些界定，當《時代》雜誌以世界第一本新聞性雜誌的面目出現時，它馬上受到讀者的肯定。

　　這些例子 ── 尤其是岩佐多門的故事都顯示出，基於程序需要的成功創新，必須擁有五項基本要素：

1. 一個獨立的程序。
2. 一個「無力的」或「欠缺的」環節。
3. 對目標的清楚定義。
4. 解決方案的規格可以被清楚地加以界定。
5. 廣泛地了解到「應該還有更好的方式」，亦即，對此信念的高度接受性。

　　此外，還有一些重要的事情值得一提。

　　第一，我們必須了解需要。只是「感覺到」需要是不夠的，否則，人們就無法對解決方案的規格加以界定。

　　例如，幾百年來，我們都知道在學校裡，數學是一門問題科目。有一小部分的學生（當然不會超過五分之一），似乎不覺得數學有什麼困難，且學得很輕鬆愉快，其餘的人則根本沒有真正地學會數學。當然，做很多練習以通過數學考試是可能的。日本人透過再三強調這門學科來做到這一點，但這並不意味著日本小孩都學會了數學。他們只是學會通過數學考試，考後馬上就忘得一乾二淨了。十年後，當這些學生將近三十歲時，日本人在數學測試上的表現和西方人一樣差。然而在每一個年代裡，總會出現天才型的數學老師，他甚至能使天資魯鈍的學生學會數學，或至少學得比較好。

　　但是，其他數學老師就是學不來這個人的教法，是不是因為缺乏先天的能力？或者是不是所用的方法不對？是不是存在著心理和情緒上的問題？沒有人知道答案。不了解問題本身，我們就無法找出任何解決方案。

　　第二，我們可能了解了一項程序，但還是缺乏解決問題所需的知識。上一章提及在造紙方面明顯且廣為人們了解的不一致：發現一種比目前方法較不浪費且較經濟的程序。一個世紀以來，專家們都鑽研過這項問題。我們精確地了解所需的東西是什麼：將木質纖維加以聚合化 —— 這應該是相當容易的，因為我們已經對許多類似的分子加以聚合化。但儘管專家們一百年來辛勤研究，我們仍然缺乏進行這項工作所需的知識，我們只能說：「讓我們試試別種方法吧！」

　　第三，解決方案必須符合人們工作的方式，並使人們想要去做。業餘攝影家對早期攝影程序的複雜科技沒有任何心理上的投

入，他們想要的只是得到一張優雅的照片，而且是愈簡單愈好。因此，他們會接受將勞動與技術從照相中移走的程序。同樣的，眼科大夫只對優雅的、符合邏輯的、不流血的手術程序有興趣。因此，一種提供這種效用的酵素就滿足了他們的期望與價值。

但是，這裡有這麼一個例子。它是基於一個清楚而實質的程序需要的創新，但顯然它並不很適合目標市場的需求，因此尚未被完全接受。

多年以來，專業人員 —— 如律師、會計師、工程師和醫師，所需要資訊的數量，已經超出他們尋找資訊的能力了。這些人一直抱怨他們必須花愈來愈多的時間於圖書館、手冊和教科書上，以尋找所需的資料。因此，人們預期一個「資料庫」將能帶來立即的成功。資料庫可透過電腦程序以及終端機，提供立即的資訊給專業人員；提供法院的判決給律師；提供稅務裁決給會計師；以及提供藥物和毒藥的資訊給醫師。然而，這些服務卻很難找到足夠的客戶以維持損益平衡。在某些個案裡，如為律師提供服務的「雷克西」（Lexis）公司，甚至要耗費十年的工夫和大把的金錢，才能找到足夠的客戶。理由可能是資料庫使得整個情況變得太容易了，而專業人員都以自己的「記憶力」—— 記住他們所需的資訊或知道要去哪裡尋找資料的能力 —— 為傲。「你必須牢記你需要的法院判決案例，並且要知道哪裡可以找到它們。」這句話仍然是資深律師給新手的忠告。因此，不論資料庫在工作上多麼有幫助，也不論能節省多少時間或金錢，它卻與專業人員的價值背道而馳。有一次，有一個病人問一名相當傑出的醫生，為什麼不使用能夠檢查及確認診斷

的資訊，然後才選擇一種治療方法？這位醫生回答道：「如果它能夠用來檢查和診斷，那麼，你還需要我幹什麼？」

　　基於程序需要的創新機會可用系統化的方法加以發現，這正是愛迪生所做的事，是魯斯還是一名「耶魯」研究生時所做的事，也是康納所做的事。事實上，這個來源有助於系統化的研究與分析。

　　但是，一旦發現了某個程序需要，我們就必須依照上述五項要素加以測試。最後，這種基於程序需要的機會必須用三項限制條件加以測試，即問問自己：

1.我們是否了解需要什麼？

2.我們有可利用的知識或可以在現存的智慧領域裡獲得嗎？

3.解決方案是否與目標使用者的習慣和價值相吻合？

Chapter *6*

# 來源四：產業與市場結構

　　新的成長機會很少與業界用來接近市場及界定市場的傳統方式相吻合，因此置身這個領域的創新者很可能找到自己的小天地；至少在某段期間內處於這個領域裡的原有企業仍然會以其一貫的方式，為原有的市場服務，而對新的挑戰掉以輕心。

　　產業與市場結構有時會持續很長的一段時間，而且似乎是完全穩定的狀況。例如，在一個世紀的時間，世界鋁業仍是由位於匹茲堡「美國煉鋁公司」（Aluminum Company of America，該公司握有原始的專利權），以及該公司位於加拿大蒙特婁的分公司——「阿爾康」（Alacan）公司所領導。自從二○年代以來，世界香菸產業裡只有一個新加入者——南非「雷布蘭特集團」（Rembrandt Group）。而在整個世紀裡，世界上只有兩名新加入者成為電力設備製造廠商的領袖：荷蘭的「菲利浦」（Philips）和日本的「日立」。同樣的，從二○年代早期——西爾斯開始從郵購商店轉入零售店，到六○年代中期——克雷斯基（Kresge）創立了「K-Mart」折扣商店，之間，美國零售連鎖店沒有出現什麼舉足輕重的新加入者。實際上，產業與市場結構看起來是如此地牢靠，以致有些人可

能會認為他們的命運早已注定，是自然秩序的一部分，且必然會永久地持續下去。

　　實際上，市場與產業結構是相當脆弱的，一個小小的衝擊，它們就會冰消瓦解，而且速度通常都很快。當這種情況發生時，產業裡的每個成員都必須有所因應，沿襲以往的做事方式幾乎一定會帶來災禍，甚至會使一家公司因而銷聲匿跡。至少，公司本身會喪失領導地位，而這種地位一旦喪失，幾乎不太可能重新取得。但是，市場或產業結構的改變也是一個主要的創新機會。

　　在產業結構方面，它的改變需要每個成員以創業精神來加以因應。它要求每個人重新問這麼一個問題：「我們從事的是哪一行？」每個成員的答案應該有所不同，而最重要的是，答案本身必須是嶄新的。

## 1. 汽車的故事

　　在本世紀早期，汽車業是如此快速地成長，以致它的市場經歷相當大的改變。業者對這種改變採取四種不同的反應，而且全部都很成功。在早期，汽車業者基本上是把一項奢侈品提供給有錢人。然而，當時的汽車銷售每三年成長兩倍，已然比這個狹窄的市場大出許多。可是，當時的業者仍然專注於「豪華車市場」（carriage trade）。

　　其中創立於一九〇四年的英國公司「勞斯萊斯」（Rolls-Royce）採取了因應措施。該公司的創立者了解汽車的數量將會日漸增多，

終至於變成「普及品」，因此他決定建造並銷售 —— 如同該公司早期的一份創立計畫書所寫的 —— 帶有「皇室氣息」的汽車，他們刻意地回到更早期且已過時的製造方式。亦即，每一部車都由一名技術純熟的技師裝配完成，而汽車的每一部分都由手工個別加以組合。然後，他們保證車子本身永不損壞。他們所設計的車子，必須由該公司所訓練的專業司機來駕駛。他們對客戶的資格加以限制 —— 當然，最好是有頭銜的人。而且，為了確保沒有「泛泛之輩」（riffraff）購買他們的車，他們將勞斯萊斯的價格定得和一艘小遊艇一樣高，大約是熟練的技工或成功的商人年所得的四十倍。

若干年後，在底特律，年輕的亨利‧福特（Henry Ford）也看到市場結構正在改變，汽車在美國已不再是有錢人的專利品了。他的反應是設計一部可以大量生產的汽車，主要是由半技術性的勞工裝配。它可以由車主駕駛，而由公司負責修理。與傳說相反的是，一九〇八年的T型車並非「便宜貨」：它的價格比當時世界上收入最豐的美國資深技師的年所得還要高一點（在目前，美國市場上最便宜的新車價格大約是非技術性裝配線工人十分之一的年所得），但是T型車的成本只有當時市面上最便宜車型的五分之一，而且更容易駕駛和保養。

另外一個美國人杜蘭特（William Carpo Durant），則將市場結構的改變視為成立一家專業管理的大型汽車公司的大好良機。他預見到一個巨大的「世界」市場，並希望透過該公司來滿足其中的所有區隔。於是，他在一九〇五年創立了「通用汽車」公司，並開始收購現存的汽車公司，將它們整合成一家大型的現代化企業。

一八九九年，義大利年輕人阿葛列里（Giovanni Agnelli），看出汽車將會變成軍需品，特別的是可做為軍官的指揮車。於是，他就在杜林（Turin）創立了「飛雅特」（Fiat）公司。在短短幾年之內，它就變成了供應指揮車給義大利、俄國及奧匈帝國軍隊的領導廠商。

全世界汽車業的市場結構在一九六○年到一九八○年之間又經歷了一項改變。一次大戰後的四十年間，各國的汽車市場都由各國的汽車業者所主宰。人們在義大利街道和停車場所看到的大部分是飛雅特，及一小部分的「愛快羅密歐」（Alfa Romeo）和「蘭吉雅」（Lancia），而在義大利國土以外的市場，這些品牌就很難被看到；在法國，則有「雷諾」、「標緻」（Peugeot）以及「雪鐵龍」（Citroëns）；在德國，則有「朋馳」（Benz）、「歐寶」（Opel）及德國福特；在美國則有通用、福特及克萊斯勒。然而在一九六○年左右，汽車業突然變成一個「全球性」產業。

每個公司所採取的反應都不相同。當時仍然相當封閉且絕少外銷汽車的日本人，決定成為世界性的汽車輸出國。他們六○年代晚期在美國市場的首次嘗試慘遭滑鐵盧。然而，他們重新組合，對於他們應該採取的政策重新思考，並重新界定以美國款式、舒適和操作特性供應美國型汽車，但是車體較小、較省油、品質較為嚴格，以及更重要的，更好的顧客服務。他們從一九七九年的石油恐慌中逮到第二次機會，因而得到了非凡的成功。六○年代中期，福特公司也決定透過「歐洲」策略走向全球化。十年之後的七○年代中期，福特已經成為歐洲市場冠軍寶座的有力競爭者。

飛雅特決定成為一家歐洲公司,而不只是一家義大利公司。它的政策是一方面維持國內市場的地位,一方面在歐洲幾個主要國家成為來勢洶洶的第二名。通用汽車原先決定留在美國,並且維持它在美國市場百分之五十的市場占有率,如此的決定將使它在汽車銷售上的利潤有百分之七十來自於北美洲,而它也的確做到了這一點。十年以後,七○年代中期,通用汽車改變方向,決定在歐洲市場上與福特和飛雅特爭奪領導權,它成功地達成這項目標。在一九八三年到一九八四年之間,通用終於決定成為一個真正全球化的公司,並與一些日本公司結為盟友。一開始是兩家規模較小的公司,後來則找上了「豐田」(Toyota)汽車公司。至於西德的朋馳汽車則採取另一個策略 —— 也是一個全球化策略,它將自己局限在世界市場上的狹小區隔裡,把重點放在豪華轎車、計程車以及巴士上。

這些策略都相當成功,事實上,幾乎不可能判斷出哪一個策略的效果比較好。但是,那些拒絕制訂這種痛苦的決策,或拒絕承認有許多事情正在發生的公司都不太好過,即使它們得以倖存,那也只是因為它們的政府不願讓它們倒下去的緣故。

克萊斯勒就是其中一個例子。該公司的人都知道發生了些什麼事,這也是一個置身該產業的人都知道的。但是,他們以逃避代替決策。事實上,該公司可以選擇「美國化」策略,並將它所有的資源用來加強自己在美國市場的地位,因為美國仍然是世界最大的汽車市場;或者,它能與強而有力的歐洲公司合併,並集中力量在世界最重要的汽車市場上 —— 美國與歐洲,奪得第三名。大家都知

道，朋馳汽車對這種想法極感興趣，但克萊斯勒卻興趣缺缺。它一點一滴地將資源浪費在偽裝上，它在歐洲市場上只被稱為「參與者」而不是「競爭者」，這使它看來像是一家多國籍公司。但是這種做法不但沒有給與該公司任何好處，而且耗盡了它的資源，使它資金短缺，無法對該公司在美國市場的機會再投資。因此，在一九七九年石油震撼後的決算日來臨時，克萊斯勒在歐洲市場上一無所獲，在美國市場上所剩不多，只有靠美國政府來挽救它。

英國「禮蘭」（Leyland）公司遭遇也差不多。它一度是英國最大的汽車公司，而且是歐洲市場領袖的有力競爭者。法國標緻公司的境況也不好。這兩家公司都拒絕面對必須制訂決策的事實，於是，它們很快就喪失了市場地位和獲利力。如今這三家公司——美國的克萊斯勒、英國的禮蘭和法國的標緻，大概都變成了邊際廠商（即收支勉強可以平衡的公司）。

但是，最有趣且最重要的例子是那些規模較小的公司。世界上所有汽車製造廠商——不論大小，都必須採取行動，否則就要面對永久的沒落。然而，卻有三家小型邊際公司認為這是一個重大的創新機會，這三家公司是「富豪」（Volvo）、「寶馬」（BMW）及「保時捷」（Porsche）。

在一九六〇年左右，汽車業突然發生變動，許多人打賭在即將來臨的「大淘汰」（shakeout）裡，這三家公司將會消逝無蹤。然而，這三家公司的表現卻十分良好，不僅為自己開創了市場利基，並且成為該市場的領導者。它們制訂並執行的創新策略，將它們重新塑造成完全不同的企業。

在一九六五年時，富豪正在做垂死的掙扎，且幾乎無法達到損益平衡。有好幾年的時間，它甚至虧損了許多錢，但富豪對自己重新加以改造，使它成為所謂「知性」汽車有力的世界性行銷者──在美國市場中尤強。這種車不很奢華，絕不便宜，且一點也不時髦，它只是相當堅固，有氣質和「較好的價值」。富豪將自己塑造成針對專業人員銷售的汽車公司，這些人並不需要透過所駕駛的汽車來展示他們的成功程度，但卻對「有良好判斷力」的名聲相當珍惜。

一九六〇年在虧損邊緣的BMW公司也相當成功，尤其是在義大利和法國。它將目標對準「年輕人」：那些在工作與專業上已獲得相當成就，卻希望人們認為他們還年輕的人；以及那些希望展現出自己「有所品味」，並願付出代價的人。BMW無疑是一部供有錢人開的豪華汽車，但它卻訴諸於那些希望被認為「沒什麼大成就」的有錢人，而朋馳與「凱迪拉克」（Cadillac）則適合公司總裁或機關首長使用。

保時捷（原本是一部附加額外型式的國民車）則將自己重新定位在跑車市場，它的對象是尚不需要交通工具而想要從駕駛上獲得刺激的人。

在這個與以前不大相同的產業裡，那些沒有從事創新，而只是延續它們一貫作風的小型汽車公司的境況相當悽慘。例如，英國的「MG」公司在三十年前所處的地位和目前的保時捷一樣──最傑出的跑車公司，如今，它卻幾乎要完蛋了。而雪鐵龍現在又在哪裡呢？三十年前，它擁有堅強的創新工程、堅固的車體及中度的可靠

性。它若定位在富豪已經占領的市場利基裡，應該是相當理想的，但是雪鐵龍未能對它的業務加以思考並進行創新。結果，它既沒有產品，又沒有策略。


## 2.機會

產業結構的改變提供了外行人一個非常明顯且相當能夠預測的大好良機，但產業內部的人則將這些視為一種威脅。因此，這時從事創新的外行人能很快地成為一個重要產業或領域的主要分子，而且所冒的風險相當低。

以下是一些例子。

在五〇年代晚期，有三個年輕人偶然在紐約市碰在一塊兒。他們都為金融機構工作，他們發現三個人都對某個觀點有相同的看法：他們認為經濟大恐慌以來一直保持不變的證券業務，即將面臨快速的結構變動，而且這項改變將會帶來機會。於是，他們開始有系統地研究金融業及金融市場，以尋找資金有限且沒有任何社會關係的新加入者可以利用的機會。研究的結果是一家新公司的誕生：「DLJ」公司。這家公司於一九五九年創立，五年之後，就變成華爾街的一股主力。

這三個年輕人找到的是一群正在快速形成的新客戶：退休基金管理人。這些新客戶不需要特別難以提供的東西，而是需要一些與眾不同的東西。這三個人設立了一家經紀公司，專門為這些新客戶服務，並提供他們所需要的「研究」。

　　大約在同一個時期，另外一個從事證券業的年輕人也了解到該產業正處於結構改變的陣痛裡，這種改變能夠提供他建立起自己與眾不同的證券業務。他所發現的機會是我們早先提及的「明智投方者」。基於這個基礎，他建立起目前已經相當大，而且還在快速成長的公司。

　　在六○年代早期（或中期），美國醫療保健業的結構開始快速地改變。當時，服務於中西部一家大型醫院的三名年輕人 —— 其中最年長的也還不到三十歲，決定這是開創他們自己新事業的大好良機。他們認為醫院在管理「家務事」方面，如廚房、洗衣、維修等等，愈來愈需要仰賴專門知識與技術。於是，他們將必須進行的工作加以系統化，並與醫院簽訂合約，由他們的新公司派遣受過訓練的人員前去管理這些事項，而費用是醫院因而節省下來的錢的一部分。二十年後，這家公司的營業額達到十億美元。

　　最後一個例子是發生在美國長途電話市場的折扣公司身上 —— 如「MIC」公司和「史普林特」（Sprint）公司，他們對電話市場全然是外行人，例如史普林特是發跡於鐵路，但是這些外行人從嚴密的貝爾系統中找尋縫隙，他們從長途電話價格結構中發現了機會。直到二次大戰以前，長途電話仍然是一種奢侈品，只有政府機關、大型企業或者通知意外事故（如家中有人過世）時才會使用。二次大戰後長途電話就變得相當平常了。事實上，它變成了電子通訊的成長部門，但在各州控制電話費率的管制機構的壓力下，貝爾系統仍繼續將長途電話當做奢侈品來定價，因此所定的價格超出成本甚多，然後貝爾系統再把利潤拿來補貼地區性服務。然而，

　　為了要在藥丸上包上糖衣，貝爾系統對長途電話的大量使用者提供了相當大的折扣。

　　到了一九七〇年，長途電話的收入已經達到區域性服務的收入水準，而且正快速地超越。但是，原來的價格結構還是保持不變，這就是新加入者所利用的機會。他們以折扣價與貝爾系統簽約，再以零售的方式賣給小用戶，與他們共享折扣的好處。這種運做為它們帶來相當多的利潤，而且能以大幅降低的價格提供長途電話的服務。到了十年以後的八〇年代早期，長途電話折扣公司所經手的長途電話量，比貝爾系統自己經手的總量還要多。

　　若非有以下的事實，這些個案都將只是奇聞軼事而已：每個創新者都了解有一個重大的創新機會存在於產業中。每個人都相當確信這個創新將成功，而且所冒的風險極低。他們為何如此確信呢？

## 3. 當產業結構改變時

　　對於產業結構中即將發生的改變，我們可以指出四項近乎確定且非常明顯的指標。

　　第一，在這些指標裡，最可靠、最容易發現的就是產業的快速成長。事實上，這一點是上述例子共同之處。如果某個產業成長的速度遠遠超過經濟或人口的成長，那麼，我們可以相當確信地預測，它的結構將會大幅變動。然而，由於目前的營運仍然非常成功，所以沒有人想要加以改變，可是它們正逐漸變成老骨董。雪鐵龍和貝爾系統的人都不會去接受以上的事實，這也說明了為什麼

「新加入者」、「外行人」，或以前的「二流角色」可以在它們自己的市場上擊敗它們。

第二，等到某個產業的營業額快速成長到原先的兩倍時，它認知和服務市場的方式可能就變得不合適了。尤其是傳統領導者，它們區隔市場的方式可能不再反映出現況，只反映出過去的歷史。可是，報告和數據資料仍然顯示出對市場的傳統觀點，這就是DLJ公司與中西部「明智投資者」經紀公司成功的原因。它們都找到一個現存金融服務機構尚未認知，且尚未被適當地服務的區隔市場，例如，退休基金是因為它們還很新；「明智投資者」則因為這種客戶不符合華爾街的典型，以致被忽略了。

但是，醫院管理的故事也表示出，在一段快速成長的期間以後，傳統的綜合醫院不再適合需要。二次大戰以後，出現成長的是醫院的專業性職位：放射線科、病理學、醫學實驗室及各種臨床醫師。二次大戰以前，這些職位幾乎不存在。此外，醫院管理本身也變成了一門學問，傳統的「家務管理」服務是早期醫院作業的重要部分，如今也逐漸成為管理者的困擾，愈來愈難處理且待遇愈來愈高的員工 —— 尤其是那些低待遇的人，也開始籌組工會了。

在第三章所提起的書籍連鎖店也是一個因為快速成長而發生的結構改變。出版商和美國傳統書店未認清的是，新客戶 ——「逛街者」（shopper）—— 正與傳統的讀者一起出現。傳統書店沒有認知到這些新客戶，因此也絕不會試著去服務他們。

但是，如果一個產業成得太快，也有可能會變得太過自滿，並試圖只要「擷取菁華」。這正是貝爾系統對長途電話的處理方

式，如此的做法所造成的唯一結果就是引進競爭者（關於這一點，請參閱第十七章）。

我們在美國藝術領域裡還可以發現另一個例子。在二次大戰以前，博物館被認為是「高級人士的場所」；二次大戰後，各個城市紛紛出現新的博物館，前往博物館一遊乃變成中產階級的習慣。二次大戰前，蒐集藝術品是少數非常有錢人士的嗜好；二次大戰後，蒐集各種藝術品愈來愈普及，有許多人參與了這項活動，其中有些人的財富相當有限。

有一個在博物館做事的年輕人將這種情況視為一個創新的機會，他在一個最出人意料之外的地方發現了這個機會——事實上，是在一個他從未聽說過的地方：保險。他使自己成為藝術品專長的保險經紀商，並為博物館與收藏家雙方投保。由於他的藝術專知，以前不太願意承保的幾家大保險公司，現在都願意承擔這個風險，且保費比以前降低百分之七十。這位年輕人現在擁有一家大型的保險經紀公司。

第三，另一項導致產業結構突然改變的發展是，一直被視為截然不同的科技彼此整合在一起。

供辦公室及其他大型電話用戶使用的「交換總機」（RBX, private branch exchange）就是一個例子。基本上，在美國，有關這方面的科技工作一直都是由貝爾實驗室進行。它是貝爾系統的研究重鎮。但是，主要的受益者卻是一些「新加入者」——如「羅姆公司」（ROLM Corporation）。在新的交換總機裡，融合了兩種不同的科技：電話科技與電腦科技。交換總機可以被視為使用電腦的電子

通訊設備，或視為一個使用電子通訊的電腦。就技術面而言，貝爾系統應該有能力處理這種狀況 —— 事實上，它一直是一個電腦先驅。然而，在它對市場和使用者的看法裡，貝爾系統將電腦視為全然不同且相去甚遠的東西。當它設計並引進電腦型的交換總機時，從未全力去推廣。職是之故，一個全新的加入者就變成了它的主要競爭者。實際上，羅姆公司是由四名年輕工程師開創出來的，當初設立公司的目的，是為一家航空貨運公司建立一個小型電腦作業系統，他們只是在偶然的情況下踏入電話業。貝爾系統雖然享有技術領導權，但在這個市場的占有率卻低於三分之一。

第四，如果某個產業的交易方式在快速地變動，那麼，該產業在基本結構上的改變時機可能已經成熟了。

三十年前，絕大多數的美國醫師都是獨自開業。到了一九八〇年，只有百分之六十的醫師如此做。而到如今，有百分之四十的醫師（以及百分之七十五的年輕醫師）是在一個群體中工作 —— 與人合夥或成為健康維護組織及醫院的一員。一九七〇年左右，有一些人洞燭機先，了解到這種情況提供了一個創新的機會：創立一家服務公司，提供這種群體的辦公室設計，告訴醫師需要哪些儀器，以及幫他們管理整體作業（或者幫他們訓練管理人員）。

如果某個產業或市場是由一家（或少數幾家）大型製造廠商或供應商支配，那麼，利用產業結構改變的創新尤其有效。即使沒有真正的獨占存在，這些大型的支配廠商可能會因為多年的成功以及所向無敵而傾向於狂妄自大。剛開始時，他們不會將新加入者放在眼裡；但是，即使在新加入者所奪取的市場占有率愈來愈多時，它

們也會發現，要動員自己以採取反擊行動相當困難。貝爾系統拖了將近十年的時間，才對長途電話折扣公司和其他交換總機製造廠商的挑戰採取反擊。

當「非阿司匹靈的阿司匹靈」——「泰諾」（Tylenol）和「塔翠爾」（Datril），首度問世時，美國阿司匹靈製造商的反應也同樣姍姍來遲（請參閱第十七章）。創新者之所以會診斷出機會，乃是因為產業結構裡即將發生的改變——主要是基於快速成長。既有的阿司匹靈製造商——一家大型公司的小型子公司，沒有理由製造不出「非阿司匹靈的阿司匹靈」，畢竟，阿司匹靈的危險性和效用極限早已是公開的祕密了，醫學文獻上多的是這方面的討論。可是，在新加入者出現的五到八年中，它在市場上幾乎所向披靡。

同樣的，對於創新者在最有利可圖的服務項目中奪得了愈來愈多的市場一事，美國郵政總局也不理不睬了好多年。首見，「聯合包裹服務」公司奪去了正常的包裹遞送作業，然後「艾瑪莉空中貨運」（Emery Air Freight）公司和「聯邦快遞」（Federal Express）公司奪去了利潤更高的快遞服務——包括緊急的或高價值的商品和信件。造成郵政總局如此脆弱的原因在於它的快速成長，它的營業額成長速度如此之快，以致忽略掉看起來似乎微不足道的服務項目，如此一來，就提供了創新者一個創新的機會。

當市場或產業結構發生改變時，產業領導者（不管製造商或供應商）通常會忽略掉快速成長的區隔市場，它們執著於即將變成運作不良且過時的作業方式。新的成長機會很少與業界用來接近市場及界定市場的傳統方式相吻合，因此置身這個領域的創新者很可能

找到自己的小天地；處於該領域的原有企業，在某段期間內仍然會以一貫的方式為原有市場服務，而對新的挑戰掉以輕心。

但是，我要提醒一點，在這個領域裡，維持創新的簡單性是絕對必要的。複雜的創新無法奏效。讓我們再來看一個例子 —— 它是我所知道的企業策略當中最聰明的一個，然而，也是敗得最慘的一個。

「福斯」（Volkswagen）公司引起了一項改變，使得汽車業在一九六〇年左右轉變成一個全球性的市場。該公司的金龜車是自從四十年前福特公司的 T 型車問世以來，真正成為國際性汽車的第一部。當時在美國 —— 如同在德國本土 —— 金龜車幾乎到處可見；在坦干伊克（Tanganyika，非洲中央東部的共和國，於一九六四年與桑吉巴〔Zanzibar〕合併成立坦尚尼亞聯邦共和國）所享有的盛名，與在所羅門群島（Solomon Islands）的名氣不相上下。可是福斯公司卻錯過了自己一手創造出來的機會 —— 主要是因為他們太過聰明了。

到了一九七〇年 —— 它進入國際市場的十年以後，金龜車在歐洲已逐漸變得過時了；在美國這個金龜車的第二大市場，它賣得還算不錯；在巴西這個金龜車的第三大市場，它顯然還有相當大的成長潛力。顯而易見的，該是需要新策略的時候了。

福斯公司總裁建議將德國廠完全改為生產新車型 —— 金龜車的後續者，並將它外銷到美國市場。而美國市場對金龜車的持續性需要將由巴西供應，這種方式使得福斯公司擁有擴大廠房所需的產能，且能在持續成長的巴西市場上維持另一個十年的金龜車領導

權。為了確保美國客戶能夠享受「德國品質」——這是金龜車的主
要魅力之一,在北美洲銷售的金龜車之重要零件(如引擎、傳動軸
等)還是在德國製造,然後在美國境內裝配成車,以供應北美洲的
市場。

　　這是第一個真正的全球性策略:在不同的國家製造不同的零
件,再依不同的市場需要,在不同的地方進行裝配。如果它真的成
功了,它就是一個很了不起且高度創新的策略。但是它失敗了,
主要是德國工會的介入。「在美國裝配金龜車意味著將德國的工作
機會外銷出去,」他們如此說道,「我們無法忍受這種狀況。」而
且,美國經銷商也對「巴西製」的汽車感到懷疑——即使主要零
件仍然是「德國製」的。因此,福斯公司不得不放棄這個絕佳的計
畫。

　　結果,福斯公司喪失了它第二大的美國市場。實際上,由於伊
朗巴勒維王朝瓦解所引起的第二次石油恐慌,使得小型汽車大行其
道。當時囊括小型汽車市場的應該是福斯公司,而非日本公司。但
是,德國人當時卻沒有產品可以滿足市場需求。幾年以後,當巴西
陷入嚴重的經濟危機且汽車銷售量滑落時,福斯公司在巴西也吃了
悶虧,因為在七〇年代所擴增的產能,已經沒有外銷對象了。

　　福斯公司這個絕佳策略失敗到連公司的長期發展都出現了問
題,原因倒還在其次。這個故事最主要的教訓是,一個「聰明的」
創新策略總是會失敗的——如果它主要是利用由產業結構改變所
帶來的機會,情況更是如此。因此,只有非常簡單而明確的策略才
有成功的可能。

# Chapter *7*

# 來源五：人口統計資料

　　對於那些真正願意實地走入市場去看、去聽的人而言，變動中的人口統計資料是一種非常可靠，而且有高度生產力的創新機會。

　　意料之外的事件、不一致的狀況、市場和產業結構的改變以及程序需要 —— 從第三章到第六章所討論的創新機會的來源，都是顯現在一個企業、產業或市場中。它們可能是經濟體系、社會體系以及知識領域內部有所改變的徵兆，但它們只出現於體系內部。

　　其餘三個創新機會來源是：

● 人口統計資料。

● 認知、意義以及情緒上的改變。

● 新知識。

　　這三種來源都是外部的；它們是社會環境、哲學環境、政治環境以及知識環境的改變。

## 1. 決策者不可忽略的變動

在所有的外部改變裡，人口統計資料 —— 我們將它定義成人口數、年齡結構、組成狀況、就業情況、教育水準以及所得 —— 是最清楚可見的，它們沒有絲毫的含混，並且擁有最能夠預測的結果。

它們也擁有廣為人知且幾近確定的「前置時間」（lead time，原用於生產管理上，其意義是從下訂單到貨物送達所需的時間）。西元二〇〇〇年的美國勞動人口如今一定已經來到世上（雖然不一定身在美國，例如十五年後的許多勞工，可能是現在生活在墨西哥某部落的小孩子）；在已開發國家中，將於二〇三〇年退休的人現在都已經置身在勞動市場裡了；而現在二十多歲的人所擁有的教育背景，將會在往後的四十年中決定他們的事業前程。

人口統計資料對於將會帶來一些什麼、由誰發動以及數量多寡等，有很大的影響。例如，美國青少年一年買許多雙便宜的鞋子，他們買的是時髦性而不是耐久性，而且他們的經濟能力有限；十年以後，同樣這一群人一年只會買幾雙鞋子，大約是他們十七歲所買的六分之一，但他們會先考慮舒適性和耐久性，然後才考慮時髦性。在已開發國家裡，六、七十歲的老人（處於退休早期的人）形成了主要的旅遊和度假市場；十年以後，同樣這一群人變成了退休社區、看護中心以及醫療保險的顧客。夫婦同時上班的家庭所擁有的金錢比時間多，且依此狀況進行消費。年輕時受過高等教育，尤其是受過專業或技術教育的人，在一、二十年後，將會成為進修級

專業訓練的顧客。

但是，受過高等教育的主要出路，是擔任「知識工作者」（knowledge worker）。即使沒有那些低工資國家的競爭——由於一九五五年之後嬰兒死亡率降低，使得第三世界國家的年輕人遽增，這些過剩的年輕人通常只受過非技術性或半技術性工作的訓練——已開發的西方國家和日本也不得不走向自動化。單憑人口統計資料——出生率大幅下降以及「教育爆炸」（educational explosion）的綜合效果，就幾乎可以確定到了二〇一〇年，在已開發國家中，製造業的傳統藍領階級人數差不多只有一九七〇年的三分之一而已（雖然製造業的生產可能會由於自動化，而達到一九七〇年的三、四倍）。

這些狀況都是如此地明顯，以致人們可能會認為不需再提及人口統計資料的重要性。事實上，企業界人士、經濟學家以及政客們都承認人口趨勢、人口移動及人口動態的重要性。但是他們也相信，在日常的決策裡，不需要對人口統計資料加以注意。人口變動——不管是出生率或死亡率、教育水準、勞動人口的組成和參與，或者人們的遷移與停留等，起初通常被認為相當緩慢，而且歷經了相當長的時間，因而沒有實際考慮的必要性。大家都承認巨大的人間慘禍——如十四世紀歐洲的黑死病，對社會體系和經濟體系會有立即的影響，但人口統計上的變動卻被認為是「長期的」變動，只有歷史學家和統計學家才會感到興趣，商人和管理者則否。

這是一個可怕的錯誤。十九世紀時，有許多人從歐洲移民到北美洲和南美洲，以及移民到澳洲和紐西蘭。這種大規模的遷移大幅

度地改變了世界的經濟與政治地理；它創造了許多創新機會；它使得幾百年以來，一直做為歐洲政治和軍事策略基礎的地緣觀念成為明日黃花。而它發生的時間只有短短的五十年（從一八六〇年代中期到一九一四年），只要有人膽敢忽視它，那個人可能很快就會跟不上時代了。

例如，在一八六〇年以前，羅斯柴爾德家族（House of Rothschild）一直主宰著世界金融，然而他們未能了解橫跨大西洋移民的意義。他們認為，只有「泛泛之輩」才會離開歐洲。於是在一八七〇年左右，羅斯柴爾德家族就不再重要了，他們變成只是一些富有的個人而已。取而代之的是摩根（J. P. Morgan），他的「祕訣」在於一開始就察覺出橫跨大西洋的移民，並立即了解其重要性。他在紐約——而非在歐洲，設立一家世界性銀行，對這些移民的美國產業加以融資。此外，西歐與美國東部從鄉野和農村社會轉變成以工業為主的大城市文明，所花的時間也只有三十年而已——從一八三〇年到一八六〇年。

在更早的年代，人口統計資料的變動傾向也是同樣快速，同樣突然，同樣有重大的影響。人口隨著時間的流逝而緩慢改變的信念純粹是一種神話。或者我們應該這樣說，就歷史而言，一個地方長期的靜態人口是例外，而非常態。

在二十世紀的今天，忽視人口統計資料是相當愚蠢的。在我們這個時代裡，基本的假設應該是人口天生就不穩定，而且易於發生突發性劇烈變動。人口統計資料是決策者必須分析和思考的第一項環境因素。例如在本世紀裡，已開發國家的人口老化現象以及第三

世界年輕人過剩的現象就具有相當的重要性。不論原因為何，二十世紀的社會——不論是已開發或開發中，很容易發生快速而根本的人口變動，而且會在沒有任何事先預警的情況下爆發。

一九三八年，羅斯福（Franklin D. Roosevelt）總統所召集的一群美國最傑出的人口專家一致預測：一九四三（或一九四四）年時，美國人口將會增至一億四千萬，然後緩慢地下降。然而，美國現在的人口數（加上最少量的移民）是二億四千萬，因為在一九四九年——幾乎沒有任何事先預警——美國開始了它的「戰後嬰兒潮」。在十二年裡，美國人創造出史無前例的（大）家庭數；一九三八年的人口統計學家並非傻子或平庸之輩，只是當時並無任何跡象指出會有「戰後嬰兒潮」的發生。

二十年後，甘迺迪（John Fitzgerald Kennedy）總統也聚集了一批傑出的專家，共同設計出拉丁美洲援助及發展方案——「進步同盟」（Alliance for Progress）。當時（一九六一年），沒有一個專家對嬰兒死亡率的大幅降低加以注意。在往後的十五年裡，這種死亡率滑落的現象完全改變了拉丁美洲的社會與經濟體系；此外，他們也毫不保留地一致假設，拉丁美洲是一個鄉村地帶。當然，這些專家也同樣並非傻子或平庸之輩。可是，在那個時候的拉丁美洲，嬰兒死亡率的降低和社會的都市化幾乎都還沒開始。

在一九七二年和一九七三年時，美國最富經驗的勞動力分析家仍然毫不置疑地相信，女性參與就業市場的現象將會繼續衰退——如同它多年以來的趨勢一樣。當戰後嬰兒潮以空前的人數投入勞動市場時，沒有人會擔心年輕女性的工作機會將從何處

來 —— 人們不認為她們需要任何就業機會。十年之後，五十歲以下的美國女性有百分之六十四加入了勞動市場，這是空前的紀錄；而在這一群職業婦女裡，結婚與否，或有沒有小孩，並沒有造成多大的差別。

這些轉變當然不是突然爆發的，但通常都是相當神祕，很難加以解釋的。第三世界嬰兒死亡率的降低倒還可以用回溯法加以解釋，它是由舊科技（如公共衛生育幼院、將廁所置於水源下頭、疫苗接種、紗窗）和新科技（如抗生素、殺蟲劑）的融合促成的。但是，這種狀況完全無法事先預期。此外，我們如何解釋戰後嬰兒潮或抗拒生育風潮呢？如何解釋美國婦女（以及歐洲婦女，雖然她們晚了幾年）湧進勞動市場的現象呢？又如何解釋拉丁美洲的城市陷入貧困呢？

發生在本世紀的人口變遷可能難以預測，但在它們造成衝擊以前，總會有相當長的前置時間，而這種前置時間則是可以預期的。嬰兒呱呱落地以後，要經過五年的時間，才能成為幼稚園學生，也才會需要教室、遊戲場地和老師；要經過十五年的時間，才能成為具有重要性的消費者；要經過十九（或二十）年的時間，才能以成人的身分加入勞動市場。當嬰兒死亡率開始降低時，拉丁美洲的人口就開始相當快速地成長。然而，五、六年後，那些存活下來的嬰兒並沒有成為學生，而十五、六歲的青少年也沒有在找工作。若要把教育成果轉化成勞動的組成要素和有用的技藝，至少需要十年的時間 —— 通常需要十五年。

對創業家而言，人口統計資料之所以會成為這麼一個有利的機

會，就是因為它受到一般決策者的忽略，不管是企業人士、公共服務機構幕僚人員或政府部門的政策制訂者皆然。這些人仍然執著於人口統計資料不會改變或不會迅速改變的假設。事實上，他們甚至連證實人口已發生變遷的最簡明資料都予以拒絕，以下是一些相當典型的例子。

很明顯的，美國學的學生人數到了一九七〇年將會比六〇年代少百分之二十五到三十，而且至少會延續十到十五年。畢竟，在一九七〇年要進入幼稚園的小孩，最晚也要在一九六五年以前誕生，而抗拒生育的風潮使得情況絕不可能快速逆轉。但是，美國大學的教育學院斷然地拒絕接受這種事實，他們認為學齡孩童的人數會一年一年地增加，這是一項自然法則。於是他們努力招募學生，造成了數年之後畢業生的大量失業、教師待遇的嚴重壓力以及許多教育學院的關閉。

以下是我的兩次親身經驗。一九五七年，我公布了一項預測數字，預測二十五年後美國大學生的人數將在一千萬到一千兩百萬之間。這個數字只是很簡單的將兩件已經發生的人口統計資料放在一起而已：出生人數提高以及年輕人上大學的人數提高。這個預測絕對是正確的。可是事實上，每一所不錯的大學都對它嗤之以鼻。二十年後（一九七六年），我觀察有關年齡的數據，並預測在十年以內，美國的退休年齡勢必要提高到七十歲或全盤加以廢除。這個改變發生的時間比我所預測的還要快。一年之後（一九七七年），加州廢除了強迫退休制；兩年之後（一九七八年），美國的其他地方廢除了七十歲以前必須退休的規定。使這個預測如此確定的人口

統計資料，都是廣為人知且公諸於世的。然而，大多數所謂的專家 —— 政府部門的經濟學家、工會的經濟學家、企業界的經濟學家、統計學家 —— 都認為這種預測荒謬無稽，「它永遠不會發生」是他們一致的反應。事實上，當時的工會還建議將強迫退休的年齡降低到六十歲或六十歲以下。

專家們這種不願（或不能）接受與他們原有觀念不相吻合的人口現況之現象，給與了創業家創新的機會。前置時間是眾所周知的。事件本身早已發生了，但是沒有人將它們視為現況而加以接受，更遑論視為機會了。因此，那些拒絕傳統智慧並接受事實的人 —— 事實上是積極尋找這種機會的那些人，可說是擁有一段相當長獨自奮鬥的歲月（不會有人來打擾）。一般說來，只有在它快要被另一項新的人口變遷以及新的人口現狀所取代時，競爭者才會接受這個人口現狀的事實。

## 2. 成功的例子

以下是一些利用人口變遷的成功例子。

大多數美國大型大學都認為我的預測 —— 到了七〇年代，將會有一千萬到一千兩百萬名大學生這個數字相當荒唐，對它不加以重視，但是，具有創業精神的大學卻很嚴肅地對待這個問題：如紐約的「佩斯大學」和舊金山的「金門大學」。剛開始，它們也不相信這種預測，但是加以審視後，就發現它是有效的預測 —— 事實上，是唯一理性的預測。然後，它們對即將多出來的學生人數預做

安排，而傳統的（尤其是著名的）大學則什麼都沒有做。於是二十年後，這些早做準備的新加入者得到了學生。當抗拒生育的風潮導致全國性的註冊人數降低時，它們仍然繼續在成長。

當時，美國有一家小型且沒沒無聞的零售店 ——「梅爾維爾」（Melville），接受了「戰後嬰兒潮」這項事實。六〇年代早期，也就是第一批戰後嬰兒潮正好到達青少年階段的時候，它進入了這個新市場，為這批青少年特別創立了新穎且與眾不同的商店。它重新設計店面，將廣告和促銷對象設定在十六、七歲的小伙子，而且它提供給這群小伙子的產品，從原來的鞋襪擴大到男女服飾上。於是，梅爾維爾變成了成長最快且最有利潤的美國零售店之一。十年之後，其他零售店才跟進，開始迎合青少年的要求 —— 當時正好是人口結構的重心轉移到青年人（二十到二十五歲之間）的時候。當時，梅爾維爾已經將它的注意力轉移到新的主力客戶群身上了。

甘迺迪總統於一九六一年召集的學者 —— 目的是提供他有關「進步同盟」的建議，並沒有預見拉丁美洲的都市化。但是，有一家連鎖零售店 —— 美國的西爾斯 —— 不把自己埋在統計數字裡，它走出美國，派人到墨西哥市、利馬（祕魯首都）、聖保羅（在巴西東南部，南美第二大城），以及波哥大（哥倫比亞首都）去觀察顧客。於是在五〇年代中期，西爾斯開始在拉丁美洲的重要城市建造美國式的百貨公司。這些百貨公司是專為都市的新中產階級而設計的；這些人雖不「富裕」，但卻是貨幣經濟體系的一部分，且擁有中產階級的渴望。結果幾年之內，西爾斯就變成了拉丁美洲的零售店領袖。

　　以下還有兩個利用人口統計資料來建立具有高生產力的工作人員的創新例子。紐約「花旗銀行」（Citibank）的擴張主要是基於它早就了解到，受過高等教育而且野心勃勃的年輕女性開始加入勞動市場的事實。一直到一九八〇年，大多數大型美國公司僱主還是認為這些女性工作者是一個「問題」，甚至許多公司一直到今天還是抱持著這種看法。而花旗銀行在大型公司僱主裡幾乎是唯一的例外，它在她們身上看到了機會。七〇年代時，花旗銀行積極地訓練年輕的女性，然後將她們送到全美各地擔任放款職務。這些野心勃勃的女性非常賣力地使花旗銀行登上美國銀行界的寶座，且使它成為一家真正的「全國性」銀行。在同一個時期，有一些存放款機構（這不是一個以創新或冒險出名的產業）了解到，那些由於小孩需要照顧而辭職的已婚婦女，當她們再度回到辦公室擔任永久性的兼差工作時，表現都相當不錯。「每個人都知道」兼差人員是「臨時性的」，而且女性工作者一旦脫離了勞動市場，就絕不會再回頭。在較早的時候，這兩項法則都是相當合理的。但人口統計資料使它們不再適用了。至於接受這項事實的意願——這種意願並非來自於閱讀統計數字，而是來自於觀察實際市場——帶給這些機構一批極度忠誠而且生產力極高的工作人員，在加州尤然。

　　「地中海俱樂部」在旅遊和度假事業的成功完全是利用人口變遷的結果：在歐洲和美國出現了許多富裕且受過良好教育的年輕人。他們的上一代大都是勞動階級，因此這些人還不太能夠肯定自己，也不太能夠扮演充滿自信的旅遊者的角色。他們渴望有專業知識的人來組織他們的假期、他們的旅遊以及他們的玩樂。而且，他

們不論與身為勞動階級的雙親或年紀較長的中產階級相處都不太自在，因此，他們就成了新鮮而且「帶有異國風味的」年輕人遊樂勝地的現成顧客。

## 3. 滿足群體的價值和期望

人口統計資料變動的分析是從人口數開始，但是絕對人口是最不重要的數字，例如，年齡分配就比它重要得多了。在六○年代，大多數已開發的非共產國家的青年人口快速增加，這是一個重要的人口變動（唯一值得注意的例外是英國，它的戰後嬰兒潮歷時相當短）；在八○年代（甚至在九○年代），情況將會變成青年人口的降低，中年人口（四十歲以下者）的穩定成長，以及老年人口（七十歲以上）的快速增加。這些發展提供了什麼機會呢？這些不同年齡群體的價值、期望、需要和欲望又是什麼呢？

傳統的大學生人數無法再增加了，我們最多只能期望它不要滑落，亦即，期望十八、九歲的青年繼續留在學校唸書的百分比增幅，足以抵銷所減損的部分。但是，隨著以前受過大學教育，如今已達三、四十歲的人愈來愈多，將會出現大批本身已受過高等教育而想要參加「更上一層樓」的專業訓練與再訓練的人，如醫生、律師、建築師、工程師、管理人員以及教師。這些人所追求的是什麼呢？他們需要什麼？他們如何支付所需的費用呢？傳統的大學應該如何因應，以吸引並滿足這些截然不同的學生呢？這些年紀較長的人士的欲望、需要和價值又是什麼呢？事實上，是否存在著一個

「年紀較長的群體」，或是有好幾個群體，其彼此的期望、需要、價值和滿足都互不相同呢？

在年齡分配裡，尤其重要的是人口重心的改變（在預測上，也具有極高的價值）。所謂人口重心指的是，在任何特定時點裡，構成人口結構中最大且成長最快的那個年齡層。

在艾森豪（Dwight David Eisenhower）總統任期的尾聲 —— 五〇年代晚期，美國人口重心的年齡是有史以來最高的，但是在短短幾年之內，注定會發生一場劇烈的轉變。由於戰後嬰兒潮的影響，使得人口重心的年齡到一九六五年時，大幅跌落到自從「共和黨」早期當政以來的最低點 —— 大約是十六、七歲。可預期的 —— 事實上，任何一個鄭重對待人口統計資料，並觀察數據的人都如此預測 —— 在情緒和價值上將會有大幅轉變。六〇年代的「青年革命」，主要是將焦點轉移到典型的青少年行為上。在人口重心是二、三十歲時，各個年齡層都極端保守，而青少年行為則被視為「小孩子就是小孩子」。但到了六〇年代，它突然搖身一變而成為具有代表性的行為。

但是，當人們開始談論「價值永久轉移」或「美國的年輕化」時，年齡的鐘擺卻已經晃回來了，而且是相當地劇烈。到了一九六九年，抵拒生育風潮的第一波效果已經可以觀察到了 —— 不只是出現在統計數字上。一九七四年（或一九七五年）是十六、七歲仍然構成人口重心的最後一年，在那之後，人口重心就快速地向上移動。到了八〇年代早期，又回到了二十多歲的年齡層，且隨著這種轉變而來的是「代表性」行為的改變。當然，青少年的行為不會有

什麼大改變，但是，人們對這些行徑的觀感卻又回到了從前那種看法，而不再認為它們構成社會的價值與行為了。因此，我們幾乎可以肯定地預測（且有些人的確如此預測），到了七〇年代中期，大學校園裡將不再充斥著「行動主義者」與「判逆者」，而大學生也將再度對成績與工作表示關切。同時，十年以後，絕大多數一九六八年的「中途而廢者」將會變成「向上移動的專業人員」，這群人關切的是事業前程、晉升、節稅以及股票優先承購權。

教育程度的區隔也具有同樣的重要性。事實上，就某些目的而言──如推銷百科全書、延伸性專業教育、度假旅遊等，它的重要性可能有過之而無不及。此外，還有勞動市場參與和職業區隔，最後還有所得分配，尤其是可支配及可任意動用的所得分配。例如，在夫婦都上班的家庭裡，儲蓄傾向（即所賺的錢拿去儲蓄的比例）有何變化呢？

事實上，大多數答案都可以找到，它們是市場研究的材料，所需的只是提出問題的意願。

但是，熟讀統計數字是不夠的，明確地說，統計數字並非起點。雖然統計數字使梅爾維爾思索青少年的轉變將會帶給一家時髦商店什麼機會，也使西爾斯的高階主管將拉丁美洲視為潛在市場，但是決定走出窠臼，並實地到市場去觀察和聆聽的是這些公司的管理當局，以及如紐約佩斯大學或舊金山金門大學的校方行政人員。

以下是西爾斯決定進軍拉丁美洲的過程。在五〇年代早期，西爾斯的總裁伍德（Robert E. Wood）看到統計數字指出，到了一九七五年，墨西哥市和聖保羅市可能會超越美國所有的城市。這

個陳述引起他極大的興趣，使他親自走訪了這些拉丁美洲的主要城市。他在每個城市待一個禮拜 —— 包括墨西哥市、瓜達拉哈納（在墨西哥的西部）、波哥大、利馬、聖地牙哥市（智利首都）、里約熱內盧（巴西舊都）、聖保羅等城市。每到一個地方，他就四處走走，觀察商店（他對他所看到的現象感到驚訝），並研究交通流量。然後，他就了解到他要針對哪一種顧客，建造哪一種商店，在哪裡建築，以及店裡要陳列哪些商品。

同樣的，那些地中海俱樂部的創始人在建立起第一個度假勝地前，也對「全套旅遊」（package tour）的顧客加以調查，親自去和這些人交談，並聆聽他們的意見。同樣的將梅爾維爾鞋店從邊邊的、不顯眼的連鎖鞋店（此外還有許多連鎖鞋店），轉變成美國成長最快的流行商店的那兩個輕人，也將大把的時間花在購物中心裡。他們觀察顧客，聆聽他們的意見，並且探索他們的價值。他們研究年輕人逛街購物的方式、所喜歡的購物環境 —— 例如，青年男女是在同一個地方買鞋呢？還是希望有各自分開的店可供選購？此外，他們對購買的商品考慮的「價值」是什麼？

如此一來，對於那些真正願意實地走入市場去看、去聽的人而言，變動中的人口統計資料是一個非常可靠，而且有高度生產力的創新機會。

Chapter **8**

# 來源六：認知的改變

　　在利用認知改變的創新機會時，最危險的莫過於過早發動。許多一開始看來像是認知改變的事件，結果卻演變成一時的流行，在一、兩年之內就消逝無蹤了。

## 1.「杯子是半滿的」

　　在數學上，「杯子是半滿的」與「杯子是半空的」之間並沒有什麼差別，但是這兩句話的意義完全不同，所導致的結果也不一樣。如果一般的認知從認為杯子是「半滿的」轉變成「半空的」，那麼其中就出現了重大的創新機會。

　　以下是這種認知改變以及這種改變所帶來創新機會的一些例子 —— 在企業界、政權、教育界以及其他地方。

　　所有的事實資料皆顯示過去二十年裡 —— 從六〇年代早期算起，美國在保健方面有空前的進步與改善。我們不論是從新生嬰兒死亡率或老年人存活率，或是從癌症罹患率（肺癌除外）或癌症治癒率來看，這些健康與體能的指標都大幅度地往上爬升。然而，美國人卻陷於集體的憂鬱症中。在美國歷史上，從未出現過如此多對

健康的關切，也從未出現過如此多的恐懼。突然之間，似乎每一樣東西都可導致癌症、退化性心臟病或過早喪失記憶力。杯子顯然是「半空的」；我們所看到的不是健康和體能上的大幅改進，而是我們與長生不老的距離仍然和以前一樣遙遠，絲毫沒有一點進展。事實上，我們可以說，過去二十年間，美國人的健康狀況如果確實有任何不如以前的地方，那麼，它一定是由於人們對健康與舒適的過度關切，以及對逐漸年老、逐漸失去舒適、逐漸因長期疾病而老邁的看不開所致。在二十五年間，即使是國家保健方面的小成就，也會被視為又往前邁進一大步；如今，縱然是重大的改進，也很少能夠引起人們的注意。

不論引起這種認知改變的原因為何，其中都存在著大量的創新機會。例如，它創造一個新的醫療保健雜誌市場，有一雜誌《美國保健》在短短兩年之內，就達到了一百萬份的發行量；它也創造出許多新穎而創新的事業，這些事業所利用的是人們對傳統食物可能導致無法挽救的傷害的恐懼。有一家名叫「天國調理食品」（Celestial Seasonings）的公司，位於卡羅萊納的布爾多（Boulder），是由一名「花童」所創立的。在六〇年代晚期，他只是一名在山上採草藥，裝入小紙袋，然後沿街叫賣的小伙子而已。十五年之後，該公司每年的營業額達到了數億美元，而且每年出售兩千多萬美元的產品給一家非常大的食品加工公司。另外，健康食品連鎖店的利潤也相當可觀，慢跑裝備也變成了大事業，而在一九八三年榮登美國成長最快的新企業寶座的，是一家室內運動器材製造商。

　　傳統上，人們的進食習慣與所得和階級密切相關。普通人只求
「溫飽」，有錢人則講究「美食」。這種認知在過去二十年裡也發
生了變化。如今，相同的一個人有時會求「溫飽」，有時則要「美
食」。趨勢之一是以最容易和最簡單的方式「攝取足夠的食物」：
速食食品、電視餐（TV dinner）、麥當勞漢堡或肯德基炸雞等。但
是，同樣的這群消費者也變成了美食烹飪專家。播放烹飪美食的
電視節目成為最受歡迎且收視率最高的節目，美食烹飪手冊也變成
了大眾市場的暢銷書，全新的美食連鎖店也隨之開張。最後，雖然
傳統超級市場有百分之九十是做「攝取足夠食物」的生意，卻紛紛
開設了「美食名店」。在大多數情況下，這些名店都比一般的加工
食品業有利潤。這種新的認知絕非僅限於美國境內。在西德，一名
年輕女醫師最近跟我說：「一星期中，我們有六天是在『餬口』，
而有一天『享受美食』。」不久以前，一般人一週七天都在「餬
口」，而菁英分子、有錢人和貴族一週七天都是在「享受美食」。

　　在艾森豪總統即將下台與甘迺迪總統初入主白宮的一九七〇
年，如果有人想預測十年（或十五年）後美國黑人的收入，一定會
被視為不切實際的幻想家。在當時，即使對美國黑人收入的預測僅
為日後實際情況的一半，還是會被認為是無可救藥地樂觀。歷史
上，也從來沒有一個社會群體在如此短暫的時間裡，經歷如此重大
的社會地位轉變。在那段歲月開始時，黑人受過高中以上教育的比
例大約只有白人的五分之一；到了七〇年代早期，它與白人的比例
扯平了，而且遠遠超過白人中某些種族的比例。這種比例上的進步
同樣也發生在就業、所得以及專業和管理職位上。任何一個在十二

年（或十五年）前採取前瞻性看法的人，都會認為美國的「黑人問題」已經解決了，或至少在解決的路途上已向前走好遠了。

但是在八○年代中期的今天，有相當多的美國人實際看到的並非杯子已經「半滿」，而是仍然「半空」。事實上，對這些美國黑人而言，挫折、憤怒和疏離感有增無減。他們看不到三分之二已經進入中產階級的黑人成就，而只看到了其餘三分之一的失敗；他們所看到的並非一切事情正在快速地前進，而是仍然有許多尚待完成的事情，且前進的速度仍然是如此緩慢而困難。美國黑人的舊日盟友 —— 白人之中的自由主義者，如工會、猶太社會或學術機構 —— 卻看到了進步的狀況。他們看到杯子已經變成「半滿的」。這種認知導致了黑人與自由主義者之間的基本分裂，使得黑人更確信杯子是「半空的」。

然而，白人自由主義者漸感黑人不再「被剝奪」，不該再享有特殊待遇（如反歧視），不再需要特殊的津貼，以及不應在僱用、升遷等享有優先權。這變成了產生新黑人領袖 —— 如傑克森（Reverend Jesse Jackson）—— 的機會，就歷史來看，將近一百年以來 —— 黑人領袖從二十世紀初的華辛頓（Booker T. Washington）到羅斯福總統時期的懷特，到甘迺迪總統和詹森（Lyndon Baines Johnson）總統時期的金恩 —— 一個黑人要能得到白人自由主義者的支持，才能成為黑人領袖。這是獲取政治力量來替美國黑人爭取福利的唯一途徑。但是傑克森把美國黑人與舊親密戰友 —— 白人自由主義者 —— 劃分開來的認知改變視為一種創新機會，他使自己成為全然不同的黑人領袖，因為他會對白人自由主義者口誅筆

伐，或甚至是全力的攻擊。在過去，像傑克森所做的這種反自由主義者、反工會、反猶太的行徑，無疑是在自毀政治前程。但在一九八四年短短幾週內，它卻使得傑克森成為美國黑人不容置疑的領袖。

　　美國女權運動者如今認為三〇年代和四〇年代是黑暗時期中最黑暗的日子，當時女性在社會上的任何角色都被加以否決。事實上，沒有比這種說法更荒謬的事了。三〇年代和四〇年代是美國首度由一群女強人支配的時代，其一是羅斯福總統夫人，她是第一個擔任起善惡觀念、處事原則和同情心發言人等重要角色的美國總統夫人，而在美國的歷史裡，還沒有一個男性能夠與她的成就相提並論。她的朋友柏琴絲則是美國史上第一位入閣的女性 —— 擔任勞工部長 —— 而且是羅斯福內閣中最強悍、最有效率的一員。羅森柏葛則是第一位成為大型公司高階主管的女性 —— 擔任「梅西」百貨公司的人事副總裁，而梅西百貨後來成為美國最大的零售商店；稍後在韓戰期間，她成為助理國防部長，主管人力資源，可說是眾將軍的「老闆」。此外，還有一些擔任大學校長的傑出女性，個個都是全國性名人。領袖群倫的劇作家盧斯（Clare Boothe Luce）和海爾曼（Lillian Hellmann）都是女性，盧斯後來成為一名重要的政壇人物，當選康乃秋克州的國會議員，以及出任義大利大使。此外，當時大多數公諸於世的醫學進步也都是女性的努力成果。杜西格（Helen Taussig）首度成功地發展出心臟的外科手術 ——「藍嬰」（blue baby）手術，它拯救了全世界無數的小孩，開啟了心臟醫學的時代，並直接導致了心臟移植和輔助手術。瑪莉安・安德森

（Marian Anderson）是黑人歌手，是第一個經由收音機進入每個美國家庭的黑人，她的歌聲感動了無數美國人的心靈。在她之前，沒有人有過如此的成就，在她之後，也一直到二十五年後的金恩才能與她相提並論。這份名單可以一直持續地列下去。

從她們的成就、傑出表現以及重要性來看，她們都是值得誇耀的女性。但是，她們並不將自己視為「角色典範」，她們將自己視為個人，而非女人；他們認為自己是例外，而非「代表性人物」。

這種改變究竟如何發生以及為什麼會發生的問題，我想留給未來的歷史學家去解釋。但是在一九七○年代時，這些偉大女性領袖在她們的後繼者 —— 女權運動者的心目中，幾乎是等於「中性的」。今天，未加入勞動市場的女性被視為不具代表性，而且也被視為例外。

這種情況被少數企業認為是大好機會，尤其是花旗銀行（請參見第七章）。然而，它並沒被那些一直接受女性為專業人員和主管人員的產業注意到 —— 如百貨公司、廣告公司、雜誌或書籍出版公司。實際上，今天在這些傳統上僱用女性專業人員和經理人員的公司中，女性在重要職位上所占的人數比三、四十年還要少。相形之下，花旗銀行就顯得非常積極。它將女性的新認知視為一個機會，它引進能幹、野心勃勃，而且努力不懈的女性，使她們能一展長才，而且不用擔心別人來挖角。因此，在利用這種認知的改變時，創新者通常能有一段相當長的歲月，供他們在各自的領域裡獨享成果，而不用擔心其他競爭者的加入。

在五○年代早期，有一家公司對認知的改變也有類似的利用。

一九五〇年時，中產階級已開始成為美國人口的大多數，但這種情況幾乎與所得或職業無關。很明顯的，美國人對自己社會地位的認知已經有所改變，但是這個改變代表著什麼意義呢？有位廣告主管班頓（William Benton）──後來成為康乃狄克州的參議員，決定走進市場，詢問人們中產階級對他們的意義，調查的結果很清楚：「中產階級」是相對於「勞動階級」，它意味著相信自己的小孩在學校的成績和日後的成就有關。於是，班頓就買下了「大英百科全書公司」，並開始向家裡有小孩上高中的父母兜售──大多數透過高中老師。「如果你想要成為中產階級，」推銷員實際上是如此說，「你的小孩就必須擁有《大英百科全書》，以期在學校有好成績。」透過這種做法，班頓在三年之內就使這家幾乎完蛋的公司起死回生；十年以後，該公司又在日本重施故技，所根據的理由是相同的，而且也獲得了相同的成功。

　　意外的成功或意外的失敗通常是認知和意義有所改變的指標。第三章裡提及了雷鳥如何從艾德索的灰燼中獲得新生；在福特公司對艾德索車的失敗加以研究時，它所發現的原因就是認知的改變。稍早幾年被業者用「所得」而加以區隔的汽車市場，如今被顧客認為是由「生活型態」所區隔。

　　當認知改變發生時，事實本身並未改變，改變的只是它們的意義。它從「杯子是半滿的」轉變成「杯子是半空的」；它從視自己為勞動階級，因此注定要待在那個位置上，轉變成視自己為中產階級，因此對於自己的社會地位和經濟發展有相當的主宰權。這種改變可能來得非常快，使大多數美國人從自認是勞動階級轉變成自認

是中產階級的時間，可能不到十年。

經濟學不一定會主宰這種改變。事實上，它們可能是不相干的。如果從所得分配的角度來看，英國是一個比美國更平等的國家。但是，雖然從經濟學的標準來看，至少有三分之二英國人的所得超過了勞動階級，而且將近一半英國人的所得達到了中產階級的最低標準，仍然有將近百分之七十的英國人認為自己是勞動階級。因此，決定杯子是「半滿」或「半空」的，是個人的情緒，而非事實本身。它來自於我們稱之為「存在的」（existential）經驗。美國黑人之所以會覺得「杯子是半空的」，與上個世紀以來尚未癒合的傷口及目前美國社會的現況都有密切的關係。大多數英國人之所以會覺得自己是勞動階級，主要仍然是十五世紀「教會」（church）與「非國教的教堂」（chapel）之間的分裂所造成的後果。而美國人的健康憂鬱症，比任何保健方面的統計數字更能顯現出美國人的價值觀 —— 例如崇拜年輕等等。

不論社會學家或經濟學家如何能將認知現象解釋得毫不相干，它仍然是一項事實。它通常無法被量化，或者是等到它可以被量化時，要把它當做一個創新機會已經太遲了。但它並非奇怪和不可捉摸，而是相當具體的：它可以被界定、被測試，而最主要的是，它可以被運用。

## 2.時機問題

主管人員雖然承認由於認知改變所導致的創新極富潛力，但是

他們通常都將它視為「不切實際」，而很靦腆地避開它。他們認為認知方面的創新者是怪人或瘋子。但是，《大英百科全書》、福特雷鳥或天國調理食品都沒什有麼奇怪之處。當然，任何領域的成功創新者都傾向於接近他們創新的領域。然而，使他們與眾不同的唯一因素是，他們對於機會極有警覺性。

目前最出色的一本美食雜誌是由一名年輕人創立的，他最初是在一本航空雜誌擔任飲食編輯。當他在同一份星期日郵報看到三則互相矛盾的故事時，他就注意到某種認知的改變。第一則故事說到，在美國人所消費的食物裡，速食——如冷凍餐點、電視餐及肯德炸雞，占了一半以上的比例，而且預期在幾年內，這個比例將會達到四分之三；第二則故事說到，播放烹飪美食的電視節目獲得觀眾最高的評價。第三則故事說道：「這究竟是怎麼回事？」一年之後，他開始發行一本與市面上的雜誌截然不同的美食雜誌。

花旗銀行駐在各大學的招募人員向公司報告，他們再也無法遵行公司的指令，招募到商學院裡在財務和行銷方面的男性高材生了。他們說，這些領域漸漸是女性的天下。在女性進入勞動市場的風潮裡，花旗銀行立刻察覺它所提供的機會。在同一時間，其他許多公司——其中有家銀行——駐在各大學的招募人員也向他們的公司報告了相同的狀況。但是，大多數公司的反應只是催促他們「更盡力地去網羅第一流的男性人才」。而在花旗銀行，高層管理人員將此改變視為一項機會，積極地網羅女性人才。

然而，這些例子也顯示出了認知創新的關鍵性問題：時機。在艾德索的慘敗後，福特只要等上一年，那麼，它就可能將「生活型

態」市場拱手讓給通用汽車的「龐帝克」車；如果花旗銀行不是第一家錄用女性企管碩士的公司，它就不會成為最優秀、最有野心，而且想要在企業界求取發展的年輕女性所偏愛的公司了。

然而，在利用認知改變的創新機會時，最危險的莫過於是過早發動。許多一開始看來像是認知改變的事件，結果卻演變成一時的流行，在一、兩年之內就消逝無蹤了。一時流行與真正改變之間也不是很容易清楚劃分的。小孩子玩電腦遊戲只是一時的潮流，但像「亞塔利」（Atari）之類的公司就視它為認知的改變，這段好時光只持續了一兩年，使得這些公司受傷慘重。那些小孩的父親迷上個人電腦反而成了真正的改變。此外，人們幾乎無法對這種認知改變的結果加以預測，法國、日本、西德以及美國學生暴動的結果就是一個好例子。每個處於六〇年代晚期的人都相當確信，這些事件將會產生永久而深遠的後果，但結果是什麼呢？就大學而言，學生暴動似乎沒有絕對持續性的影響，誰會料想得到十五年後，這些參與暴動的學生會變成「雅痞」（Yuppies）；在一九八四年美國總統初選時，參議員哈特（Hart）所訴求的就是這群人——年輕而進取的專業人員，極端的唯物主義者，對工作很機敏，而且心裡盤算著下一步的升遷。實際上，現在的「退學者」人數比以前少多了——唯一的差異在於傳播媒體會對這個問題加以注意。同性戀者成為眾人注目的焦點一事能由學生暴動加以解釋嗎？這些顯然是一九六八年的那些學生、觀眾家以及學者所無法想像的結果。

然而，時機還是相當重要的。在利用認知的改變時，「創造性模仿」（在第十七章將會加以描述）是無法奏效的，創新者必須拔

得頭籌。但是，由於一項認知改變究竟是一時流行或是永久改變，以及最後真正的結果是什麼都相當地不確定，因此，基於認知的創新在剛開始時，一定要保持狹小而且非常特定的規模。

## Chapter *9*

# 來源七：新知識

　　其他所有的創新都是運用已經發生的改變，它們滿足了一項已經存在的需要。但對於知識的創新而言，創新本身會引起改變，目的是創造出一項需求。沒有人能事先預知這種創新，使用者的反應是接受、冷漠或積極抗拒。

　　奠基於知識的創新是創業家的「超級巨星」，它既可以得到傳播媒體的報導，又能夠賺得收入。人們談論創新時，通常指的就是它。當然，並非所有基於知識的創新都是重要的，有些實在是微不足道。但是，在創造歷史的創新裡，奠基於知識的創新，占有相當重要的分量。這種創新所運用的知識，不一定是科學性或技術性的。基於知識的社會創新（social innovation），也能造成相同（或更大）的影響。

　　基於知識的創新的不同點，在於其基本特性：時間幅度、失敗率、可預測性及對創業家的挑戰。如同大多數「超級巨星」一樣，基於知識的創業也是陰晴不定的、善變的以及難以管理的。

## 1. 基於知識的創新之特性

在所有的創業裡，基於知識的創新所需要的前置時間最長。首先，從新知出現到可應用在科技上的前置時間就很長了，然後，從新科技轉變成市面上的產品、程序或服務，還會有好長的一段時間。

在一九〇七年到一九一〇年之間，德國生化學家歐立氏（Paul Ehrlich）發展出「化學療法」理論 —— 以化學合成物控制細菌和微生物。他本人還發展出了第一種抵抗梅毒病菌的藥物 —— 六〇六藥劑（Salvarsan〔撒爾拂散〕，經過了六百零六次的改良才成功）。但是，二十五年後（一九三六年），應用歐立氏化學療法來控制許多種細菌性疾病的磺胺藥劑才出現在市場上。

狄塞爾（Rudolf Diesel，德國機械技師）於一八九七年設計出以自己為名的柴油引擎，大家立刻了解到它是一項重大的創新。然而，經過了長久的歲月，加以實際應用的例子卻仍寥寥可數。在一九三五年，有一位美國人 —— 凱特林（Charles Kattering），重新設計了狄塞爾引擎，使它能應用在各種不同的船隻、火車頭、卡車、巴士以及客車上。

許多不同的知識湊在一起，才使得電腦科技成為可能。最早出現的是二位元理論，這是一個可以回溯到十七世紀的數學理論 —— 人們只要用兩個數字就可以表示所有的數字：〇與一。在十五世紀上半葉，巴貝奇（Charles Babbage）將它運用到計算機器上；在一八九〇年，霍勒里斯（Hermann Hollerith）發明了打孔卡

片——它可以溯及十九世紀早期法國人雅卡爾（J. M. Jacquard）的發明，打孔卡片使數字轉換成「指令」成為可能；在一九〇六年，有個美國人佛里斯特（Lee de Forest），發明了真空管，並且因而開創了電子學的先河；然後，在一九一〇年到一九一三年之間，羅索（Bertrand Russel）與懷德海（Alfred Whitehead）發明了符號邏輯，使得人們能夠以數字來表示所有的邏輯觀念；最後，在一次大戰期間，程式設計與回饋的觀念也被發展出來——主要是用在高射砲上。換句話說，到了一九一八年，所有發展電腦所需的知識都齊全了，而第一部電腦卻遲至一九四六年才正式運作。

一九五一年，有一位福特汽車的製造部門主管創造了「自動化」（automation）這個字，並詳細描述了自動化所需的整個製造程序。二十五年後，「機器人」與「工廠自動化」才被廣泛地加以討論。但是，長時間的空談並沒有帶來什麼具體的結果。一直到一九七八年，日本的「日產」和豐田才將機器引進工廠。在八〇年代早期，奇異電氣在賓州的艾里郡建造了一座自動化的火車頭工廠；通用汽車公司開始將好幾個引擎和零件工廠自動化；福斯公司也開始啟動一座幾近完全自動化的製造工廠。

富勒（Buckminster Fuller），自稱幾何學家。事實上，他既是數學家，又是哲學家。他將數學中的拓樸學（Topology）運用到所謂的「戴麥克辛房屋」上（Dymaxion House，他之所以選擇這個名字，是因為他喜歡它的發音）。這種房屋將最大的生活空間與最小的地球表面結合在一起，因此，它擁有了最佳的隔絕效果、最佳的冷暖空調以及最棒的音響狀態。它還可以用輕質材料加以建造，不

需要地基，只需要一點支持物，但絕對可以禁得起地震或最猛烈的暴風。在一九四〇年左右，富勒在新英格蘭的一所小型大學裡建造了一棟戴麥克辛房屋，這棟房子一直在那兒。然而，很少有人蓋這種房子，美國人似乎不太喜歡住圓形的房子。在一九六五年左右，戴麥克辛結構開始在南北兩極出現 —— 在這兩個地方，傳統建築是不切實際、昂貴又難以建造的。打從那個時候開始，這種結構才漸漸被大型建築物所採用，如禮堂、音樂廳、運動場等等。

只有重大的外在危機才能縮短這種前置時間。佛里斯特於一九〇六年發明的真空管，幾乎使得收音機可以立刻製造出來。但是，如果不是第一次世界大戰逼迫各國政府 —— 尤其是美國政府 —— 大力推動無線電的發展，那麼，它上市的時間可能會拖到三〇年代末期。當時，由於有線電話相當不可靠，而無線電報則局限於點線之間，因此，收音機在二〇年代早期就出現在市面上了，只比它所需知識出現的時間晚了十五年。

同樣的，如果不是二次世界大戰的關係，盤尼西林出現的時間可能會延到五〇年代左右。弗萊明於二〇年代中期發現了可以殺死細菌的黴菌 —— 青黴菌（盤尼西林原料）。十年之後，一名英國生化學家弗洛里（Howard Florey）開始進行研究。但是，二次大戰使得盤尼西林提前問世。由於急需一種對抗感染的有效藥物，英國政府乃全力支持弗洛里的研究：不論在何處，他都可以將參戰的英國士兵當做實驗的對象。同樣的，如果不是二次大戰引導美國政府大力推動電腦研究，並投入大量的人力和物力資源，那麼，可能要等到貝爾實驗室的物理學家們於一九四七年發展了電晶體之後，電腦

才有可能出現。

在基於知識的創新裡，如此漫長的前置時間絕非僅限於科學或技術方面，它同樣也發生在那些不是基於科學或技術新知識的創新上。

拿破崙戰役一結束，聖西門伯爵（Count de Saint-Simon）就發展出一種具有創業精神的銀行理論——對資本加以刻意調度，以促使經濟的發展。在這之前，銀行家們仍然只是考慮貸款人的「安全問題」；但聖西門的銀行家卻是在進行「投資」——創造出製造財富的新能力。當時，聖西門擁有非凡的影響力，而在他一八二六年逝世以後，還出現了一個基於他的想法和觀念的學派，而且頗受歡迎。但是，直到一八五二年，他的兩個信徒皮耶兄弟（Brothers Jacob and Isaac Pereire），才建立起第一家具有創業精神的銀行——不動產信用銀行，並引進了現在所謂的金融資本主義。

同樣的，在一次大戰後，我們現在所謂「管理學」的許多要素都已齊備。事實上在一九二三年，胡佛（Hebert Hoover）——很快就成為美國總統，和馬薩里克（Thomáš Masaryk）——捷克的創立者和總統，在布拉格召開了第一屆國際管理會議。同時，有幾家大型公司，尤其是美國的「杜邦」（Du Pont）和通用汽車，也開始以新的管理觀念重新組織自己。在往後的十年裡，一些「真正的信仰者」——尤其是俄韋克（Lyndall Urwick），他是第一家管理顧問公司的創始人，這家公司至今仍以他為名——開始著手撰寫管理方面的文章。但是，一直到我所著的《公司的概念》（*Concept of the Corporation*，一九四六年出版）和《管理聖經》（*Practice of*

*Management*，一九五四年出版）兩本書出版後，「管理學」才變成一門全世界經理人都能夠接近的學科。在那之前，每個「管理學」的學者或應用者都只專精於個別的領域 —— 俄韋克專精於組織，其他人則專精於人事管理學。我的書將它們加以編纂、組織以及系統化，在短短幾年之內，管理學就成為一股世界性的力量。

今天，關於「學習理論」（learning theory），我們也經歷了類似的前置時間。一八九○年左右，德國的馮特（Wilhelm Wundt）和美國的詹姆士（William James）開始對「學習」進行科學研究；二次大戰後，兩名美國人 —— 哈佛的史金納（B. F. Skinner）和布魯納（Jerome Bruner），發展並測試出學習的基本理論，史金納專精於行為，而布魯納專精於認知。然而，一直到今天，學習理論才逐漸開始成為學校當局的考慮因素。或許，對於創業家而言，基於我們目前對學習的知識，而並非基於歷代相傳的老祖母對學習的看法，創設學校的時機已經來臨了。

換句話說，使知識變成可應用的科技，並進而開始被市場接受，所需的前置時間大約在二十五年到三十五年之間。

這種情況在歷史上少有變動。一般相信，現代的科學發明轉成科技、產品和程序的速度遠比過去快得多。但這只是一種錯覺。在一二五○年左右，英國的培根（Roger Bacon）—— 聖芳濟修會的僧侶，指出眼睛的折射缺陷可以由眼鏡加以矯正，這種觀念與當時一般人的認知水火不容 —— 中世紀不容置疑的權威醫師以及偉大的醫藥科學家已經「確實證明」這是不可能做到的。培根生活在文明世界的邊緣 —— 約克夏（Yorkshire）北部的荒野。但是三十年後

在教宗皇官的一幅壁畫裡（目前仍然能夠看到），描繪出年長的紅衣主教戴著閱讀用的眼鏡；再過了十年，較小的圖畫也顯示出年長的伯爵戴著眼鏡出現在開羅的蘇丹皇官裡。水車大約是西元一千年左右，由班內迪克特教會的僧侶發展出來碾磨穀粒的，這是第一個「自動化」的機器，三十年之內，它就遍布了全歐洲。另外，在西方學習中國印刷術的三十年裡，古騰堡（Gutenberg）發明了活字排版和木刻。

知識要轉換為創新所需的前置時間，似乎在於知識的本質，我們不知道為什麼會如此。但是，如果同樣的前置時間也適用於新的科學理論，或許就不是純粹的巧合了。孔恩（Thomas Kuhn）在他突破傳統的著作《科學革命的結構》（*Structure of Scientific Revolutions*，一九六二年出版）一書中指出，一個新的科學理論大約需要三十年的時間才能成為新的範例，促使科學家對它注意，並將它運用在他們為工作提出的公開聲明上。

## 2. 知識的聚合

奠基於知識的創新的第二個特性是，它們幾乎絕少只基於單一因素，而是將好幾種不同的知識加以聚合（convergence），且不限於科學性或技術性的知識。

在本世紀所有基於知識的創新中，很少有比種籽和家禽的配種更讓人類受益的創新了，它讓地球能夠撫育的人口數遠超過五十年前所能想像的。第一個成功的新種籽是混種的玉米。它的產生是華

萊士（Herry C. Wallace）——愛荷華州一家農業報紙的發行人，稍後在哈定（Warren Gamaliel Harding）和柯立芝（Calvin Coolidge）總統任內擔任農業部長——辛勤工作二十年的成果。他或許是唯一值得被紀念的農業部長。混種玉米有兩個知識根源：其一是密西根植物種植者畢爾（William J. Beal）的研究成果，他在一八八〇年左右發現雜交的效力；其二是荷蘭生物學家佛萊斯（Hugo de Vries）——對孟德爾（Johann Gregor Mendel）遺傳學的再發現。這兩個人彼此互不相識，他們的工作領域不論是在意圖上或內容上，都全然不同，但是只有將兩者聚合在一起，才能發展出混種玉米。

　　萊特兄弟的飛機也有兩個知識根源：其一是一八八〇年代中期設計出來的汽油引擎，以推動分別由朋馳（Karl Benz）和戴姆勒（Gottlieb Daimler）所建造的第一部汽車；其二是與數學有關的氣體力學，它主要是從滑翔機的實驗中發展出來的。這兩者都是完全獨立發展的，但是只有將兩者聚合在一起，才使得飛機製造成為可能。

　　電腦需要聚合的知識不下五種：一項科學發明（真空管）；一項重大的數學發現（二位元理論）；一種新的邏輯（打孔卡片的設計觀念）；以及程式和回饋的觀念。巴貝奇——英國數學家——常被稱為「電腦之父」，人們辯稱他只是因為缺乏適當的金屬和電力，才無法建造出一部電腦。但這是一項誤解。即使巴貝奇擁有了適當的材料，他最多也只能建造出一部我們現在稱之為「收銀機」的計算機。由於缺乏邏輯觀念、打孔卡片的設計觀念及程式與回饋的觀念，他只能幻想出一部電腦。

　　皮耶兄弟於一八五二年創立了第一家創業型銀行（具有創業精神的銀行），但是它在幾年之內就失敗了。因為創業型銀行需要兩個知識基礎，而他們卻只有一個。他們擁有一項創造性融資的理論，能夠成為明智的創業資本家，但他們缺乏銀行作業的系統化知識。在同一個時間裡這門知識正在英倫海峽的對岸發展，而由白芝皓（Walter Bagehot）在他的經典之作《倫巴街》（*Lombard Street*）中加以編纂。

　　在皮耶兄弟一八六〇年代早期的失敗後，三名年輕人分別拾起他們所遺留下來的東西，將銀行作業的知識基礎加進創業資金的觀念裡，因而獲得相當的成功，第一位是摩根，他是在倫敦接受訓練，但也對皮耶兄弟的不動產信用銀行詳加研究。一八六五年，他在紐約創立了十九世紀最成功的創業型銀行。第二位是萊茵河彼岸的德國青年西門茲，創立他所謂的「綜合性銀行」。他使用這個名稱的意義在於，它既是一家基於英國模式的存款銀行，也是一家基於皮耶模式的創業型銀行。此外，在遙遠的東京，有一名年輕人澀澤榮一，他是第一批前往歐洲直接研究銀行學的學生之一，在巴黎和倫敦的倫巴街待過一段時間，然後在日本建立起綜合性銀行的日本版本，是現代日本經濟的創立者之一。迄今為止，西門茲的「德意志銀行」和澀澤榮一的「第一銀行」，仍然是他們國內最大的銀行。

　　再談到現代報紙，第一個想到的人是美國的貝內特（James Gordon Bennett），他創立了《紐約前鋒報》（*New York Herald*）。貝內特充分了解報業的相關問題：一份報紙必須擁有足夠的收入，

才能夠在編輯上採取超然的地位，也才能夠便宜到能在大眾間流通。早期的報紙或者是以出賣自己的超然地位來獲取收入，因而淪為某一政黨的發言人和宣傳工具，如同當時大多數美國報紙以及幾乎所有的歐洲報紙一樣；或者是，如同當時的貴族報紙，如倫敦的《泰晤士報》（*Times*），它們是「由紳士執筆，為紳士而寫」的報紙，價錢則非常昂貴，只有少數菁英分子付得起這個錢。

　　貝內特聰明地運用了現代報紙兩項關係密切的科技知識基礎：電報與高速印刷機，它們使他能夠以遠低於傳統成本的費用發行一份報紙。他知道他需要高速的排版作業，雖然在他逝世之前尚未被發明出來。他也看到了兩項非科學性基礎之一 —— 大眾識字率。這個比率使得一份便宜報紙的大量流通成為可能，但他未能掌握第五項基礎：主要收入來源的大量廣告 —— 可使編輯的獨立性成為可能。貝內特本人享有非凡的成就，他是第一位報業鉅子，但他的報紙既未成為報界領袖，也沒有得到財務上的成功。這些目標在二十年後的一八九〇年左右，才由三名了解並運用廣告的年輕人獲得：一位是普立茲（Joseph Pulitzer），他剛開始住在聖路易市，然後搬到紐約；一位是奧克斯（Adolph Ochs），他接管了垂死的《紐約時報》，並使它變成美國的報紙領袖；另一位則是赫斯特，他發明了現代的報紙連鎖事業。

　　塑膠的發明 —— 以尼龍為起點，也是基於好幾種不同新知的聚合。這些新知都出現於一九一〇年左右，其一是有機化學，是由德國人首先開拓，而由一名在紐約工作的比利時人 —— 貝克蘭（Leo Backeland）加以改良；其二是X光折射，及因而了解的晶體

結構，再加上真空高科技；最後一個因素是一次大戰時短缺的壓力，使得德國政府願意投資於聚合物的研究，以獲取橡膠的代替品。但是，尼龍也是經過了二十年，才做好了上市的準備。

在所有必需的知識齊備之前，任何一個基於知識的創新都會因太早發動，而面臨必然失敗的命運。在大多數情況下，只有在各個因素都已經被了解，已經可以獲得，且已經在某地先行使用時，創新才會發生。這是一八六五年到一八七五年間的世界銀行的例子，而且也是二次大戰後電腦的例子。有時候，創新者可以辨識出所缺少的部分，並努力地使它們問世。普立茲、奧克斯以及赫斯特開創了現代的廣告事業，也開創了今天所謂的「媒體」，亦即在「大眾傳播」上，將資訊與廣告結合在一起，萊特兄弟辨識出所缺乏的知識 —— 主要是數學，並透過建立風洞，實際對數學理論加以測試，而發展出所謂的理論。但是，在基於知識的創新所需的所有知識齊全以前，創新是不可能起飛的，它只會胎死腹中。

讓我們以蘭利（Samuel Langley）為例。和他同一個時代的人都預測他會成為飛機的發明者，他所受的訓練比萊特兄弟好得多了。他是當時美國主要科學機構 —— 位於華盛頓的史密森（Smithsonian）—— 的祕書，因此他可任意使用全國的科學資源。但是即使當時汽油引擎早已發展出來了，他還是加以忽視，他所相信的是蒸汽引擎。因此，他的飛機雖然能飛，但卻因蒸汽引擎本身太重，使得飛機無法再承受任何重量，更遑論再載負一名飛行員了。因此，要做出一架飛機，確實需要數學與汽油引擎的聚合。

實際上，在所有的知識聚合在一起以前，基於知識的創新所需

的前置時間通常都還沒有開始呢！

## 3. 基於知識的創新需要些什麼

　　基於知識的創新有其特殊的要求條件，這些要求與其他創新的要求都不相同。

　　首先，基於知識的創新必須對所有必要的因素 —— 不管是知識本身，或社會、經濟及認知因素 —— 進行有用的分析。這種分析必須指出哪些因素還無法得到，創新者才能據此決定這些短少的因素是否能被「製造」出來 —— 如同萊特兄弟對於所缺乏的數學所做的決定。或者，由於尚不具可行性，創新本身最好予以遞延。

　　萊特兄弟為這個方法做了最好的見證。他們徹底地思考建造一架有人駕駛，由馬達推動的飛機所需的知識，然而他們開始著手發展欠缺的知識。他們蒐集了所有可以利用的資訊，先在理論上加以測試，接著進行風洞測試，然後進行飛行實驗，直到他們擁有架構轉助機翼及修正機翼等所需的數學為止。

　　基於非科技性知識的創新也需要同樣的分析。摩根和西門茲都沒有發表文章，但日本的澀澤榮一則發表了自己的方法。因此，我們可以了解，他放棄前途似錦的政府工作並創立一家銀行的決定，是基於對既有的知識與所需知識的細心分析。同樣的，當普立茲創立了第一份現代報紙，並且決定廣告必須加以創造（且能夠加以創造）時，他也對所需的知識加以謹慎地分析。

　　如果我可以插入一則個人的意見，那麼我想說明，我成為在管

理學領域上的一名創新者，也是基於四〇年代早期一項類似的分析。當時許多所需的知識（如組織理論）都已經存在，而且當時也已經有許多關於管理工作和工人的知識。然而，我的分析結果顯示出，這些知識都是零零散散的，而且被歸在許多不同的類別裡。然後，我就發現了所缺乏的關鍵知識領域：企業的目的、與高階管理人員的工作和結構有關的知識、「企業政策」與「策略」，以及目標管理等等。我認為這些欠缺的知識可以「製造」出來。但是，如果沒有這種分析，我將永遠無法得知它們就是所缺少的東西。

缺少這種分析幾乎一定會招來災禍，或者是無法達成基於企業的創新 —— 這是發生於蘭利身上的事；或者是，創新者失去了創新的果實，只是成功地替別人創造了機會。

最具啟示性的是，英國未能從本身進行的基於知識的創新獲取豐厚報酬的例子。

英國人發現並發展出盤尼西林，但接收研究成果的卻是美國人。英國科學家做了相當多的技術性工作，結果出現了正確的產品和用途。但是，他們未能將製造能力視為一項重要的知識因素。他們有能力發展出所需的發酵科技知識，但他們連試都沒有試。因此，美國一家小公司 ——「輝瑞」（Phizer），乃繼續從事於發酵知識的發展，並成為世界第一流的盤尼西林製造商。

同樣的，英國人思索、設計，並建造出第一架噴射客機。但是，英國的「哈韋蘭德」（De Havilland）公司並沒有對所需的東西加以分析，因而未能辨識出兩項關鍵要素：其一是結構問題，亦即對飛行路線而言，適當的體積與載客數，使噴射機能為航空公司

帶來最大的利益；其二是對購買如此昂貴飛機的航空公司應該如何加以融資。由於哈韋蘭德公司未能從事這項分析，兩家美國公司——「波音」（Boeing）以及「麥道」（Mcdonnell-Douglas），接手了噴射機市場。到如今，哈韋蘭德公司早就在市場上消失無蹤了。

這種分析看起來似乎是相當明顯，但是科學性或技術性創新者卻很少進行。科學家和技術專家之所以不願從事這些分析，乃是因為他們認為自己已經知道結果了。這就解釋了為什麼在許多情況裡，基於知識的偉大創新總是由門外漢擔綱，而非科學家或技術專家。奇異電氣公司主要是一名財務人員創造的，他構想的策略是，使奇異電氣成為世界大型蒸汽渦輪的主要供應商，並進而成為全世界電力公司的主要供應商（將在第十九章加以討論）。同樣的，老華森和小華森這兩個門外漢卻使得IBM成為電腦業的領袖。在杜邦公司，使得尼龍的創新有效而成功所需的分析，並非由發展科技的化學家，而是由主管委員會中的管理人員進行；波音公司則是在了解航空公司和大眾需要的行銷人員的領導下，成為噴射客機的世界主要生產者。

然而，這並非一項自然法則。大致上，它是意志和自我訓練的問題。事實上，也有許多科學家和技術專家能夠專注地思考基於知識的創新所需的東西，愛迪生就是一個良好的例子。

基於知識的創新的第二項要求是，清楚地專注於「策略性地位」（strategic position）。創新無法暫時地引進。引進創新會引起大眾的注目，並引來一大堆跟進者，這項事實意味著，創新者必須一

次就做對，因為他不可能再有第二次機會。迄今為止，在我們介紹過的其他創新中，一旦創新者的創新成功，他可以預期自己能夠在相當長的一段時間裡獨享成果，不用擔心別人會來打擾。但這對基於知識的創新是不成立的。基於知識的創新者幾乎馬上就有了比他所想像還要多的競爭者，他只要走錯一步，就馬上會被超越過去。

基本上，在基於知識的創新裡，只有三個主要的重點。第一項是蘭德（Edwin Land）在「寶麗來」（Polaroid）公司所採取的重點：發展出一套完整的體系，以主宰整個領域。這也是IBM在早期所採取的做法。它選擇將電腦租給客戶，而非賣給客戶；它提供客戶所有的軟體、程式設計與服務；對程式設計人員，它提供了電腦語言的指令；對客戶的主管人員，它提供了適用於電腦的指令。這也是奇異電氣公司在本世紀初期，將自己建立成大型蒸汽渦輪的創新領導者所採取的做法。

第二項明顯的重點是市場重點。基於知識的創新可以為自己的產品創造市場，這正是杜邦公司對尼龍所採取的做法。它並沒有「推銷」尼龍，它創造了需要使用尼龍的女性褲襪和內衣市場，以及汽車輪胎市場等等。然後，它將尼龍送到製造商那裡，以製造已經由杜邦創造出需求，而且實際上已經在銷售的產品。同樣的，在一八八八年，霍爾（Charles M. Hall）發明了鋁還原程序之後，煉鋁業就著手開創鍋子、桅桿及其他鋁製品市場。事實上，煉鋁公司是自行製造最終產品，並從事銷售，以打斷潛在競爭者加入的念頭。

第三項重點是占有一個策略性地位，專注於一項關鍵功能（在

第十八章裡將會討論此一策略）。什麼樣的地位能夠使知識創新者能在早期免於創新產業的快速淘汰？輝瑞之所以能在早期得美國盤尼西林的領導權，並保持王座至今的原因在於，它對於上述問題詳加思考，並決定專精於發酵過程，而且專注於行銷 —— 在結構和融資方面。了解航空公司和大眾的要求，使得波音公司得到了客機市場的領導權，且截至今天，仍保持著這項殊榮。儘管電腦市場一片混亂，幾家電腦主要零件（半導體）的製造廠商幾乎可以不受到個別電腦製造廠商的影響，而繼續維持它們的領導地位，「英特爾」（Intel）就是其中的一個例子。

在相同的產業裡，基於知識的個別創新者，有時可就這些方案加以選擇。例如，杜邦選擇了創造新市場，而它最直接的美國競爭對手 —— 陶氏化學，則試圖在每個區隔市場占領據點。一百年前，摩根選擇了關鍵功能的方法，將他的銀行建立成歐洲投資資金流入美國產業的管道。同時，德國的喬治·西門茲和日本的澀澤榮一也都選擇了同樣的方法。

愛迪生的成功展現了清楚的重點所具有的威力。愛迪生並非唯一發明燈泡的人，有一個英國物理學家斯萬（Joseph Swan）與愛迪生同時發明了燈泡。就技術上而言，斯萬的燈泡比愛迪生的燈泡好，於是愛迪生買下了斯萬的專利權，並將它用在他自己的燈泡工廠裡。但是，愛迪生不只詳細思考他的注意重點。甚至在他開始進行玻璃外殼、真空狀態、發熱纖維板等技術性工作以前，他就已經決定了一個「系統」：他的電燈泡是為了適用於電力公司使用而設計的。他已經安排好融資，安排好供電給電燈泡顧客的接線權利，

也安排好配銷系統。斯萬是一名科學家，他只是發明了一項產品；然而，愛迪生卻創造了一個產業。因此，愛迪生能夠銷售並安裝電力設備，而斯萬卻還在那邊苦思，試圖找出可能會對他的科學成就感興趣的人。

基於知識的創新者必須決定一個清楚的注意重點。上述三項重點都具有相當的風險，但若不能決定一個清楚的注意重點，則更別說試圖選擇一項或一項以上的重點了，而後者的風險相當大，其結果可能是相當凄慘的。

最後，基於知識的創新者，尤其是基於科學性或技術性知識的人，必須學習並應用「創業型管理」（entrepreneurial management，請參閱第十五章〈新事業〉）。事實上，創業型管理對基於知識的創新，比對其他創新更為重要。這是因為基於知識的創新風險相當高，因此更需要財務與管理上的遠見，以及市場導向和市場驅動。但是，基於知識的創新，尤其是高科技，卻很少傾向於創業型管理。基於知識的產業（尤其是高科技產業）的高失敗率，大部分是經營本人的錯誤所造成的，他們傾向於瞧不起任何「尖端科技」的東西，對「非尖端科技專家」的態度更是如此。他們傾向於太過迷戀自己的科技，常常會認為「品質」意味著技術複雜性，而非提供價值給使用者。在這方面，他們大致上還是十九世紀的發明家，而非二十世紀的創業家。

事實上，有相當多的公司可以證明，如果公司細心地運用創業型管理，那麼，基於知識的創新，包括高科技，也可以大幅地降低風險。一家瑞士製藥公司——「羅氏」（Hoffmann-LaRoche）就是

一個例子，惠普是一個例子，英特爾也是一個例子。就是因為基於知識創新的固有風險相當高，所以創業型管理就變得特別需要，而且特別有效。

## 4. 獨特的風險

即使是經過仔細的分析，賦予清楚的注意重點。並小心翼翼地加以管理，基於知識的創新還是會為獨特的風險以及先天的不可預測性所苦。

首先，它的本質就是動盪不安的。

基於知識的創新結合了兩項特性 —— 漫長的前置時間與知識的聚合 —— 給它帶來特殊的節奏。長時間以來，人們都知道一項創新即將要發生 —— 但它還沒發生。然後突然間，時序演進到瀕臨爆發期，接著會出現短暫幾年大量投機狂熱、大量的初期活動以及大量的報導。五年之後，就來一場「淘汰」，只有少數人能夠存活下來。

一八五六年，德國的西門子運用了法拉第於一八三〇年左右所發明的電學理論，設計出第一部電動馬達和發電機，這種設計使得舉世為之轟動。從那時開始，人們可以確信將會出現一個「電力產業」，而且將會成為一個重要的產業。許許多多的科學家埋首於這方面的研究。但是，經過了二十二年的努力，卻還是沒有什麼成果出現，因為其中缺少了某種知識：那就是麥斯威爾（Maxwell）對法拉第理論的發展。

當它變成可利用時，愛迪生就在一八七八年發明了電燈泡，而且各項發明不斷地出現。在往後的五年裡，所有美國和歐洲的主要電力設備公司先後創立了：德國的西門子買下了一家小型的電力設備製造商「舒克特」（Schuckert）；德國的奇異電氣（AGE公司）是基於愛迪生的研究成果而成立的；在美國，如今的奇異電氣公司和西屋公司崛起；在瑞士，有「布朗鮑佛里」（Brown Boveri）公司；在瑞典，「ASEA」公司創立於一八八四年。但是，這幾家公司是一百家類似的公司 —— 分布於美國、英國、法國、德國、義大利、西班牙、荷蘭、瑞士、奧國、捷克、匈牙利等國 —— 的倖存者。這些公司都是當時的投資者熱中投資的對象，且都被預期成為「十億美元級的大公司」。電力設備產業的崛起，造成了科幻小說第一波的熱潮，且使得凡爾納（Jules Verne）和威爾斯（H. G. Wells）成為世界級的暢銷作家。但是，到了一八九五至一九○○年之間，大多數公司就已消失無蹤了，有的是不做了，有的是破產，有的則是被少數的倖存者吸收了。

在一九一○年左右，單單在美國，就有多達兩百家的汽車公司；但到了三○年代初期，汽車公司數目減到了二十家；到了一九六○年，只剩下四家了。

在二○年代期間，製造收音機的公司實際上有好幾百家，此外，還有好幾百家廣播電台；到了一九三五年，廣播的控制權已進入三個「廣播網」的手裡，而且只有幾家收音機製造商存活下來。在一八○○年到一九○○年之間，報社成立的家數也是多得可怕。事實上，報業是當時的主要「成長產業」之一。但自從第一次世界

大戰以來，每個主要國家的報社家數一直穩定地往下滑落。銀行家遭遇到的情況也是一樣，在少數創立者摩根、西門茲、澀澤榮一之後，美國和歐洲的新銀行有如雨後春筍般地快速成長。但到了一八九〇年左右，合併的風氣開始流行，銀行開始關門或被合併。到了第二次世界大戰的尾聲時，在每個主要國家裡，只有少數幾家銀行具有全國性的重要性 —— 不管是商業銀行或私人銀行。

但是，在每一次變動裡，毫無例外地，倖存者都是在早期就已創立的公司；在「春秋戰國階段」結束後，要想進入該產業就不太可能了。一個新事業必須在幾年的時間裡，將自己在基於知識的產業裡扎好根基，否則，它不是被淘汰，就是根本無法進入。

一般人相信，進入某一產業的「管道」愈來愈狹窄了。這實在是一項針誤認知。就如同一般人相信，新知的出現與它轉換成科技、產品和程序所需的前置時間已大為縮短，一樣是不正確的。

史蒂芬生（George Stephenson）的「火箭號」於一八三〇年首度在商業鐵道上推動火車後，短短幾年內英國成立了一百多家鐵路公司。整整十年的時間，鐵路成了「高科技」，而鐵路創業家成為傳播媒體爭相報導的對象。狄更斯（Charles Dickens）的小說對當時的投機狂熱有很犀利的諷刺，它與如今矽谷的投機狂熱相去不遠。但是，到了一八四五年左右，這個管道卻砰然關閉，從此以後，英國人再也沒有提供資金給新的鐵路公司了。五十年後，原本一百多家的英國鐵路公司在一八四五年時已縮減成五、六家。而同樣的情況也發生在電力設備業、電話業、汽車業、化學產品業、家電用品業以及消費性電子業上。這個管道從來就沒有變得很寬，開

放的時間也不會很長。

　　但是，毋庸置疑的，如今這個管道變得愈來愈擁擠。三〇年代的鐵路熱潮只有局限於英國。稍後，每個國家都經歷了自己的熱潮期，但發生的時間卻與臨近國家不相一致。電力設備業的熱潮已跨出國家的疆界，與二十五年後的汽車熱潮相同。但是，上述兩者都只出現在當時已開發的工業國家中。到如今，「已開發工業國家」包括更多國家，如日本和巴西，且很快就會把非共產的中國人區域包括在內：香港、台灣和新加坡。今天的通訊是立即的，旅遊是輕易且快速的，而且許多國家都擁有了一百年前只有少數國家所擁有的東西：一群受過良好訓練的人民，他們可以立即在任何基於知識的創新領域裡從事工作，尤其是在基於科學或技術的創新領域裡。

　　這些事實有兩項重要的含義。

　　首先，基於科學和技術的創新者都會發現時間與他們作對。在基於其他來源的創新裡（意料之外的事件、不一致的狀況、程序需要、產業結構的改變、人口統計資料或認知的改變），時間都是站在創新者這一邊。在其他創新裡，創新者可以預期他們將會有很長的一段「獨享」歲月，如果他們犯錯，他們可能有時間去糾正它，而且有好幾次創立新事業的機會。但是在基於知識的創新裡，尤其是基於科學和技術知識的創新則不然，只有相當短暫的時間可以進入該產業。創新者沒有第二次機會，他們必須第一次就作對，因為外在環境是相當冷酷無情的。一旦管道關閉，良機就一去不回頭了。

　　然而，在某些基於知識的產業裡，第二個管道的確可能在第一

個管道關閉後的二、三十年出現，電腦就是一個例子。

電腦的第一個管道從一九四九年持續到一九五五年左右。在這段期間裡，世界上每一家電力設備公司都投入電腦業，例如美國的奇異電氣、西屋與RCA；英國的「通用電氣」公司、「普列西」（Plessey）公司、「佛蘭提」（Ferranti）公司；德國的西門子公司和「AEG」公司；荷蘭的飛利浦公司等等。到了一九七〇年，上述這些「大型公司」都含恨退出。市場由一些在一九四九年尚未成立或當時尚小的公司所霸占：IBM和「七矮人」（美國七家較小的電腦公司）；「ICL」公司（英國的通用電氣公司、普利西與佛蘭提的殘存電腦部門）；一些由法國政府大力支持的苟延殘喘者；以及德國的新加入者「尼克斯多福」（Nixdorf）公司。至於日本，長期以來，其電腦公司都是經由政府的支持而得以生存的。

然後，在七〇年代晚期，第二個管道因為矽晶片的發明而開啟了。它導致了文字處理機、迷你電腦、個人電腦以及電腦與電話總機的結合。

但是，在第一回合失敗的那些公司並沒有加入第二回合的競爭。即使是那些第一回合的倖存者，也沒有投入第二回合的戰場，或是在很不情願的情況下，很晚才加入戰場。在迷你電腦或個人電腦奪得領導權的不是優尼韋克、CDC、「漢威」（Honeywell）、「寶萊」（Burroughs）、「富士通」（Fujitsu）或者日立，奪得第一的是IBM——第一回合冊庸置疑的盟主。這種狀況也是早期基於知識的創新模式。

其次，由於管道變得相當擁擠，因此，任何一個基於知識的創

新者所擁有的存活機會就變得更小。

在管道暢通期間，加入者的人數可能較多。但是，產業的結構一旦穩定而成熟時，似乎就不太會改變。當然，不同的產業之間，其結構會有相當大的差異，視科技、資金需要、進入的容易性，以及產品可否外銷等條件而定。但是，在任何一個時點裡，任何特定的產業都只有一種典型的結構：在任何特定市場裡，總會有許多公司加入，其中有些是大型公司，有些是中型公司，有些是小型公司，還有一些是專家。漸漸的，對於任何基於知識的新產業，不管是電腦或現代銀行業，都只存在著一個市場：世界市場。

當產業成熟而穩定時，基於知識的創新者之存活人數，並不會比傳統的人數來得多。但是由於世界市場和全球通訊的出現，使得管道暢通期間的加入者大幅增加。而當「淘汰期」來臨時，失敗率也會比往昔高。淘汰期總是會來的，是不可避免的。

## 5.淘汰期

管道一關閉，淘汰期就開始了，而大多數在管道暢通期間所創立的事業都沒有辦法熬過淘汰期。昨日的高科技產業，如鐵路、電力設備製造業及汽車所顯示的一樣，在我寫這本書時，淘汰期正在微處理機、迷你電腦以及家用電腦公司之間展開 —— 在管道開啟的五、六年後。今天在美國境內，這個產業或許有一百家公司，但十年以後，到了一九九五，所剩下的公司可能就沒幾家了。

但是，究竟是誰生誰死，以及誰會半生不死，實在難以預測。

實際上，憑空猜測也是無濟於事。單憑規模可能可以確保倖免於難，但它並不保證能夠在淘汰期獲得成功，否則，今天世界上最大且最成功的化學公司將是「聯合化學」（Allied Chemical）公司，而非杜邦公司。在一九二〇年，美國化學業的管道開啟了，當時，聯合化學公司看起來似乎是所向無敵，因為它得到了德國的化學專利權，這些專利權是美國政府於一次大戰期間沒收的。然而七年之後，經過淘汰期，聯合化學公司卻變成了軟弱的落敗者，再也無法恢復往日的活力了。

在一九四九年，沒有人會預料到IBM會成為電腦巨人，更別說會預測到如奇異電氣或西門子這種大公司會敗得如此淒慘了。在一九一〇年（或一九一四年），汽車股票是紐約證券交易所的寵兒，當時也沒有一個人會預料到通用汽車和福特會倖免於難，而且蓬勃發展，而那些廣受歡迎的公司，例如「派卡德」（Packard）公司和「哈普」（Hupmobile）公司，卻消失無蹤。在一八七〇年代和一八八〇年代裡，現代銀行正式誕生，當時，沒有人會預料到德意志銀行會併吞許多老式的德國商業銀行，而成為該國的主要銀行。

要預測某一產業是否會變得有重要性並不難。就歷史的紀錄來看，每一個產業在到達「百家爭鳴」的階段後，都會變成一個主要的產業。問題是在該產業裡，哪一家公司將會繼續生存下去，並進而成為該產業的霸主？

這種步調一開始是一大堆人狂熱地從事投機，接著是一個嚴厲的淘汰期，在高科技產業裡尤其明顯。

首先，這個產業是眾人所注目的焦點，因此，相較於其他較為

平凡的領域，它所吸引的加入者和資金都多出許多，同時人們對它的期望也比較大。從事一般產業（如鞋油或手錶製造公司）致富的人比從事高科技產業致富的人多，但沒有人會預期「鞋油」製造公司成為一個「十億美元級的大企業」，而當他們所建立的只是健全而中等規模的家族公司時，也不會被認為是一種失敗。相形之下，高科技是一種「高或低」的遊戲，中等的人被認為是無用的。這種狀況使得高科技創新天生就是高風險。

此外，高科技要經歷相當一段歲月後，才會有利潤產生。世界的電腦業開始於一九四七到一九四八年之間，但是直到八〇年代早期，也就是二十多年後，整個產業才達到損益平衡點。明確地說，有些公司（事實上都是美國公司）比較早就開始賺錢，IBM這個業界霸主在更早的時候就賺了許多錢。但是就產業整體來看，少數幾家成功的電腦公司所賺取的利潤，用來彌補其他公司的鉅額虧損都尚嫌不夠。

同樣的情況也發生在每一個早期的「高科技」熱潮裡──十九世紀初期的鐵路熱潮，一八八〇年到一九一四年之間的電力設備和汽車熱潮，以及一九二〇年代的電力儀器和收音機熱潮等等。

這種現象的主因之一是，公司必須不斷地投入愈來愈多的資金於研究、技術發展及技術服務上，以保持自己的競爭地位。在高科技產業裡，為了保持自己的地位，是必須愈跑愈快的。

當然，這也是它的魅力之一。但是這也意味著當淘汰期來臨時，產業中只有少數公司有財力支持下去。這就是為什麼高科技事業比其他新事業更需要財務方面的遠見，以及為什麼相較於一般的

新事業，高科技新事業的財務遠見總是更缺乏的原因。

　　在淘汰期間，只有一個存活之道：「創業型管理」（將在第十二章到第十五章加以描述）。使德意志銀行與當時其他「水深火熱」的金融機構有所區別之處在於：西門茲的深思熟慮，並建立起世界上第一流的高階管理團隊。杜邦與聯合化學公司不同之處在於：在二〇年代早期，杜邦創立了世界上第一個系統化的組織結構、世界上第一個長期規畫，以及世界上第一套管理資訊與控制系統。相形之下，聯合化學公司只是由一個聰明的自我主義者任意地加以經營。但這還不是故事的全部，大多數在最近的電腦淘汰期失手的大型公司，如奇異電氣和西門子，都是被認為擁有第一流管理的公司；而福特公司雖然在淘汰期間是出了名的管理不善，但它總算是有驚無險地度過難關。

　　因此，創業型管理可能只是生存的前提，而並非一項保證。在淘汰期間，只有內部人士才能真正地了解，一個在繁榮期成長快速的創業新公司是否管理良好如杜邦公司，或是管理不善如聯合化學公司。但是，等到我們真正知悉這些訊息，時間上可能已經太晚了。

## 6.接受性的賭博

　　為了要成功，基於知識的創新必須是「成熟的」，亦即必須有可接受性。這項風險是基於知識的創新的固有特性，而且事實上是它獨特的威力之一。其他所有的創新都是運用已經發生的改變，它

們滿足了一項已經存在的需要。

　　但對於知識的創新而言，創新本身會引起改變，目的是創造出一項需求。沒有人能事先預知這種創新，使用者的反應是接受、冷漠或積極抗拒。

　　當然，也有例外的情形。發明治療癌症藥品的人不需要擔憂「接受性」的問題。然而，這種例外情形很少。在大多數基於知識的創新裡，接受性是一項賭博，輸贏的機率是未知的，是神祕的。可能會有高度的接受性，卻沒有人了解它；也可能沒有任何接受性；或者是，當人們相當確信社會上正在衷心期待這項創新時，卻會出現相當大的抗拒。

　　在人們面對基於知識的創新時，對其巨大的力量不夠敏感的故事屢見不鮮。有個典型的例子是，有位普魯士國王預測某種新設計（鐵路）必將會遭到失敗，他說：「當人們騎馬就可以免費地在一天之內從柏林跑到波特丹時，不會有人願意付錢去搭一個小時就可到達的火車。」在當時，並非只有普魯士國王一人對鐵路的接受性加以錯誤的解釋，大多數「專家」也是傾向於他的意見。而在電腦首度問世時，也沒有一個「專家」能夠想像得到，企業界會需要這種奇妙的新玩意兒。

　　然而，恰好相反的錯誤也是很常見的。「每個人都知道」有一個真正的需要存在，而結果卻是完全的冷漠或抗拒。在一九四八年無法想像企業界會需要電腦的那批權威人士，在一九五五年卻預測，電腦將會在十年之內「促成學校教育的革命」。

　　德國人認為電話的發明者是賴斯（Philip Reis），而非貝爾。在

一八六一年，賴斯的確建了一部可以傳送音樂，而且非常接近能夠傳送聲音的儀器，但他由於過度沮喪而予以放棄。他覺得人們對電話根本不具接受性、沒有興趣，以及沒有需要，因為「電報已經夠好了」是當時普遍的心態。但是，當貝爾在十五年後為他的電話申請專利時，馬上就得到了熱烈的回響，其中尤以德國最為熱烈。

在這十五年內，接受性的改變並不難加以解釋，兩場主要的歷史戰爭：美國南北戰爭和普法戰爭裡，都顯示出電報絕不「夠好」。然而，真正的重點不在於接受性為什麼改變，重點在於一八六一年，當賴斯在一項科學會議上展示他的儀器時，每一位專家都熱烈地預測將會出現壓倒性的接受性；而事實上，這些專家都猜錯了。

當然，專家也有可能是對的，而且常常是對的。例如，在一八七六到一八七七年間，他們都了解到電燈泡和電話都已具有接受性──他們是對的。同樣的，在一八八○年代，愛迪生開始發明留聲機時，也受到了專家意見的支持。專家們假定這種新產品將會出現高度接受性──他們也是對的。

但是，當專家對於知識的創新之接受性加以評估時，只有後見之明才能告訴我們專家的判斷是對是錯。

即使是藉著後見之明，我們都還不見得能夠認知，為什麼某個基於知識的創新具有接受性（或沒有接受性）。例如，沒有人能夠解釋，為什麼語音拼音法受到如此劇烈的抗拒。每個人都同意，非語音拼音法是學習讀寫的一項重大障礙，它迫使校方投注許多時間於閱讀技巧上，而且必須對學生的閱讀障礙和情緒上的創傷負起責

任。語音學的知識至少已經存在了一世紀之久，對於兩種問題最嚴重的語音已經有了語言發音的方法：英文字母和日文單字。這兩個國家都擁有類似的轉換成功的例子。英文有十五世紀中葉德文發音改革的成功模式；日文則有同樣成功（且時間更早）的韓文語音改革。但是在這兩個國家裡，對於這麼一個迫切需要、極端理性，並且有實例可以證明絕對安全、相當容易而且有效的創新，甚至連一點接受性都沒有，為什麼呢？解釋的理由一大籮筐，但沒有人真正知道原因是什麼。

在基於知識的創新裡，沒有辦法除去風險因素，甚至連降低的辦法都沒有。我們無法對不存在的東西進行市場研究；意見調查可能不會同樣無用，但卻可能帶來傷害。至少，為了指出基於知識的創新之接受性，我們必須揉合經驗與「專家意見」。

我們別無選擇。如果我們想要基於知識的創新，我們就必須賭它的接受性。

在基於科學和技術新知的創新裡，風險是最高的。當然，在目前正「熱門」的領域中從事創新，風險更是特別高，如目前的個人電腦或生物科技。相形之下，大眾不注目的領域的創新風險就低多了（因為有較多的時間）。而在並非基於科學或技術知識的創新裡，如社會創新，風險也是比較低。但是，高風險是基於知識的創新的特性，是為了追求它的影響以及引起改變的能力所必須付出的代價。當然，它所引起的改變不只限於產品和服務，而且會改變我們觀察世界、觀察我們所置身的地方，以及觀察我們自己的方式。

但是，即使是高科技創新的風險，都可以透過將新知的創新來

源與其他來源 —— 如意料之外的事件、不一致的狀況以及程序需要 —— 加以整合，來大幅降低風險。因為在這些其他來源的領域裡，如果不是早已建立了接受性，就是能夠相當輕易而且可靠地加以測試。並且，在這些其他來源的領域裡，完成創新所需增加的知識通常能夠相當精確地加以界定。這就是為什麼「計畫性研究」如此普遍的原因。但是，即使是計畫性研究也需要系統化和自我訓練，必須有組織，而且有目標。

因此，我們對基於知識的創新者有如此多的要求，他們和其他區域的創新者有所不同。他們所面對的風險不同，例如，時間就不是站在他們那一邊。但是，風險愈高，潛在的報酬也愈大，其他創新者可能發筆小財，但基於知識的創新者卻能夠期望名利雙收。

Chapter*10*

# 聰明的創意

　　對於那些執著於聰明創意的創新者，我們能夠做的只是告訴他們，萬一他們的創新成功了，他們應該採取哪些行動。

　　基於「聰明創意」（birght idea）的創新，可能要比基於其他種類的所有創新還要多。例如，在十項專利裡，就有七、八項是這類的創新。在許多討論創業家與創業精神的書籍中所描述的新事業，有相當大比例是屬於「聰明的創意」：拉鏈、原子筆、噴霧器以及易開罐等等。而在許多企業裡，「研究」（research）意味著專注於尋找並利用聰明的創意──不管是為燕麥早餐或軟性飲料尋找新口味，或研究更好的球鞋，或尋找不會燒焦的熨斗。

　　可是，聰明的創意卻是創新機會中風險最高且成功機率最小的來源，這種創新最後能賺回成本的不到百分之一。而在賺取利潤的比例方面，它的比例更低，甚至可以低到成本的五百分之一。

　　沒有人知道，哪些基於聰明創意的創新可能會成功，而哪些可能會失敗。例如，為什麼噴霧器會成功，而其他許多類似的發明卻慘敗呢？為什麼某種萬用螺旋鉗能在市面上銷售，而大多數類似的產品卻銷聲匿跡呢？為什麼拉鏈能為市場所接受，並實際取代了鈕

鈕的地位（即使它很容易卡住）呢？畢竟，在衣服、夾克或褲子上，一條卡住的拉鏈是很令人尷尬的。

迄今為止，人們一直試圖提高基於聰明創意的可預測性，但一直未能獲得特別的成就。

在指出成功創新者所具有的人格特質、行為或習慣方面的嘗試，也同樣地不成功。關於「成功的發明家」，一則流傳久遠的格言如是說：「不斷地發明，他們玩的是機率遊戲，如果他們嘗試得夠多，他們就會成功。」

然而，這種「不斷地嘗試聰明創新就會成功」的信念，並不比一般人所認為的，若想在拉斯維加斯玩吃角子老虎贏得大賭注，你只需不斷地推動搖桿的謬誤高明到哪裡去。然而，吃角子老虎這種賭博機器都是經過設定的，賭場的贏率達百分之七十。因此，你推動搖桿的次數愈多，你就可能輸得愈多。

在追求聰明創意這件事，實際上沒有任何實證資料足以支持「只要堅持就能有所收穫」的這個信念，正如同並沒有任何「有系統」的證據足以提供你去打敗吃角子老虎一樣。有些成功的發明家只擁有一個聰明的創意，然後就洗手不幹了，例如發明拉鏈或原子筆的發明家。而有許多發明家雖然擁有了四十項專利，但沒有一項是成功的產品。當然，創新者會隨著實際操作而有所改進，但是也只有在他們以正確的方法操作時才會有這種效果，亦即將工作奠基於有系統地分析創新的機會來源。

不可預測性和高度失敗率的原因相當地明顯，因為聰明的創意都是含糊而難以捉摸的。我懷疑除了拉鏈的發明者以外，有誰想過

鈕釦並不適於扣緊衣服；或者，除了原子筆的發明者以外，有誰能指出鋼筆的不適之處。電動牙刷是六〇年代市場上的成功產品之一，它滿足了什麼需要呢？畢竟，人們還是需要用手去握住它。

即使我們還是無法明確地指出解決方案。我們不難想像，在交通阻塞時，車內的人需要消遣。但是，為什麼當新力公司為了滿足這種需要，在一九六五年左右推出小型電視時，會在市場上失利呢？而比它更貴的汽車音響卻大獲成功？如果用回顧的方式，我們很容易就能得到答案，但是如果用前瞻的方式，它可不可能被解答出來呢？

因此，不論成功的故事多麼誘人，創業家最好還是放棄基於聰明創意的創新。畢竟，在拉斯維加斯每個星期總有人從吃角子老虎身上贏得大獎，可是每個吃角子老虎玩家所能做的，頂多也只是試著不要輸太多，以至於超過了自己的負荷能力而已。系統化而且目標明確的創業家會對系統化的領域加以分析 —— 亦即針對我在第三章到第九章所討論的七項創新來源。

在那七個領域裡，有足夠的機會使個別創業家以及任何一家企業或公共服務機構忙得不可開交。創新機會之多，遠超過任何人所能充分運用的。而且，在這些領域裡，我們知道如何觀察、尋找什麼，以及應該做些什麼。

對於那麼執著於聰明創意的創新者，我們能夠做的只是告訴他們，萬一他們的創新成功了，他們應該採取哪些行動。然後，新事業的規則（請參見第十五章）就可以派上用場了。當然，這就是為什麼那麼多討論創業精神的文獻只談論如何開創與經營新事業，而

不談論創新本身的原因。

　　但是，一個「創業型經濟體系」也不能傲慢地將基於聰明創意的創新加以忽視。就個別而論，這個創新無法預測、無法組織、無法系統化，而且絕大多數都遭到了失敗。同時，有許多新事業剛開始時都是微不足道的。在專利申請單上，總會出現新的開罐器、新的假髮架、新的皮帶環扣。但是，由於這種聰明創意的創新是如此之多，因此，對於經濟體系而言，小小的成功比例就代表著大量的新事業、新工作以及新績效能力。

　　在創新與創業精神的理論與實務裡，聰明創意的創新是附屬的。但是它應該受到人們的激賞和回報，因為它代表著社會所需要的特性：自動自發、野心勃勃以及發揮天賦。或許，對於推廣這種創新，社會體系所能夠做的並不多，因為人們無法推廣他所不了解的東西。但至少，社會體系不應該使這種創新受到打擊、懲罰，或變得更加困難。若從這個角度來看，我們就可以了解到，已開發國家（尤其是美國）最近的發展趨勢 —— 打擊試圖提出聰明創意的創新者，如提高專利費，和以「反競爭」為名打擊專利權 —— 是短視而有害的。

Chapter *11*

# 創新原則

一般人對創新者的描述，一半基於流行的心理學，一半基於好萊塢方式，使他們看起來好像是集超人與圓桌武士的化身。可惜的是，大多數創新者實際上並不是浪漫的人物，而且很可能會花許多時間於現金流動的預測上，而非匆匆忙忙地到處尋找「風險」。

所有經驗豐富的醫師都看過「奇蹟式痊癒」，亦即病入膏肓的患者突然復原，有時候是自然發生的，有時候是透過祈禱治療，有時候是由於某種荒謬的飲食或透過白天睡覺晚上活動的方式。只有冥頑不靈的人才會否認這種痊癒，並且將它們視為「不科學」。它們的確是存在的，可是，不會有醫師將「奇蹟式痊癒」放進教科書裡，或是在課堂上傳授給醫學院的學生，因為它們是無法複製、教導和學習的。它們也極為少見，畢竟，絕大多數的末期患者都難逃一死。

同樣的，有一些創新不是基於上述章節所描述的來源，也有一些並非以有組織、有目的、有系統的方式發展創新。某些受到「繆斯女神恩寵」的創新者，他們的創新是「靈機一動」的結果，而非辛苦的、有組織的和有目的的工作。這種創新也是無法複製、教導

和學習的。截至目前，我們還沒有教人成為天才的方法。但是，與一般人對發明和創新的浪漫信念相反的是，這種「靈機一動」也是非常罕見的。更糟的是，我所知道的「靈機一動」都沒有變成創新，它們都只是停留在聰明創意的階段。

在歷史上，最偉大的發明天才非達文西（Leonardo da Vinci）莫屬，在他的筆記本上，出現了許多令人驚訝的創意，從潛水艇、直升機到自動鑄造排字機等等。但是，憑著一五〇〇年的科技和材料，並不足以將這些創意轉變成創新。事實上，在當時經濟與社會體系裡，也不會對這些創意有任何接受性。

每個學生都知道瓦特（James Watt）是蒸汽引擎的發明家，但事實上他並不是。科技史學家都知道紐科門（Thomas Newcomen）於一七一二年建造了第一部蒸汽引擎，而且實際執行了一些有用的工作：如英格蘭煤礦用它來抽水。這兩個人都是有組織的、系統化的，以及目標明確的創新者。而瓦特的創新尤其符合創新的模式，它將剛剛出現的新知（如何擴大一個平滑的汽缸），「缺少的環節」（壓縮機）的設計，與紐科門的引擎（當時已為幾千人所使用）所創造出來的接受性結合在一起，以產生一項基於程序需要的創新。但是，引擎的真正發明者並非瓦特或紐科門，它是由英裔愛爾蘭化學家波以耳（Robert Boyle）基於「靈機一動」所發明的。但光憑波以耳的引擎仍然無法有效運作，因為波氏是利用火藥的爆炸來推動活塞。這種方式會使汽缸受到汙染，使得每一次運作之後，都必須將汽缸拆開來加以清洗。波以耳的創意首先使帕潘（Denis Papin，曾經是波以耳在建造火藥引擎時的助手），接著使紐科門

（Thomas Newcomen，發明蒸氣引擎），最後使瓦特發展出可以運作的引擎。波以耳所擁有的只是一項聰明的創意，它屬於創意的歷史，而非科技或創新的歷史。

目標明確，而且透過分析、系統化和辛勤工作所達成的創新，可以說是創新實務的所有內容，因為它至少涵蓋了所有有效創新的百分之九十。如同在其他領域一樣，表現優異的創新者只有將創新變成一種訓練並完全掌握時，創新才會有效。

代表訓練核心的創新原則是什麼？其中有一些「原則」（必須做的事），也有一些「禁忌」（最好不要做的事）。此外，還有一些所謂的「條件」。

## 1. 原則

第一，目標明確且系統化的創新始於對機會的分析。而分析則始於對創新機會的來源加以徹底地思考。在不同的領域裡，不同的來源在不同的時間有不同的重要性。例如，對於利用經濟現況之間不一致的狀況來從事創新的人而言，人口統計資料可能不太重要。同樣的，對於利用人口統計資料從事創新者來說，新知也可能沒什麼參考價值。但是，所有的創新機會來源都應該被系統化地分析和研究，光是對它們保持警覺是不夠的。研究的過程必須加以組織，必須在一個有規律而且系統化的基礎下進行。

第二，創新既是觀念性的，也是認知性的。因此，創新的第二項要求是走進市場，去看、去聽。這種做法值得再三強調。成功的

創新者左右腦並用：他們觀察數字和資料，也觀察人們的行為。他們分析應該以何種創新來滿足某項機會，然後，他們走進人群，觀察顧客和使用者，以了解他們的期望、價值及需要。

如此可以了解顧客和使用者的接受性和價值，也可以了解某種方式是否符合使用者的期望或習慣。然後，創新者可以問道：「這項創新應該反應些什麼，才能讓使用者願意使用，並且將它視為自己的機會呢？」如果不採取這種方式，創新者將冒著以錯誤形式推出正確創新的風險，這正是某家主要廠商的遭遇。該公司專門設計供美國學校使用的電腦學習程式。但那些懷有電腦恐懼症的教師並未採用該公司的程式，他們認為電腦並非一種輔助工具，而是威脅他們生存的敵人。

第三，一項創新必須保持簡單且目標特定，才能有效。它應該一次只做一件事，否則，它會把事情給搞亂了。如果它不夠簡單，它就無法運作。每一件新東西多少會遭到某些麻煩，如果太複雜，就很難修正。所有有效的創新都非常簡單。事實上，一項創新所能收到的最佳讚詞就是人們這麼說：「這太明顯了，為什麼我沒有想到呢？」

即使是創造新用途和新市場的創新，也應該專注於一種特定、清晰，而且精心設計的應用之上。它應該專注於它所滿足的特定需要，或它所產生的特定最後結果上。

第四，有效的創新都是從小做起，而非一開始就是宏偉壯觀的。它們的目標是很明確的。它可能是有關電車的創新，也可能是簡單的火柴盒自動填充機的創新。宏偉的創意 —— 像是要計畫

「革新整個產業」之類的，大都不太可能成功。

創新最好是能夠從小規模開始 —— 只需少數的資金、人員及狹小的市場，否則，就沒有足夠的時間來從事成功創新所必需的調整和改變。創新剛開始時僅能「接近正確」而已，只有在規模很小，所需的人員和資金不多時，才能進行必需的改變。

第五，一項成功的創新是朝著領導者的地位而努力，它不一定要朝著「大型企業」努力。事實上，沒有人能夠預知一項創新究竟會成為大企業或只有中度的成就。但是，如果一開始，創新就不以領導權為目標，那麼，它就不太可能有足夠的創新性，也就不太能夠建立起自己的地位。我們能採取的策略（將在第十六章到第十九章加以討論）應用範圍相當大，從專注於成為某個產業或市場的領導者，到在一項程序或市場裡發現並占據一小塊生存利基。亦即，所有的創業型策略都必須在特定環境中奪得領導權，否則只會為競爭者創造機會而已。

## 2. 禁忌

第一，不要太聰明，創新必須普通人能夠操作才行。如果它們想要獲得某種規模或者重要性，那麼，它們還必須能由低能或幾近低能的人操作。畢竟，「無能力者」是唯一豐富且永不衰竭的供應來源。任何太過聰明的東西 —— 不管是在設計上或使用上，幾乎都注定要失敗。

第二，不要分心，不要一次想做太多事情。當然，這是第三項

原則的另一種推論。逸出核心的創新很可能會變得相當散漫，它們可能會停留在創意階段，而無法變成創新。這個核心不一定是科技或知識。事實上，不管是營利事業或公共服務機構，市場知識都比純知識或科技提供了更好的核心。但是，對創新努力而言，一定要有一個一致的核心，否則它們可能會分崩離析。一項創新需要有一致的努力在背後支持它，也需要實際執行的人能夠彼此了解。這需要有一個一致的核心才能辦得到，而同時進行好多事情則會傷害到這種一致性。

第三，不要嘗試為未來而創新，請為現在而創新！一項創新可能有長期的影響，也可能二十年後才會完全成熟。一直到七○年代早期，電腦才開始對企業的營運方式產生重大影響 —— 這是在第一部可運作的電腦被引進之後的第二十五年。但是，打從第一天開始，電腦就有一些很明確的用途，例如科學運算、計算薪資或模擬狀況訓練飛行員。「二十五年後，會有許多老年人需要這玩意兒。」僅僅如此說是不夠的，我們必須能夠說：「對於這項產品，今天就有足夠的老年人會需要它，因為它能使狀況有所不同。當然，時間是站在我們這一邊的，二十五年後，將會有更多的老年人需要它。」但是，除非它在目前就能應用，否則創新就像達文西筆記本裡頭的塗鴉一樣 —— 只是聰明的創意而已。

第一個充分了解這三項警告的發明家可能是愛迪生。其他發明家在一八六○年（或一八六五年）左右就開始研究電燈泡，而愛迪生卻等了十年，直到一切知識都已齊備才動手研究。在一八六○年，研究燈泡是「為未來而努力」。但當所需的知識都已出現，換

句話說，當燈泡可以成為「現在的產品」時，愛迪生動員了他的
龐大資源和傑出的研究人員，在幾年之間，只專注於這項創新機會
上。

創新機會有時會有很長的前置時間。在藥物研究上，十年的研
究發展是很平常的。可是，仍然沒有任何一家製藥公司敢於發動一
項目前尚無醫療用途的研究計畫。

## 3. 三項條件

最後，我們想提出三項條件。這三項都是顯而易見的，但卻常
被忽略。

第一，創新即工作。它需要知識基礎，也需要大量的聰明才
智。創新者很明顯的比其他人更聰明，但創新者很少在一個以上的
領域發揮他的才智。即使擁有大量創新能力如愛迪生者，也是將自
己的努力局限在電學領域裡。金融界的創新者，如紐約的花旗銀
行，也不太可能在零售業或醫療保健業裡從事創新。如同在其他工
作領域一樣，在創新領域裡，也需要天賦、聰明才智和個人氣質，
但當所有的因素都具備時，創新就變成辛勤的、專注的、目標明確
的工作，而且需要大量的勤勉、堅毅與投入。如果缺乏這些因素，
光有天賦、聰明才智或知識背景也是無濟於事。

第二，為了獲得成功，創新必須配合創新者的長處。成功的創
新者會先觀察各種機會，然後他們會問道：「在這些機會中，哪一
個適合我、適合這個公司，且能發揮我們的長處？」當然，就這方

面而言，創新與其他工作實在沒什麼兩樣。但，因為創新本身的風險，以及知識與績效能力所可能帶來的優勢，因此，創新是否配合創新者的長處就變得相當重要。此外，創新還必須要有氣質上的「吻合」。創業家在他們不太尊敬的領域裡，不可能有優異的表現。例如，沒有一家製藥公司的經營者──通常他們是科學導向者，並認為自己擔負著「神聖的」使命──能夠在「輕浮的」產業（如唇膏或香水）裡有良好的表現。同樣的，創新者也必須在氣質上與創新機會相調和。對他們而言，創新機會必須是重要而有意義的，否則，他們不會把自己投入到持續的、辛苦的，而且令人沮喪的工作裡──這是成功創新所必需的。

　　第三，創新是社會與經濟體系的一種效果，顧客行為的一種改變，或者，它是一個程序的改變。因此，創新必須接近市場，專注於市場，並由市場來推動。

## 4. 保守的創新者

　　在一、兩年前，我參加了一場研討創業精神的大學座談會。有幾位心理學家發表了自己的論文，雖然，他們在意見上互有不同，但是，他們都談到了「創業家人格」，其特徵就是「冒險傾向」。

　　有位知名且成功的創新者兼創業家，在二十五年來，他利用一項基於程序的創新，在太空領域裡建立了龐大的世界性企業。當他被要求發表評語時，他說：

　　我對諸位的大作感到困惑，我從來就不曾有過「創業家人格」。我所知道的成功創業家都有一個共同點，而且只有一點：他們並非冒險家。他們試著去界定他們必須承擔的風險，然後盡量降低風險。否則我們這些人都不會成功。至於我自己，如果我想成為一名冒險家，我就會走進不動產業或貿易業，或者我會成為一名畫家，這是我母親多年的期望。

　　這與我自己的經驗不謀而合。我也認識許多成功的創新和創業家，這些人沒有一個擁有「冒險傾向」。

　　一般人對創新者的描述，一半基於流行的心理學，一半基於好萊塢方式，使他們看起來好像是集超人與圓桌武士的化身。可惜的是，大多數創新者實際上並不是浪漫的人物，而且很可能會花許多時間於現金流動的預測上，而非匆匆忙忙地到處尋找「風險」。當然，創新是帶有風險的，但是開車到超級市場買一條麵包也同樣有風險。根據定義，所有的經濟活動都是「高風險的」，而且，保持過去（不創新）比創造未來的風險更大。我所認識的創新者，在界定風險方面都有相當的成功。他們擅長系統化地分析創新機會的來源，然後指出其中一個機會，並加以運用，而不管機會是風險很小而且可以清楚界定（如運用意料之外的事件或程序需要），或是風險比較大但仍能加以界定（如基於知識的創新）。

　　成功的創新者都相當保守，他們不得不如此。他們不是在尋找風險，而是在尋找機會。

# Part 2
# 創業精神的實踐

雖然創業型管理與現有的管理不同，然而兩者均須
建立在有系統、有組織以及有目的的基礎上。創業
型組織包括現營事業、公共服務機構以及新事業，
三種組織的基本原則並無差異，卻須面對不同挑
戰、不同問題，以及逐漸走下坡的傾向。此外，本
篇尚探討另一個問題，即創業家對他所應扮演的角
色，以及他個人對事業「投入」（commitment）的
決策。

Chapter *12*

# 創業型管理

現營事業、公共服務機構以及新事業，都必須訂定一套實踐創業精神的明確指導辦法：應該做些什麼、注意些什麼，以及避免做些什麼。

不論是大規模的現營事業，或是白手起家的小公司，創業精神的原則並無二致。創業家經營的是營利事業、非營利性公共服務組織、政府機構或非政府機構，這其間並無多大的差別。創業精神的原則大同小異，影響因素也差不多，至於創新的種類和來源也泰半雷同。在創業家所處的各種情況中，都存在著這種規律，我們稱之為「創業型管理」。

現營事業所面臨的問題、限制及約束，與獨立創業家不同，它們需要學習不同的事物。簡單的說，現營事業雖然熟知管理技巧，仍須學習如何成為創業家，且須學習如何創新。非營利性公共及服務機構也不例外：必須面臨各類問題，需要學習不同的事物，而且易於犯下各種不同的錯誤。至於新事業大同小異，需要學習如何成為一個創業家以及如何創新，最重要的是，新事業必須學習管理技巧。

　　現營事業、公共服務機構及新事業，都必須訂定一套實踐創業精神的明確指導辦法：應該做些什麼、注意些什麼，以及避免做些什麼。

　　依邏輯來看，我們應先討論新事業，就像醫學研究應先從胎兒與新生嬰兒開始一樣。但在實務上，醫科學生卻先從成人的解剖及病理學研究開始。因此，在研究創業精神的實踐上，我們最好先討論上述三者中的「成人」，即現營事業，以及與發揮創業精神有關的政策、實務與問題。

　　今日的企業，特別是大企業，除非具備「創業的能力」（entrepreneurial competence），否則將無法在變遷迅速及創新的時代中繼續生存。就此一觀點來看，二十世紀末期與經濟史上最後一個偉大的創業時期截然不同。後者自第一次世界大戰開始，已延續了五、六十年，並已接近尾聲。在這段期間，並沒有太大規模的企業，甚至中型企業也不多。然而在二十世紀末期的今天，大規模的現營事業之所以要學習創業精神，不僅僅是因為自我利益，也是因為它們尚負有社會責任。這個時代與上一個世紀之間有著強烈的對比：現營事業，特別是大企業，迅速遭到覆滅的命運。創新，即創新者的「創造性破壞」（creative destruction），是上述企業遭到覆滅的主要原因。「創造性破壞」是經濟學家熊彼得的名言，指出今日的就業、財務穩定、社會秩序及政府責任等所受到的一種真正的社會威脅。

　　現營事業必須改變，而且必須徹頭徹尾地改變。再過二十五年（請參閱第七章），每一個非共產的已開發工業國家都將發現，從

事生產工作的藍領工人將縮為目前的三分之一,而生產量卻會提高三到四倍 —— 這項發展堪與二次大戰後非共產工業化國家在農業方面的成就相提並論。為求在此重大轉型期能繼續保有穩定性及領導地位,現營事業必須學習生存之道 —— 實際上也是旺興之道。而設法成為成功的創業家,乃是達到此目的唯一途徑。

從許多個案看來,現營事業是創業精神的唯一來源。今日身為業界巨人的大企業,在下一個二十五年內不見得能繼續存在。但我們知道,中型企業可以成功地定位為傑出的創業家與創新者,但必須透過創業型管理方能達到此一地步。具有適切規模(非小規模)的現營事業最有潛力達到創業家的領導地位,因為,它早已具備了管理能力,且建立了管理團隊。它不僅有機會,而且有責任建立有效的創業型管理。

上述理論同樣適用於公共服務機構,特別是那些非政治性的組織(或由政府經營,或由稅賦提供財務支援);也適用於醫院、各級學校、地方政府所屬公共服務機構、社區性組織(諸如紅十字會、男童軍組織及女童軍組織等自願性的組織)、教會(及與教會有關的組織)、職業公會、貿易協會等等。一個變遷快速的時代,常使傳統的組織變得陳舊落伍,或至少使它們的經營方式變得毫無效果。然而,變遷快速的時代也同時創造了許多機會,可供企業執行新任務、實驗新事務,並做社會性的創新。

最重要的是,社會大眾的認知及心態已有了重大的轉變(請參閱第八章)。一七七六年,亞當斯密在《國富論》中倡導的「放任主義」(laissez-faire),經歷了一個世紀。到了一八七三年,「大恐

慌」（Panic）結束了放任主義的時代。從一八七三年到現在的一百
多年當中，所謂追求「現代化」、「進步」或「前瞻性」，都是透
過政府的力量來推動各種社會改革與改善措施。無論是好是壞，所
有已開發非共產國家（或許包括已開發共產國家）均已步入這個
時期的尾聲。我們並不知道下一波的進步主義（progressivism）為
何，但我們確知若有任何人仍在鼓吹一九三〇年的「自由」或「進
步」，或甚至一九六〇年代甘迺迪與詹森時期的主張，即等於是在
鼓吹「退步」（reactionary），而非「進步」。我們並不知「民營化」
（privatization）——即由公營轉為民營的活動（並非如大多數人所
解釋的必須由私人企業來經營）——是否成功或持續很久，但我們
確知沒有一個已開發非共產國家會更趨向國營化或政府管制，以致
完全違背存在於傳統承諾中的願望、期待與信念。現在這個環境，
正賦予公共服務機構大好的時機與責任，使它們能夠創新及發揮創
業精神。

　　但正因為是公共服務機構，它們必須面對不同的障礙與挑戰，
而且易於犯下不同的錯誤，因此有關公共服務機構的創業精神必須
單獨予以討論。

　　最後是新事業。由於在所有主要的創業時期，新事業都參與在
內，而且它在今日美國新的創業型經濟中又再一次扮演重要角色，
因此新事業仍將繼續成為創新的重要工具。現今美國並不缺準創業
家（would-be entrepreneur），也不缺新事業。但其中大多數，特別
是高科技公司，均須徹底學習創業型管理，否則將難以繼續生存。

　　不論是現營事業、公共服務機構，還是新事業，若以其中從事

創業精神與創新的領導者來與一般水準的企業比較，兩者的成就顯然有天壤之別。幸運的是，創業家的成功例子很多，我們可以理論與實務為經，描述與診斷為緯，將創業型管理做有系統的說明。

Chapter *13*

# 創業型企業

規模大小並不是創業精神與創新的障礙，真正的障礙是組織本身的現行作業方式，特別是「成功的」作業方式。

## 1. 組織的作業方式

有一個傳統的說法是：「大企業無法創新。」這句話看起來似乎是正確的。不錯，本世紀的主要創新確實不是來自歷史悠久的大企業。鐵路公司並未孕育出汽車及卡車事業，它們甚至未做過這種嘗試。雖然汽車公司曾嘗試進入某些事業（福特公司與通用公司均曾率先進入航空及太空研究的領域），但今日所有大規模的飛機或太空設備製造商，都是由獨立的新事業逐漸發展而成的。同樣的，今日的製藥界巨人，當它們五十年前首度成功地發展出近代的藥劑時，不是規模很小，就是根本還未創立。一九五〇年代，美國的奇異電氣、西屋、RCA，歐洲大陸的西門子與飛利浦，以及日本的東芝等電子業巨人，均一窩蜂似的競相發展電腦，卻沒有一家獲致成功。結果是IBM獨占鰲頭，而它在四十年前不過勉強躋身中型企業之林，並且不是一家高科技公司。

　　不過，一般人普遍認為大企業不願創新與不能創新的想法，這不僅正確性不到一半，更有甚者，它還是一項誤解。

　　首先，有許多例外可資證明，大公司也可成為傑出的創業家與創新者。在美國，「嬌生」（Johnson & Johnson）公司在衛生及醫療保健方面的成績斐然；3M公司為工業及消費市場生產了許多高度精密的產品；身為美國及世界最大的非政府財務機構的花旗銀行，以其一個世紀以上的悠久歷史，在銀行及財務方面一直扮演著主要的創新者角色。在德國，「赫司特」（Hoechst）大藥廠——世界最大的化學公司之一，已有超過一百二十五年的歷史，也是製藥界的傑出創新者。在瑞典，「ASEA」公司——創立於一八八四年，近六、七十年來已成為規模龐大的公司——在長途電力輸送及工廠自動化機器人兩方面的創新成就均極為輝煌。

　　不少大公司雖然在某些領域遭致失敗，卻在其他領域博得傑出創業家與創新者的美譽。這種情形愈發混淆視聽。美國奇異公司研究電腦不幸失敗，卻在飛機引擎、無機合成樹脂以及醫事電子等三個絕不相干的領域獲致非凡的創新成就。RCA在電腦領域也遭致失敗，卻成功地開發出彩色電視機。因此，事情並不像一般人的想法那樣單純。

　　第二，「大」並不是創業精神與創新的障礙。在討論創業精神時，人們常會聽到有關大組織的「官僚作風」與「保守主義」。這兩者確實是存在於大組織中，而且會嚴重妨礙創業精神與創新——但對其他的成就也有同樣的妨礙。然而，有些證據明白顯示，不論是公營還是民營，在現營事業中，小企業的創業程度最

低，而且最無創新表現。在現營的創業型企業中，有許多都是規模相當龐大的企業。在現營創業型企業的名單中，我們仍可輕易地加入一百家世界各地組織龐大的公司。若要開出一份從事創新的公共服務機構名單，我們依然可發現有許多都是規模龐大的機構。

也許創業型企業大多數是中等規模的大公司。若以美國的標準來看，凡在一九八〇年代中期營業額達五億美元的公司即屬此類。然而，在任何創業型企業的名單中，顯然找不到現營的「小規模」企業。

規模大小並不是創業精神與創新的障礙，真正的障礙是組織本身的現行作業方式，特別是「成功的」作業方式。要克服這類障礙，大公司（或至少為適切規模的公司）自然比小公司來得容易。任何作業 ── 製造工廠、技術、產品線、配銷制度 ── 均需要經營性的努力與不間斷的注意。在任何作業，「日常危機」（daily crisis）是必然會發生的。日常危機必須即刻處理，絕對不可拖延。而現行作業中所發生的日常危機，更有必要優先處理。

以公司的規模與已步入成熟期所表現的成就相比，公司所碰到的新事物總是看起來非常渺小、微不足道，而且沒有什麼前途 ── 倘若新事物看起來很大，又不易獲得公司的信任。新事物若要獲致成功，總會遭到重重的阻礙。而如前所述，成功創新者總是由小事物開始，最重要的是，由簡單的事物開始。

有許多公司宣稱：「十年後，本公司百分之九十的收入將來自現在尚未存在的新產品。」這是一種誇張的說法。現有產品的確是需要修正、改變，或延伸至新市場與新的最終用途 ── 無論是否

經過修正。但是，真正的新事業通常需要一段較長的前置時間。所謂成功的企業──即今日以正確的產品或服務銷售給正確市場的企業，在十年後四分之三的收入將來自現有產品或服務，或來自其「線型後續產品」（linear descendants）。事實上，如果今日的產品與服務不能持續為公司創造大量的利潤，那麼明日創新所需的資金自然無法得到補充。

因此現營事業必須致力於創新和創業精神。一般企業的「正常」反應是將生產資源分配到現營事業、日常危機，以及多激發一些潛力上。「只顧眼前，不顧未來」是現營事業最常見到的做法。

這當然是一種要不得的做法。不致力創新的公司終將衰老式微。在目前這個創業時代裡，各種變遷極為快速，更促使不創新的公司加速式微。一旦某個公司或某個產業開始緬懷過去的成就，就很難使它再回顧。可真正阻礙創業精神與創新的，卻是現營事業的卓越表現。原因非常明顯，因為公司表面上看起來如此成功，如此「健康」，以致骨子裡已被官僚作風、繁文縟節或志得意滿侵蝕所造成的墮落情形，就會被忽略了。

這就是現營事業應該致力創新的主要原因，特別是那些在創業及創新方面有卓越表現的大型或適切規模的公司。這些公司顯示，現有成功所造成的障礙是可以克服的。不管是現有的或新成立的，成熟期的或幼年期的，創造利潤的或正在茁壯的事業所造成的障礙，都是可以克服的。像嬌生、赫司特大藥廠、ASEA、3M或一百家中型的「成長」公司等，在創業精神及創新方面有傑出表現的公司，它們都明顯地知道如何去克服上述的障礙。

　　一般人想法的錯誤,乃是在於假定創業精神與創新是自然的、創造性的或自發性的。如果組織中看到創業精神與創新,必定是受到某種因素的遏阻。然而,成功的現營事業中,只有少數才稱得上是具有創業精神與創新的公司。因此,一般人就據此推論,現營事業是壓抑創業精神的原因。

　　然而,創業精神卻非「自然的」,也非「創造性的」,而是培養出來的。因此根據證據,我們可得到與一般人相反的結論:在眾多現營事業中,有相當可觀數目的適切、大型與龐大規模的企業,在創業精神與創新方面表現相當傑出,顯示任何企業都可成為創業家與創新者。然而,要達到這個目的,公司必須先有認知,並須經過不斷地奮鬥。創業精神與創新是可以學習的,但必須努力以赴方可達成。創業型企業應把創業精神視為一種責任,為它而訓練,為它而運作,為它而實地操練。

　　明確言之,創業型管理應該就下列四點訂定「政策」與「實踐」:

1. 組織必須接受創新,並視變遷為機會,而非威脅。它必須承擔創業家的艱鉅任務,也必須制訂培養組織內創業氣氛的政策與實務。

2. 組織必須透過有系統的衡量尺度(或至少透過評估方式),測知公司在創業精神與創新方面的成就,同時必須培養有系統的學習能力,以改善公司現有的成就。

3. 創業型管理必須明確訂出組織結構、任用與管理、津貼、激

勵及獎勵等實施辦法。

4. 在創業型管理中，存在了若干「禁忌」（don'ts）：即不該做的事。

## 2.創業政策

有位拉丁詩人曾用「渴望新事物」（greedy for new things）來形容我們人類。創業型管理就是要使現營事業中的每一位管理人員都「渴望新事物」。

公司主管通常會這麼問道：「我們要如何克服現營事業中抗拒創新的現象呢？」就算我們知道答案，問題卻問錯了。正確的問題應該是：「我們應如何使組織接受創新、要求創新、達成創新及致力於創新呢？」若組織認為創新違反本性，就像逆水行舟一樣（非指冒險行為），當然不會有創新的表現。創新其實是日常生活中的一部分，甚至可稱之為例行性的工作。

因此，我們必須制訂特定的政策。首先，創新不是要抓緊已經有的，而是要找出具有吸引力，且使管理人員感到有利可圖的事物。組織中的所有成員都應清楚地認識：想要使組織維持現有的成果並持續興旺下去，創新是最佳的途徑；想要使每個管理人員的工作有保障並獲致成功，創新是唯一的基礎。

其次，組織必須陳明並界定創新的重要性及其時間需求的迫切性。

最後，組織必須制訂一個目標明確的創新計畫。

第一，只有一種方法能使管理人員覺得創新具有吸引力：制訂一個系統化的政策，凡是過時、作廢、不再獲利的事物，以及錯誤、失敗、不當方向的努力均予以放棄。每隔三年或適當時間，公司應衡量每一種產品、步驟、技術、市場、配銷通路（此處尚不討論組織內部員工的工作）是否過時。組織應問自己：「今天，我們是否要生產此產品、進入此市場、透過此配銷通路，以及採用技術？」如果答案為「否」，我們的反應不應該是：「請我們再繼續研究。」而應繼續問道：「我們應採取何種措施，才能停止這種產品、市場、配銷通路，以及人力等資源的浪費呢？」

有時採取放棄手段不見得就是上述問題的正確答案，某些事物甚至放棄不得。此時組織應做進一步的努力，以確保可用來獲利的人力與財力資源不再繼續被過去的錯誤所吞噬。任何生物均須排除無用的廢物，否則就會遭其毒害。這是在任何情況下，要維持組織健全所應採取的正確措施。倘若一個企業想要具備並接受創新的能力，一定要設法排除浪費資源的事物。文學家約翰生（Samuel Johnson）的名言是：「如果某人知道第二天清晨將被處死，那麼其他事物都不會吸引他的注意了。」同理，如果某位管理人員知道在可以見的未來必須放棄現有的產品或服務，那麼，除了創新以外，其他任何事都不會吸引他的注意力了。

創新須投入大量的精力。創新需要優秀、負責的人才 —— 這是任何組織最寶貴的資源 —— 這得靠辛勤的工作方可達成。有一句古老的醫學箴言這樣說道：「沒有任何一種行動比防屍體發臭還要更英勇的了，但也沒有比此更徒勞無益的了。」在我所接觸的每

一個組織中，幾乎都有最優秀的人才參與這種徒勞無益的工作。而他們唯一能盼望達成的，不過是以極大的代價，稍稍延緩不可逃避的創新過程而已。

如果組織內所有的成員都知道，該淘汰的終將難逃被淘汰的命運，還有希望的人就會樂於 —— 實際上是渴望 —— 致力於創新。

為了培養創新的氣氛，公司應採取開放的態度，讓最優秀的人才接受創新的挑戰，並提供足夠的財力資源。公司是否願意這麼做，端視公司是否準備以同樣的態度「捨棄」（slough off）過去的成就、錯誤，特別是「準過失」（near-misses），也就是「應成功」但尚未成功的事物。如果主管知道放棄乃是公司的政策，就會樂於尋求新事物，鼓勵創業精神，並認為必須使自己成為一個創業家。這是達成一個健全組織形式的第一步。

第二個步驟 —— 即為使現營事業「渴望新事物」而制訂的第二政策 —— 是要面對以下的事實：所有現有產品、服務、市場、配銷通路、處理程序、技術等的有效年限及壽命期間均屬有限，而且通常都很短暫。

自從一九七〇年代以來，有關現有產品、服務等項目的生命週期分析變得非常普遍。例如「波士頓管理顧問」（Boston Consulting Group）公司致力於策略觀念方面的研究；哈佛企管研究所教授波特（Michael Porter）出版許多有關策略方面的書籍；和所謂的「風險分散管理」（portfolio management）。[1]

近十年來，上述策略極為風行，特別是風險分散管理。許多公司亦採用這些分析方法，做為行動的依據。然而，這是一種錯誤的

認識。許多公司在七○年代末期及八○年代初期一窩蜂似地採用這些策略，結果卻令它們大失所望。「分析」（analysis）的下一步應該是「診斷」（diagnosis），然後才是「判斷」（judegment）。正確的判斷，不僅要對事業本身、產品、市場及顧客、技術等有豐富的知識，而且也要有豐富的經驗，而非僅憑分析即可。坦白的說，倘若有人認為，甫自商學院畢業的年輕小伙子，只要具備高明的分析工具，就能透過電腦制訂有關企業存亡的決策，完全是一種自欺欺人的想法。

在《成效管理》（*Managing for Results*）一書中我曾提過所謂的「企業X光」。這是一種讓人們尋求正確問題的工具，而非讓人們可藉此自動得到正確的答案。這種分析工具，對公司所具備的所有知識及經驗而言，都是一項挑戰。它將會（且應該會）引起異議。將產品區分為是或不是「今日的主要產品」，或是一種「冒險的決策」（risk-taking decison）。至於，針對即將成為「昨日的主要產品」的產品、「不當的專長」，或「以管理者自我為中心的投資」（investment in managerial ego）所採取的政策，同樣亦屬冒險的決策。[2]

第三，企業X光的功用，乃在提供企業所需的資訊，俾使企業決定需要多少創新，以及創新的領域及時間。我於一九五○年代在紐約大學商學研究所開設創業精神研討會時，一位參與研討會的成員凱米（Michael J. Kami），曾發展出一套既簡單又有效的方法，以執行企業X光的任務。凱米首次應用此法於IBM公司，當時他在該公司擔任企業規畫部經理。到了一九六○年代初期，凱米轉而投

效「全錄」（Xerox）公司，並將他的方法帶到該公司。

根據此法，公司先列所有的產品及服務，並且列出相對應的市場及配銷通路，以估計每一種產品與服務在產品生命週期的位置。某種產品還可成長多久？在市場中的地位還可以維持多久？還有多久會到達頂峰並開始衰退，衰退的速度有多快？還有多久會作廢？這種方法使得公司可以推估出，若公司盡可能地守成，將來會有什麼樣的遠景？除此之外，它還可以顯示公司目前的成效與期望目標之間的差距，以及公司應如何努力來達成銷售、市場地位或獲利力等目標。

如果公司不想走下坡，則至少應填補上述差距。事實上，差距者不填補，公司遲早都會關門大吉。公司在創業和創新上的成就，必須大到足以彌補此差距，並且要及時在舊產品過時前完成。

但致力於創新並不保證一定成功，它的失敗率極高，而且更經常會遲延。因此，公司在創新上至少應投入三倍於所需的資源與精力。如果能夠獲得成功，差距才得以彌補。

大多數主管認為三倍太高了。然而經驗可茲證明，如果公司在創新方面所做的努力遭致失敗，多半是功虧一簣所致。我們可以肯定的是，有些創新的努力將可獲致成功，但有些卻不順利。為了確保公司能獲得創新的成果，最好多方面去進行創新。而且，與我們的期望或估計相比，任何事物均需要更長的時間與努力。最後一點，關於重大創新的努力，有一件事是可以確定的，那就是將出現「最後一分鐘障礙」（last-minute hitches）與「最後一分鐘遲延」（last-minute delay）。要求公司以三倍的努力來從事創新（如果一切

都依計畫行事），不過是一種基本的預防措施罷了。

　　第四，有系統的放棄。以企業Ｘ光來偵察現營企業的產品、服務、市場、技術，以及界定創新差距與創業的需求──公司若具備了這些條件，就能釐定出一個以創新為目標，並包括達成目標期限的「創業計畫」。

　　創業計畫可使公司編列適當的創新預算。最重要的是，公司可根據創業計畫來決定所需人員的數目及應具備的才能與能力。只有具備真正新能力的人，才有資格擔任創業工作；公司並應提供他們所需的工具、資金及資訊，並給與他們明確的完成期限──唯有如此，我們才算真正有了創業計畫，有了「良好意圖」，以及眾所周知值得爭取的事物。

　　任何公司若想實行創業型管理，使企業及管理階層「渴求新事物」，並使組織視創新為健康、正常、必須採取的行動，均必須制訂上述的基本政策。由於政策的制訂乃根據「企業Ｘ光」──即針對現營事業的產品、服務與市場等項目進行分析及診斷──一方面在尋求新事物時不致駁回現營事業，一方面也不會眩於新奇而犧牲了現有產品、服務與市場的原有機會。

　　企業Ｘ光是制訂決策的工具。它可促使我們（實際上是迫使我們）根據現營事業的現況加以分配資源，並決定應該分配多少資源，以創造明日的新事業、新產品、新服務及新市場。此外，它還可將創新的意圖轉變為創新的成就。

　　為了促使現營事業達到創業與創新，公司管理當局應率先放棄落伍的產品與服務，不要唯競爭廠商馬首是瞻。公司應在內部培養

出一種氣氛，使人人視創新為機會，而非威脅。公司必須在「今天」及早處理產品、服務、過程與技術等問題，免得明日又橫生枝節。

## 3.創業型管理實務

現營事業要培養創業精神，必須著重以下的管理實務：

第一，最首要，也是最簡單的管理實務，乃是著重機會的管理。我們通常會看見那些看得見的事物，而忽略了看不見的事物。大多數管理人員所看到的都是「問題」—— 特別是未達預期目標的項目 —— 亦即他們看不到各種機會。他們看不到新機會，僅僅是因為他們沒有去探討那些看不見的事物。

即使是一家小型公司，也會每個月製作一份業務報告。報告的首頁通常都列出與預算不符的項目 、「努力不夠」的項目，以及「有問題」的項目。公司每月一次的管理會議，目的就在解決這些所謂的「問題」。整個會議的主題都集中在這些問題上。

公司當然應以嚴肅的態度去注意這些問題，並採取因應措施。但如果公司只討論問題，自然就會忽略了新機會。公司若想要創造重視創業精神的氣氛，就應該特別注意各種新機會（不妨比較第三章提過的意外的成功）。

在重視創業精神的公司中，業務報告通常有兩個首頁：傳統的首頁條列問題；第二個首頁則列出超過預期、預算或超過計算的成功。如前文所強調的，公司的營運若出現意外的成功，即表示可能

有重大的創新機會。如果公司視而不見，就絕不可能成為創業型的公司。事實上，那些專注於「問題」的企業與管理人員，常漠視意外的成功，不願意浪費他們的時間及注意力。他們會說：「我們為什麼要插手呢？沒有我們的干涉，它不是一樣進行得很順利嗎？」此舉只有為更警覺、更謙虛的競爭廠商創造機會。

　　一般而言，重視創業精神的公司會舉行兩次業務會議：一次專注於問題的解決；一次專注於新機會的探討。

　　一家專門生產並銷售保健用品給執業醫生及醫院的中型規模供應商（該公司在若干新領域及有前途的領域中已取得權威地位），每個月第二及最後一個星期一各加開一次業務會議（operations meeting）。第一次會議專門討論各種問題：上個月未達預期標準的項目，以及最近六個月未達預期標準的項目。這個會議與一般的業務會議並無二致。然而，每個月最後一個星期一所召開的業務會議卻大不相同。這個會議專門討論表現超過預期的項目：某一產品的銷售成長超過預期數字，或新產品的訂單來自目標以外的市場。該公司（二十年來成長了十倍）的最高管理階層深信，該公司的成功主要係得力於他們能在每月一次的管理會議中，專心注意那些表現優異的項目。正如該公司最高主管經常掛在嘴邊的：「在會議中發現新機會確實是很重要，但養成這種重視創業的態度卻更重要。重視創業的態度使整個管理團隊培養出一種尋求新機會的習慣。」

　　第二，為激發整個管理團隊的創業精神，該公司實行了第二項管理實務。該公司每隔半年舉行一次為期兩天的管理會議，成員大約四、五十名，包括所有部門、市場及主要產品線的主管。第一天

上午的議程，由三、四位主管報告過去一年來他們所掌管部門傑出的創業與創新表現。他們解釋成功的原因：「我們如何獲致成功的？」「我們如何尋找新機會？」「我們學到些什麼？我們目前擁有哪些創業與創新計畫？」

再一次的，會議中所報告的內容，與主管的態度及價值感所受到的影響相比，顯示較不重要。但這些部門主管仍然強調，他們在會議中學到了很多東西，獲得許多新觀念，腦中有許多回去後急於推行的計畫。

創業型的公司總是在尋找表現優異及表現與眾不同的個人與單位。公司在找到他們之後，不僅研究他們的特質，並經常詢問他們：「你們是如何獲致成功的？」「你們做的事當中有哪些是我們沒做的，以及我們正在做的事當中有哪些是你們不做的？」

第三項管理實務對大公司而言特別重要，那就是由一位高階主管召集研究、工程、製造、行銷，以及會計等部門的資淺人員開會 —— 這是一種非正式的會議，但必須事先安排日期，並做好充分準備工作。這位高階主管的開場白是這樣的：「我不是來此發表演說或告訴你們任何事情，而是要聽你們發表高見。我想知道你們渴望什麼，但最重要的是，你們認為本公司有哪些機會，遭遇哪些威脅？你們認為本公司應如何嘗試新事物、開發新產品、找出新銷售途徑？你們對公司本身、政策、方法……業界地位、技術地位、市場地位有何意見？」

這類會議不應該經常舉行，對高階主管而言，它是一項沉重的負擔 —— 耗時太多。這種由一位高階主管花費整個下午或晚上的

時間，與二、三十位資淺人員進行溝通的會議，每一位高階主管每年不應超過三次。然而，這類會議宜有系統地持續舉行。這是一種極佳的向上溝通方式，讓資淺人員（特別是專業人員）從狹隘的專業領域脫困而出，而以一種較寬闊的眼光來看待整個企業。資淺人員可以了解高階層管理當局關心什麼以及關心的原因。反過來說，高階主管亦可深入了解年輕一輩的價值觀、看法，以及所關心的事物。最重要的是，這種會議是灌輸整個創業精神的最有效途徑。

這項管理實務有一先決條件，那就是任何人所建議的新事物或新辦法，不論關乎產品、程序、市場，還是服務，都必須能夠「實際執行」。他們應在合理的期限內，向主持會議的高階主管和與會成員提出執行計畫書，供大家嘗試發展他們的構想。看看將構想轉變為實務會是什麼樣子？應如何執行才能使原有構想具有意義？顧客與市場等的假設條件為何？需要哪些工作配合？財力、人力及時間需求多大？預估的結果如何？

再一次的，會議中所產生的創業構想並非是最重要的（雖然許多公司經常會產生可觀的構想），最有價值的成就，乃是整個組織養成了良好的創業精神，對創新有接受性，以及「渴望新事物」。

## 4. 衡量創新績效

一個重視創業精神的公司，必須將創新績效列入公司的評估事項中。也只有在對創新績效加以評估的情況下，公司的創業精神才會化為具體的行為——人類總是朝期望的目標去努力。

在一般的事業評估中，顯然沒有評估創新績效這一項。然而，要建立這種評估並不十分困難，公司至少可在原有控制系統中增加創業與創新績效一項。

第一個步驟是將每一創新計畫的成果與預期目標做一比較，回饋給管理當局。這項比較可顯示出創新計畫與創新努力的品質與可信度（reliability）。

在任何研究方案一開始時，研究部門的主管早就學會了詢問下列的問題：「這項研究方案預期要達到什麼成果？預期何時可得到成果？在方案執行過程中如何進行評估和控制進度？」他們也早就學會了如何檢查實際成果是否達到預期目標。這個回饋可顯示出研究部門的主管是否過於樂觀或悲觀；預期獲得成果的期限是否過於急迫或太長；是否高估或低估研究方案成功及所帶來的影響。此外，這種回饋還可促使研究部門主管改正錯誤的趨勢，並找出表現良好與可能表現不佳的領域。當然，不僅是技術研究與發展部門需要，所有創新方面的努力均需要這種回饋。

建立回饋的第一個目的，乃是要找出表現良好的領域。人們經常在某一領域表現良好卻不自知，並且照樣獲得進展。第二個目的乃是要找出我們的弱點所在，例如：對所需時間有高估或低估的傾向；或有一方面高估某一領域所需投入的研究資源，一方面卻低估將研究成果發展成為實際產品或工作流程所需資源的傾向；或當新事業正要突飛猛進時，有過於平凡與破壞性的傾向，以致行銷或推廣的步調緩慢下來。

有一家全球最傑出的銀行，將其成就歸功於對所有的創新努力

建立了回饋制度。該銀行不論是進入像南韓這樣的新市場，還是拓展設備租賃業務，或發行信用卡等，回饋制度都發揮了它的作用。對所有創新努力的預期成果建立回饋制度，使該銀行和其高階主管從新事物中學到了：一項創新努力需要等多久才能獲得預期成果，以及何時必須投入更多的努力及資源。

所有的創新努力，如發展並推行一項新安全方案，或一項薪資計畫，均須建立回饋制度。譬如，哪些事件象徵新方案即將遭遇困擾，並須重新考慮？哪些事件使我們能夠把握，雖然新方案似乎遭遇困擾，但實際上仍執行得很好，只需花費較預期為多的時間而已？

第二步是要發展一套有系統的評估制度，而將所有的創新努力都納入此一制度中。

創業型管理必須每隔數年對公司內所有的創新努力全面加以評估。哪一項創新努力必須大力支持並加以推動？哪一項創新努力開創了新機運？或相反的，哪一項創新努力未達預期效果，應採取何種補救措施？放棄某項努力的時機已來臨了嗎？還是加倍努力的時機已來臨了？期望的成果及最後期限為何？

一家全世界最大和最成功的製藥廠，其最高管理當局每年都對創新努力進行評估。他們先就每一種新藥品的發展做一評估，他們問道：「發展方向及進行速度正確嗎？現有生產線能製造嗎？或不適合公司的現有市場，最好授權其他公司製造？還是乾脆放棄呢？」這些人接著繼續評估公司在其他方面，特別是行銷領域所做的創新努力，問題與上述雷同。最後，他們以同樣審慎的態度來評

估主要競爭藥廠的創新成果。若以研究預算與創新總支出來看,該藥廠只能排在中間水準。然而,它在創新和創業方面的成就,卻是業界數一數二的。

最後,創業型管理必須評鑑公司所有的創新成果:與創新目標比較;與公司在市場上的表現及地位比較;以及與整個公司的績效做一比較。

也許每隔五年,最高管理當局就應召集重要部門的主管前來問道:「過去五年來,你們貢獻了哪些而使公司真正有所改變?未來五年你們想要貢獻的又是什麼?」

然而,人們也許會問,創新努力本質上不是無形的嗎?我們又要如何去評估它們呢?

確實有若干領域我們無法或不該評估其重要程度。例如:一項基礎研究的突破,使數年後可以有效的治療某種癌症重要呢?還是一種明確的說明,使病患毋須每週三次向醫師或醫院報到,只要自行在家進行一種古老但有效的治療重要?要決定上述兩者何者重要是不可能的。

同理,要公司在兩種服務不同的新方式中加以選擇也是很困難的:一種是非常重要,不保有它就會出現虧損;另一種是現在看來還微不足道,但再過幾年卻會變得較具規模,重要性也大幅增加。其實,上述情況所需要的不是「評估」,而是「判斷」。然而,決策者卻不可以任意且主觀地下判斷。雖然情況無法量化,但判斷的過程卻非常嚴格。重要的是,它們乃是依照「評估的準則來進行:根據知識,而非根據意見或臆測,來進行有目的的行動。」

　　一般企業進行這種評估工作時，最重要的問題可能是：我們是否已經獲得創新領導者的地位，或者維持住現有的創新地位？領導地位與企業規模並不一定是相稱的。亦即每個企業都能成為領導者和標準設立者，最重要的是，每個企業都有領導創新的自由，而不被強迫跟隨。這是現營事業是否擁有成功的創業精神的關鍵性測驗（acid test）。

## 5. 結構

　　有了政策、實務與評估，創新與創業就有成功的可能。它們可消除或減少可能的妨礙，培養正確的態度，並提供合適的工具。然而，創新是人努力工作的成果；而人則是在組織結構內工作。

　　為使現營事業具有創新能力，公司必須設計一種結構，容許組織內的成員都成為創業家。它應設計出一套關係，使組織成員都能以創業為重心。公司須確保其酬勞、激勵措施、薪資、人事決策與政策等，都是創業行為的獎勵，而不是造成妨礙。

　　首先，這種新的創業型結構應有別於舊有的結構。我們若想以現有結構來執行創業計畫，一定會遭致失敗。這種情形經常出現在大企業中，中型規模甚至小規模的企業也不例外。

　　如前所述，由於現營事業的各項業務均有人負責，因此公司會投入時間及精力，且會排定優先順序。與規模龐大的現營事業相比，新事物看起來總是顯得微不足道，毫無把握。然而，公司卻必須用現營事業收入中的一部分來灌溉正在奮鬥中的創新事業。當

然，我們也須注意現營事業中所隱藏的「危機」。現營事業的主管經常會拖延新事物、創業或創新行動，以致平白錯過大好的成功機會。不管人們嘗試多少方法 ── 三、四十年來，我們已嘗試過各種技巧 ── 現營事業仍然只能擴展、修正及適應已有的事物，至於新事物的發展，通常被認為是其他部門的工作。

第二，組織內應設有專司新事業的單位，且宜由高階主管負責。就算新方案的目前規模、收益與市場無法和現有的產品相比，最高管理階層一定要指派一人擔負起這種使公司邁向創業與創新的特殊責任。

這種創業與創新的工作毋須成為一項專任的職務；事實上，小公司也無法做到這一點。然而這種工作卻必須明確界定，且必須指派一位具有權力與威信的人專門負責。他們通常亦須負責釐定現營事業的創業政策；負責分析是否應放棄現營事業；負責企業X光；與負責發展創新目標。他們通常也負責創新機會的系統分析 ──即本書第一篇「創新實務」描述的創新機會分析。他們還須進一步分析組織內成員所提出的創新與創業的構想，也就是前面所提的，資淺人員在「非正式」會議中提出的構想。

有關創新的努力，特別是有關開發新事業、產品或服務方面的努力，通常應直接向這位「創新事業主管」報告，而不宜向原有組織層級中的直屬上司報告。他們絕不可向負責目前作業的直線主管報告。

對大多數的公司，特別是「管理完善」的公司而言，這種說法將被視為一種異端邪說。但是，新方案在創立之初，以及在可見的

未來，均屬於嬰兒期，而嬰兒是需要細人照顧的。「成人」，即負責現營事業或產品的主管，既沒有時間，也無法了解處於嬰兒期的方案。他們也不能被打擾。

一家大規模機器製造商由於忽視了此原則，因而損及了它在製造機器人方面的領導地位。

該公司擁有大量自動化生產機器的基本專利權，並擁有優異的工程技術與極佳的聲譽。在一九七五年工廠自動化的早期，它被視為業界未來的領導者。但十年之後，該公司卻完全失去了競爭能力。該公司曾任命一專案小組，負責自動化生產機器的發展。可是，該小組僅位於組織中最高層級之下的第三及第四層，並直接向負責該公司傳統機器生產線的設計人員、製造人員及銷售人員報告發展成果。雖然這些人非常支持自動化生產的發展，而且事實上，以機器人來生產也是他們的主要想法。然而，在面對許多像日本這樣的新競爭者時，他們卻必須忙於傳統生產線的重新設計，以適應新的規格，並且忙於示範說明、行銷、財務與服務等工作。只要那些照管「嬰兒」的人員一向他們提出選擇方案，並要求他們做決策時，他們就會回答：「我現在沒有時間，請你下個禮拜再來吧！」畢竟，機器人只是一個希望；現有的機器生產線每年尚能產生數百萬美元的利潤。

不幸的是，這是人們常犯的錯誤。

想要避免因為忽略而完全抹殺新事業的最佳途徑——也許也是唯一的途徑，就是在創新方案成立之初，就讓它成為一個獨立的事業。

有三家美國公司是採用此一途徑的最佳範例：生產香皂、清潔劑、食用油及食品的寶鹼公司 —— 一家規模龐大且積極進取的創業型公司；嬌生公司 —— 一家衛生及醫療保健供應商；以及3M公司 —— 一家工業品及消費性產品的大製造商。雖然實行的細節不同，但基本上三家公司都採取了相同的政策。從一開始，三家公司就獨立經營新事業，並指派一位專案經理（project manager）負責新事業的發展。專案經理負有維繫發展專案的責任，直到專案計畫遭到廢棄，或是達成目標成為成熟事業為止。在發展階段中，專案經理有權動員所需的技術 —— 研究、製造、財務、行銷 —— 並有權將它們投入專案小組的實際運作之中。

如果公司同時進行數項創新努力（大公司通常如此），尚可要求所有的「嬰兒」向最高管理當局中的某一人報告。至於新事業的技術、市場或產品特性是否相同倒無關緊要。所有的創新努力都是嶄新的、小的、創業的，它們都易於染上「幼兒疾病」。儘管各自擁有的技術、市場及產品線不同，新創事業所遭逢到的問題，以及它們所須做的決策卻多半相同。公司必須指派專人投入時間來注意這些創新努力，了解真正的問題所在，釐定重要決策，並掌握攸關成敗的事物。這位人士並且必須擁有代表嬰兒期專案的身分 —— 在必要的時候可以停止這些專案的進行。

第三，創新努力應該獨立經營尚有一個重要的理由：讓創新努力免於背負過重的負擔。舉例來說，除非已行銷市場多年，否則公司不應將新產品線的投資與回收計算在傳統的分析中。要求發展中的方案背負現營事業的沉重包袱，就等於要求一個六歲孩童背負六

磅重的背包遠足一樣，兩者都不會走得很遠。現營事業需要制訂會計和人事政策，並向各單位報告，這些都是不能輕易免除的。

對於創新努力本身和負責推動的單位，公司須在許多領域中制訂不同的政策、規則與評估方法。例如，公司的退休計畫該如何做才合理？公司可試著讓參與創新方案的成員分享未來的利潤，這樣總比在他們還未創造利潤的現在，就要他們負擔退休準備金好吧！

創新單位與現營事業必須分開作業最重要的原因，就是主要人員的薪資與酬勞問題。現營事業的做法會抹殺「嬰兒」的生存，亦即現營事業主要人員的薪資辦法並不適用於創新單位。事實上，大公司最常見的薪資辦法（根據資產回收或投資回收）對創新事業而言，幾乎是一大障礙。

許多年前，我從一家大規模的化學公司學到了這一課。每一個人都知道該公司的中央部門必須生產出新原料，公司才得以繼續生存。然而，研究計畫也有了，研究工作也做了……可是卻一點成果也沒有。年復一年，中央部門仍有藉口。最後，該部門總經理在一次檢討會議中說道：「我本人以及我的管理團隊的薪水，主要係依據投資報酬率來計算。為了發展新原料，我們目前必須投入許多資金；如此一來，投資報酬率就會降低，薪水也會降低，這樣至少會持續四年的時間。就算四年後新投資開始回收時，我仍然留在此地——我懷疑公司是否能夠忍受這麼長期的低利潤水準——但現在我卻必須勒緊所有同事的腰帶。這樣做對我們合理嗎？」於是，公司改變薪資辦法，在投資報酬率分析中剔除發展費用這一項目。僅僅十八個月後，新原料就成功地上市了。兩年後，該公司成為化

學原料業的領導者，並一直延續到今天。四年後，該部門的利潤增加了一倍。

然而，以薪資辦法及報酬來說明創新努力的禁忌相當容易，至於要界定創新努力該做些什麼卻很困難。條件總是互相衝突的：新專案不應肩負過重的薪資包袱；然而公司又必須給與相當的薪水，以適當地激勵他們的努力。

嚴格說來，新方案的負責人員應維持一個中等的薪資水準。如果公司給與他們較原來所得為低的薪水，就顯得十分荒謬。這些人才若在現營事業中負責一個新領域，很自然地能得到良好的待遇。而且，他們能夠輕易地換工作（在公司內或到其他公司），並能賺更多的收入。因此，新方案的薪資計畫至少應從他們既有的所得水準開始。

3M公司與嬌生公司所採取的方法非常有效。它們給與新產品、新市場或新服務的開發人員一種承諾，倘若他們開發成功，並且能成為一個事業，就讓他們成為該事業的負責人 —— 總經理、副總裁或地區總裁，以及所有與上述頭銜相稱的地位、薪給、紅利及股票選擇權等。這個報酬相當可觀，但在新事業尚未成功之前，公司卻毋須支付。

另一個方法是給與開發人員未來利潤的一部分。舉例而言，公司對待新事業就像對待獨立事業一樣，給與負責的創業經理若干新事業的股份，如百分之二十五。一旦新事業開發成功，所有銷售與利潤均將按照事先約定的公式分配。至於上述兩種方法何者為優，主要視當時的稅法而定。

　　還有一件事需要知道：在現營事業中從事創新任務的人也是在「冒風險」。因此，他的僱主也應該和他一起分擔風險。如果創新事業失敗，他應有權利選擇回到原來的職位，並享有原來的薪給。他們不能因為失敗而得不到報酬，當然更不能因為嘗試新事物而遭到懲罰。

　　第四，在討論個人薪資辦法時，當明瞭創新事業的回收與現營事業的回收大不相同，所以公司亦應有完全不同的評估方式。「我們希望所有的事業每年至少應有百分之十五的稅前收益與百分之十的年成長率。」這句話對現營事業及現有產品是有意義的。然而，對一個新專案而言，這句話絕對是毫無意義的，因為這種要求太高，也太低了。

　　在許多情況下，創新努力可能好幾年都沒有利潤，也沒有成長。在這許多年當中，創新努力都在吸收公司的資源。然而，專案一旦獲致成功，就會有很長的一段時間快速地回收。除非專案失敗，否則回收至少將是原始投資額的五十倍 —— 或者更多。創新事業剛開始時規模必定很小，最後卻會達到龐大的規模。創新事業不應是一種使原有產品線更「有地位」的附加產品或另一項「新產品」，而應成為一項嶄新的主要事業。

　　只有對公司的創新經驗及創新績效的回饋加以分析，公司才能決定新事業在產業及市場中應扮演何種角色。適當的時間幅度為何？各種努力應如何適當地分配？剛開始時是應投入大量的人力及財力？還是只要一、兩個人協助一位負責人獨立作業？何時應增加人力？「發展」應在何時轉變為「事業」，以產生大筆回收？

這些都是關鍵性的問題。書本上絕對找不到這些問題的答案。人們也不能隨意、憑直覺，或用追根究柢的方法來回答。然而，創業型公司確實知道某一產業、技術及市場的創新所該有的類型、步調及時間幅度。

以前述那家創新的大銀行為例，它知道在某個新國家設立分行，至少須不斷地投資三年，第四年損益平衡，第六年年中時投資額才開始收回。但如果到了第六年年底，總行還須為這家分行投資，這就是一個極端令人失望的投資案，或許應該及早撤銷。

一個重要的新服務項目——例如租賃——的循環與上述情況類似，但時間稍微短些。寶鹼公司——或是以旁觀者的眼光來看——知道，該公司所推出的新產品需要發展兩、三年才會正式上市；上市一年半之後，新產品才會成為市場的領導者。IBM推出一項重要的新產品需要五年的前置時間；一年後該產品才會快速成長；第二年會逐漸取得領導地位，有相當的利潤；第三年年初可收回原始投資額：上市第五年銷售達到頂峰。到了那時候，另一項IBM產品早就準備取而代之了。

只有透過有系統地分析自己與競爭者的績效，公司才能對上述情況有所了解。換句話說，公司應建立有系統的回饋制度，以獲得創新成果與預期成果之間的比較數字，並經常評估公司在創業上的表現。

一旦公司了解創新努力應該以及可能的成果，就可設計出一套適切的控制制度。這套控制制度可以衡量創新事業及管理人員的績效，並決定是否應大力推動，或重新考慮是否該放棄。

第五，為了使現營事業邁向創新與創業，最後一項結構性的要求是，公司應指派一個人或一個小組來擔負起明確的責任。

在前述「中型規模成長公司」中，通常由最高執行長（CEO）擔負主要的責任。而在大型公司中，可能指派一位最高管理階層的資深主管來負責。小公司則不大相同，負責創業與創新的主管，可能同時肩負其他的重任。

最明確的創業型組織結構，乃是一種完全獨立的創新公司或創新發展公司，不過這類公司只適於大規模的企業。

最早的例子於一八七二年出現於世界知名的德國「西門子公司」，由該公司所僱用的第一位大學畢業生海夫納・亞登奈克（Hefner Alteneck）所負責。海夫納創立了工業界第一所「研究實驗室」。研究實驗室的成員負責發明不同的新產品及新程序，不過他們也須負責確定不同而且新的最終用途及市場。他們不僅須從事技術方面的工作，同時亦須負責製造程序的發展、新產品的上市以及產品的獲利等等。

五十年後的一九二〇年代，美國的杜邦公司也設立了一個類似上述實驗室的獨立單位，稱做「發展部」。該部門負責蒐集全公司的創新概念，並負責研究、過濾及分析。倘若某一概念有可能成為主要的創新方案，該部門就會呈報給最高管理當局。從一開始，該部門就將創新方案所需的各項資源列入考慮：研究、發展、製造、行銷、財務及其他各項。一直到新產品或服務已上市數年，該部門才會卸下責任。

不論由最高主管、最高管理當局中的某位高階主管，還是一個

獨立小組來負責創新事業的發展,也不論他們是專任還是兼任,他們的責任應與其他責任分開,並應被視為是最高管理當局所賦予的責任。這個責任尚包括有系統、有目的的尋找創新機會。

也許有人會問,所有的這些政策和實務是否都是必需的?難道它們不會干擾創業精神和壓抑創造力嗎?缺少了這些政策與實務,事業就無法達成創業化了嗎?其實也不盡然,但若沒有這些政策與實務,創業化不會盡善盡美,也不會維持很久。

一般人討論創業精神時,重心都喜歡放在最高管理當局成員的性格與態度上,特別是最高主管。當然,最高管理當局可以抑制與破壞組織內的創業精神,這是再容易不過的了。只要他「否定」每一個創新構想,不讓提出這些構想的人得到報酬與晉升機會,不出幾年,這些人一定會跳槽到其他公司。僅憑最高管理當局成員的性格與態度,而不配合適當的政策與實務,將很難創造一個創業型的事業。然而大多數討論有關創業精神的書卻不做如是想 —— 至少許多書是如此暗示。我也知道少數幾家公司由創始人一手包辦企業的建立與經營,不過它們的壽命都不長。這些公司一旦獲得成功,除非採用創業型管理的政策與實務,否則很快就會停止創業化。最高管理當局成員的性格及態度,只能適用於小企業或新事業,原因在於中型規模的企業,其組織均已相當龐大。這類組織須用許多知道做什麼且願意去做的人,他們應受到激勵,賦予他們工具以及不斷地再肯定。否則光說不練,創業精神很快就成為最高主管的說辭而已。

我也知道,除非創始人建立了一套創業型管理的政策與實務,

否則一旦創始人不在，任何一個事業都無法維持原有的創業精神。缺乏創業型管理的政策與實務的公司，會變得較保守，眼光也只停留在未來幾年內。這類公司甚至不了解它們已失去了本質，即失去了讓它們出類拔卒的要素，通常等到它們了解時已來不及了。因此，公司須設計一套創業績效的評估方法，方不致為時過晚。

茲舉兩家公司為例，說明它們在創始人的管理風格下，創業型企業如何表現「常態卓越」（par excellence）的現象。「迪士尼」公司的華德・迪士尼（Walt Disney）與麥當勞公司的雷・克勞克，均是受人尊敬的企業創始人。他們都有豐富的想象力以及自我驅策力，並富於創造力、創業精神與創新的思想。他們積極參與公司的例行性業務，並負起公司的創業責任。他們都依賴本人的「創業家性格」，而並未將創業精神深植於明確的政策與實務中。在兩人辭世後沒有幾年，他們的公司就變得懶散、緬懷過去、膽小與較具防衛性。

至於那些建立創業型管理的公司——寶鹼、嬌生、馬克士——不管最高主管迭經更替，經濟環境屢遭變遷，十年、二十年過去，它們仍然擁有創新與創業的領袖地位。


## 6. 用人

現營事業應如何用人才能達到創業與創新的目標？有所謂的「創業家」嗎？他們是天生的嗎？

這些問題值得討論。我們聽過許多有關「創業家性格」的故

事。這些人什麼事都不做，只知道創新。根據我們的經驗——而且是豐富的經驗，這些討論以及故事都是無意義的。大體而言，那些對自己身為創新者及創業家並不感到安適的人，是不會自願從事創新及創業工作的；這些人被自己的意願摒除於創業家的大門外。其他人則可藉著創新實務而學習做一個創業家。經驗告訴我們，一位主管被指派從事另一項工作時，一樣可以成為一個出色的創業家。在成功的創業型公司中，似乎無人擔心某人是否能勝任研究發展的工作，似乎任何背景、任何性格的人都能勝任愉快。任何一位在3M公司服務的年輕工程師，只要他們向最高管理當局提出有意義的新構想，就會被指派負責該構想的發展工作。

同樣的，我們也毋須擔心成功的創業家會逐漸消失。有些人的確只顧從事新方案的發展工作，而絕對不涉及其他事物。在大多數的英國家庭還盛行僱用保母的時期，許多保母在「她們的」嬰兒逐漸長大，能走能說話，也就是他們已不再是嬰兒的時候，都不願意繼續留下來服侍這些孩子。然而，也有不少保母非常樂意留下，並發覺照顧年紀較大的孩子並不困難。那些除了做一個創業家之外，什麼事都不願幹的人，自然不知如何在現營事業工作，甚至不容易成功。一般而言，那些在現營事業中表現傑出的創業家，早就被人視為是成功的管理者。因此我們有理由假定，他們既能創新，也能管理既有的事業。寶鹼公司與3M公司確實有若干以「專案管理」，再進入「產品管理」，再進入「市場管理」，最後進入他們事業的高峰，登上管理全公司的高級主管寶座。嬌生公司與花旗銀行的管理人員也多是如此。

　　證明創業精神是行為、政策與實務的產物，而不是性格使然的最好例子，就是美國已有愈來愈多的大公司高級人士，成功地開創了他們人生的第二個創業型事業。而且，愈來愈多高、中階主管以及專業人士，他們一生都在大公司中服務，卻在服務滿二十五或三十年時決定提早退休，原因是他們接觸到或體認到他們的「終點工作」（terminal job）。於是，這些年齡在五十到五十五歲之間的人士即搖身一變為創業家。有些人自行創業；有些技術專業則組成顧問公司，為小規模的新事業服務；有些人則加入新成立的小公司，擔　高級主管的職位。這些人絕大多數都在新事業上獲致成功，而且心情愉快。

　　「美國退休人協會」（America Association of Retired Persons）所出版的《現代成人》（Modern Maturity）雜誌，就是專門報導這些人士所遭遇的故事，雜誌中的廣告也多為一些招募這些人士的小公司所提供。一九八三年，我曾舉辦了一場最高主管管理研討會。在四十八位參加人士當中，有十五位（十四男一女）是從事第二個事業的創業家。在這次具有特殊意義的研討會當中，我問他們這麼多年來在大公司裡服務，有沒有因為具有「創業家性格」而受到挫折或壓抑。他們認為這個問題太過荒謬。我又問他們在角色的轉換過程中有無遭逢困難，他們認為這個問題也是同樣的荒謬。正如其中一位所說的 —— 其他人也都點頭同意 ——「好的管理就是好的管理。不論你是否像我以前一樣，在年營業額幾十億美元的奇異電氣公司執掌一個一億八千萬美元的部門；或是像我目前一樣，在一家年營業額只有六百萬美元的新興診療器材創新公司服務。當然，我

所從事的事業不同，做法也不一樣。我在奇異學到的觀念可以應用在新公司上，我所用的分析方法也完全相同。事實上，這種轉換過程很容易，比起十年前我從工程師的職位升到我一生中第一次的管理職位還要容易。」

公共服務機關的情形也大同小異。美國歷史上最成功的創新者當中，舒渥（Alexander Schure）與波埃爾（Ernest Boyer）都曾受過高等教育。舒渥在電子領域中博得了創新者的美名，許多專利都冠上他的名字。一九五五年，他不過三十出頭，就創立紐約理工學院。這是一所私立大學，沒有任何來自政府、基金會或大企業的資助。這所大學的招生方式、教學課程以及教學方式，在當時都是別樹一格。三十年後，舒渥的紐約理工學院已擴增為四個校區，其中有一個是醫學院，學生人數超過一萬兩千人。舒渥仍然從事電子方面的發明事業，並且相當成功。但另一方面，他擔任大學的專任校長達三十年之久，並建立了一個專業且效率極高的管理團隊。

與舒渥不同，波埃爾先在加州大學，後在紐約州立大學，都是擔任行政主管的職位。後者擁有六十四個校區，三十五萬名學生，是美國最大且最官僚化的學府。一九七〇年，波埃爾以四十二歲的英年，被任命為大學校長，這是他事業的頂峰。接著，他著手創辦了「帝國學院」（Empire State College）。事實上，這所學校並不是傳統的大學，只是企圖解決美國高等教育一個歷史最悠久且最令人困擾的問題，亦即為那些沒有充分學歷的成人，提供一個獲得學位的機會。

雖然以前也有人嘗試過，但從未獲得成功。如果成人與年輕學

生一同修習「正規」課程，學校絕不會注意這些成人的目的、需求及他們所擁有的經驗。學校對待他們像十八歲的學生一樣，使他們很容易產生沮喪的感覺，因而很快地紛紛退學離去。如果他們參加學校特別為他們開設的「密集教育課程」，他們很容易被視為不受歡迎的人物而受到排擠，而課程的師資多半是學校隨意安排的。然而在波埃爾的帝國學院裡，成人可修習任何學院或大學的正規課程。學校會先為成人學生安排一位「顧問」（mentor），通常是由附近州立大學的職員擔任。這位顧問協助成人學生研擬讀書計畫，並決定他們是否需要特別的準備工作。反過來說，他們的經驗也可決定成人學生是否有資格從事高深的研究與更高的學位計畫。顧問就像每一位申請者與學校之間的橋梁，協助他們有關入學、學歷資格及課程安排等方面的事宜。

這些事情聽起來就像常識一樣，實際上也是如此，但對美國學府的習慣與風俗而言，卻是一大突破。一般州立大學難得見到這類做法。然而，波埃爾非常堅持他的主張。帝國學院目前已成為美國高等教育中提供此類課程計畫的第一個成功例子。該校擁有六千名學生，退學率極低而且提供碩士班的課程。波埃爾這位偉大創新者，不以「行政管理人員」為滿足。在擔任紐約州立大學校長之後，他又擔任過卡特（James Earl Carter）總統的教育部長，以及卡內基基金會教學促進會的總裁。在美國學界術中，前者是最高的行政職位，而後者則是最有「建設性」的工作。

這兩個例子並不能證明人們可以既是官僚，又是創新者。舒渥與波埃爾確實是例外。不過他們的經驗顯示，任何工作都毋須具

備特別的「性格」；所需要的是人們願意學習、願意不斷辛勤的工作、願意自我訓練，以及願意適應並採用正確的政策與實務。這也正是任何採用創業型管理的公司，在用人方面所顯示的情形。

為使創業計畫能成功地運作，公司的組織與結構必須完善，各種關係必須正確地建立，薪水與報酬也必須適當。在一切都準備妥當之後，剩下來的問題就是由誰來負責，以及新計畫應達成哪些目標。這些問題應根據負責人的個人背景來決定，而不應根據沒有什麼實驗證據的心理學理論。

創業型企業的用人決策，與一般企業的用人決策並無不同。當然，前者較具風險性（用人決策多半是有風險性的）；當然，前者須審慎並本著良心為之，且不能犯錯。首先，這種指派須經過深思熟慮，其次再考慮一批人選，然後仔細考核他們的績效，最後受與幾位同事共同檢討每一位候選人。這個過程也適用於任何用人決策。創業型公司的用人決策和程序，與公司其他部門管理職位及專業人員的用人決策大致相同。

## 7.禁忌

以下是現營事業採用創業型管理時必須注意的一些禁忌：

第一，最重要的一項警告，就是不要將管理單位與創業單位混在一起。絕不要讓創業成為現營事業管理的一部分；也絕不要讓負有現營事業經營、開發，以及最適化責任的管理人員，也把創新當做他們的目標。

　　另外一項警告也須留意，那就是任何一個企業若不改變基本的政策與實務，就絕不要妄想達成創業化 ── 事實上，這樣做幾乎一定會遭致失敗的。本末倒置很少有成功的機會。

　　過去的十年到十五年之間，有許多美國的大公司曾試圖與創業家合資（joint ventures），結果沒有一家成功。創業家發現他們受限於公司的政策、基本規則，及一種官僚、守舊和保守的「氣氛」。另一方面，大公司的主管人員則不了解創業家們想要做什麼，並認為他們未受過訓練、太過狂妄，而且充滿幻想。

　　大體而言，大公司只有透過組織內的成員來建立新事業，才有可能成功地達成創業化。公司與新事業的負責人必須互相了解；公司必須信任他，而他則知道現營事業中該如何經營新事業。換句話說，公司應該找一個可以合夥的對象。但上述情況乃假定整個公司已充滿了創業精神，公司希望創新，大張旗鼓準備創新並視創新為必要的措施和大好的機會。上述情況是假定整個組織都「渴望新事物」。

　　第二，創新努力如果離開了原有的領域，則很少有成功的可能，所以創新最好不要「多角化」（diversification）。不論多角化經營有何利益，均與創業及創新扯不上關係。公司想在本身並不了解的領域進行研究發展，必定會遭遇極大的難題。現營事業若要創新，應配合原有的專業知識 ── 市場知識或技術知識均可。當事先預測，凡是新事物將來一定會碰到各種問題，因此公司必須先知道新事物是屬於哪一種事業。多角化經營仍有它的難題，這是我在《經營者的責任》（*Management : Task, Responsibilities and Practices*）

一書的第五十六章和五十七章中談到的（編按：此書為管理大師彼得‧杜拉克最重要經典套書第III部，二○二○年天下雜誌出版）。如果公司在邁向創業化的過程中除了原有的困難與需求外，又加上多角化經營的困難與需求，其後果將不堪設想。因此，公司應朝本身已有所了解的領域從事創新努力。

最後一點警告，現營事業若想藉「購進」（即購併小規模的創業型公司）來達到創業化的目的，終究是徒勞無功的。除非母公司願意在很短的時間內供應子公司一套管理制度，否則購併極少成功。被購併公司的管理人員都不會待得很久，原因在於：如果他們原來是老闆，被購併後自然會變得很富有；如果他們是專業經理人，除非購併公司能提供更好的機會，否則他們都不願意繼續逗留。因此一、兩年之內，購併公司一定要為所購進的公司提供一套管理制度，在非創業型公司購進創業公司時更是如此。被購併公司的管理人員很快就會發現，他們無法和母公司的人員一同工作。我個人就從未見過成功的例子。

在變遷快速的時代中，一個企業想要具備創新的能力、獲得成功的機會並邁向欣欣向榮，就必須在原有的制度中建立起一套創業型管理制度。它必須採用一套政策，使整個組織期望創新，並培養重視創業精神及創新的習慣。現營事業不論規模大小，一定要透過創業型管理，才能成為一個成功的創業型企業。

注1：這些方法均源自《成效管理》（*Managing for Results*）。這是第一部系統

化探討有關企業策略的著作。而企業策略又源於作者在五〇年代末期在紐約大學所開「創業精神」研討會的內容。《成效管理》一書中所做的分析（第一至第五章），是根據所有產品與服務的表現、特性及預期壽命，將它們歸納成少數幾類，迄今仍是分析產品生命與產品有效壽命的有用工具。

注2：有關這些術語的定義請參閱《成效管理》第四章。

Chapter *14*

# 服務機構的創業精神

　　為何創新對公共服務機構如此重要呢？我們為何不能讓它們保持現狀，而像歷史告訴我們的，另外成立一個新機構來從事我們所需要的創新呢？

　　問題的答案是，公共服務機構在已開發國家中占有相當重要的地位，而且規模非常龐大。

## 1.創新的嚴重障礙

　　公共服務機構，如政府機構、工會組織、教會、各級學校、醫院、社區及慈善團體、職業公會以及商會等也和商業團體一樣，需要創業精神與創新。對這些公共服務機構而言，今日社會、科技及經濟的急速變遷，一方面是愈來愈大的威脅，一方面也是愈來愈好的機會。因此，它們事實上更需要創新與創業精神。

　　然而，公共服務機構卻發現，它們比最「官僚化」的公司還難以創新。「現有的」制度是機構邁向創新過程中難以克服的障礙。有一點是確定的，那就是服務機構的規模都有日益擴大的趨勢。由於利潤不是服務機構的績效指標，因此規模愈大，就表示機構愈成

功。它們還將成長列為機構追求的目標,然後當然就會出現更多要做的事。然而,要它們不要再做那些「已做好的事」,或要它們從事某些新事物,它們都感到極端厭惡或極端痛苦。

公共服務機構的創新,大多數是局外人帶來的,或是因為遭逢大災禍而不得不創新。舉例來說,現代化的大學就是由普魯士外交家洪堡所創立的,而洪堡徹徹底底是一位局外人。當法國大革命及拿破崙時代的戰爭完全摧毀了十七、十八世紀的傳統大學時,洪堡於一八〇九年創立了柏林大學。六十年後,當美國傳統的大學奄奄一息,已不能再吸引學生時,現代化的美國大學也就應運而生。

同樣的,本世紀軍隊組織的基本創新,不論是組織結構或是戰略,都是因為遭受慘痛的戰敗,或組織出現令人感到羞辱的錯誤:美國在美西戰爭留下不名譽的戰敗紀錄後,老羅斯福總統任命紐約律師路特(Elihu Root)為國防部長,重組美國陸軍及戰略;英國陸軍在波爾戰爭(Boer War)遭到同樣不名譽戰敗紀錄之後數年,國防部長海敦爵士(Lord Haldane)—— 他原也是一位平民,即開始重組英國陸軍及戰略;同樣的,德國陸軍在第一次世界大戰戰敗後,也重新考慮其組織及戰略。

政府機構也是一樣。近代政治史上最偉大的創新構想,就是一九三三到一九三六年間,美國羅斯福總統所推行的「新政」(New Deal)。當時的經濟大恐慌,幾乎使整個社會組織全面崩潰。

官僚組織的批評者將公共服務機構抗拒創業精神與創新的責任,歸咎於下列人士:「怯懦的官僚」、「趨炎附勢者」及「熱中權力的政客」。這是一個非常古老的祈禱文 —— 事實上,馬基維利

早在五百年前就如此吟唱，到現在已相當久遠了。唯一的改變是，吟唱的人不同了。在本世紀初期，人們還高舉著「自由」的標語，現在的標語則改為「新保守主義」。唉！事情並非如此單純，所謂「上流人士」（better people）——即改革人士長久用來炫耀的萬靈丹——其實是一海市蜃樓。最有創新和創業精神的人士，一旦接掌公共服務機構，特別是政府機構，六個月後，就會變得像是最糟糕的趨炎附勢官僚，或是熱中權力的政客。

妨礙公共服務機構創新與創業精神的因素，係深植於這些機構之中，已成為機構組織的一部分，而且無法分開。最佳的證明便是企業內部的員工服務部門。實際上，這些部門就是企業組織內的「公共服務機構」。這些部門通常由那些在競爭市場中有良好表現的業務人員負責。然而，員工服務部門並未像創新者那麼廣為人知。他們善於建立自己的王國——並總是重複做同樣的事。他們不願意放棄正在做的事，且一旦建立了行事準則，就很少創新。

為什麼公共服務機構的創新障礙，比一般企業組織來得多呢？主要有以下三點理由：

第一，公共服務機構最主要是靠「預算」，而非依靠成果所獲得的報酬。它的開支取決於活動的多寡，以及別人所提供的基金，不論這些基金的來源是納稅人、慈善組織還是司（指設有人事部門及行銷服務部門的公司）。公共服務機構的活動愈多，預算就愈龐大。公共服務機構已將「成功」定義為「爭取龐大的預算」，而不是「獲得良好的成果」。取消公共服務機構的活動與努力，就等於縮小它的規模，使它喪失原有的地位與聲望。另外，公共服務機構

絕不承認失敗。更糟的是，它絕不承認目標已達成的事實。

　　第二，服務機構要依賴眾多組成因素。公司在市場上銷售產品，消費者是最重要的因素，重要性凌駕在其他因素之上。一家公司只需在一個小小的市場上擁有小小的市場占有率，就可算是一個成功的企業。一旦在市場上獲得成功，其他的因素，不論是股東、員工、社區等，都可同時獲得滿足。但是，公共服務機構（包括公司內的員工服務部門）的「成果」，並非根據其所獲得的報酬。任何組成因素不論其邊際影響力有多微小，都握有否決權。公共服務機構必須滿足每一個因素，亦即它不能忽略任何一個因素。

　　當公共服務機構開始推展活動時，需要組成一個「後援團」（constituency），如果活動計畫遭到否決，該團體就會持反對的態度，甚至反對做重大修正。任何新構想都會遭到反對的意見，亦即現有的後援團會反對新構想，而其他未加入者則表支持態度。

　　第三，最重要的一個理由是，公共服務機構的成立主要就是要「做好事」（do good）。這意味著機構成員視自己的任務為一絕對的道德事務，而非經濟性及須計算成本效益的事務。經濟學總是在尋求同一資源的不同分配方案，以獲得「更高的收益」。因此，經濟領域中，任何事物都是相對的。但是，在公共服務機構裡，沒有所謂「更高收益」這回事。如果某人「做好事」，就沒有「更好」這一回事。事實上，如果機構未達成「做好事」的目標，只意味著他們須加倍努力──邪惡的勢力比預期來得大，需要奮力對抗。

　　幾千年來，各種宗教的修道士都在抗拒「肉體的罪惡」。最保守的說，他們的成就有限。可是修道士們卻不認為這有什麼好爭論

的。人們無法說服他們運用其可觀的才智去追求更易達成的目標。相反的，如果目前的成就有限，只是證明他們須更加倍努力罷了。抗拒「肉體的罪惡」顯然「在道德上是件好事」。因此他們認為這是絕對的道德問題，毋須做任何成本效益分析。

很少公共服務機構會用這種絕對的字眼來定義其目標，但是公司的人事部門及製造部門的服務人員，均傾向於視自己的任務為「做好事」。因此，他們把自己的任務視為道德的以及絕對的，而非經濟的以及相對的。

這意味著公共服務機構傾向於最大化（maximize），而非最適化（optimize）。「消滅飢餓運動組織」的領袖如此宣稱：「只要世界上還有一個小孩挨餓，我們的任務就沒有完成。」但如果他說：「如果大多數的孩童均能透過現有的配給管道，獲得到足夠的食物，而不會影響他們的發育過程，我們的任務就算是完成了。」他就會被踢出辦公室去。然而如果你把目標指向最大化，則永遠不會達成。實際上，當人們愈接近達成目標時，則更須加倍努力。因為一旦達成最適化之後（理論上，最適化是最大化的百分之七十五到八十之間），邊際成本會遞增，邊際效用卻會遞減。因此，公共服務機構愈接近達成目標，所受的挫折就愈大，而它就會更加倍的去做已經在做的事。

無論達成目標的程度為何，公共服務機構都會做同樣的事。不管它是成功是失敗，要它去從事創新或做其他的事，一定會被它所憎惡且會被視為是對其基本承諾、存在原因、信念及價值的攻擊。

以上原因都是創新的嚴重障礙。大體而言，它們解釋了為何公

共服務機構的創新多半來自新事業，而非來自其組織內部的原因。

今日最極端的例子，莫過於工會組織了。工會組織恐怕是本世紀已開發國家中最成功的公共服務機構。它明顯地達到其原始目標。在西方已開發國家中，勞工所得已占國民生產毛額的百分之九十（在某些國家，如荷蘭，這個百分比已接近一百），這些工會組織已經無法達成「更多」目標了。然而，工會組織卻無法考慮新挑戰、新目標和新貢獻。它所能做的，只是重複老的標語，打老的戰爭。原因無他，「勞工福利」是一種絕對的好事。很明顯的，這個因素不容置疑，也不容重新定義。

大學也和工會組織沒有多大差別，部分是因為同一理由 —— 在本世紀中，大學的成長與成功水準僅次於工會組織。

公共服務機構中仍有不少例外（然而我必須指出，其中很少是政府機構），顯示出儘管又老又大，卻仍有能力創新。

舉例來說，美國天主教的大主教轄區是由平民信徒來管理的，其中還由一位已婚的婦女擔任總監（她原先是一家百貨公司連鎖店的人事副總裁），只要不牽涉赦罪、聖職以及聚會等事務，所有職位均由平民專職人員及平民監督人員擔任。雖然美國天主教會普遍缺乏教士，這個轄區卻仍能派出多餘的教士支援其他教區，並能積極地增加宗教服務項目。

科學界歷史最悠久的「美國科學促進協會」（American Association of the Advancement of Science），在一九六〇到一九八〇年之間重新調整方向，一方面變成一個「大眾化組織」，一方面也不失其原有領導者的地位。它將《科學週刊》改頭換面，使它成為科學界

對社會大眾及政府的發言人，並成為科學政策的權威報導者。它還創造了另一個具有扎實的科學知識且符合大眾口味的雜誌。

　　早在一九六五年左右，美國西岸一家大醫院就體認到，改變保健服務是成功的關鍵。當其他大城市的醫院開始朝向醫院連鎖或移動式救護醫療中心努力時，這家醫院卻已成為這種保健潮流的創新者與領導者。事實上，它是第一家建立移動式婦產中心的醫院，產婦只需負擔合理的價錢就可在汽車旅館式房間內待產，醫療服務一應俱全。它也是第一家創立移動式救護醫療中心的醫院。此外，它還開始建立志願性醫院連鎖組織，與各地小型醫院簽約，提供醫院管理方面的服務。

　　自一九七五年開始，美國女童軍組織也開始進行一些創新活動。美國女童軍組織在本世紀初期已成立，擁有數百萬年輕女會員，組織規模龐大。它所進行的創新，使該組織的三個基本要素——會員、行動方案及義工，都受到了影響。它開始招收黑人、亞裔、拉丁裔等新都市中產階級的女孩為會員，目前這些少數民族已占全體會員的五分之一。它還體認到現代婦女已朝職業及管理職位努力。這個潮流使得該組織必須調整原來的計畫，即不再強調家庭主婦或護士為婦女的傳統職，改而強調職業婦女與婦女進入企業界服務的重要性。女童軍組織的管理當局亦體認到，招募義工來協助地區活動的傳統來源已逐漸乾涸了，因為年輕婦女已不再無所事事的待在家裡。該組織知道，這些新一代的職業婦女代表著一種機會，組織可以善加運用她們。對任何社區組織來說，最大的限制便是義工人數的多寡。因此，該組織為職業婦女安排了一些義工

的工作，一方面配合她們的時間，使她們和孩子能享受生活情趣，一方面亦有助於孩子的成長與發育。最後，組織發現職業婦女無法多花時間與孩子相處，這種現象亦代表一個機會：它開始招收學前兒童為女童軍。於是，女童軍組織遏阻了孩童與義工人員下降的趨勢。而規莫更大、歷史更悠久、財源更充裕的男童軍組織，則一直處在漂泊不定的狀態。

## 2. 創業政策

　　我了解這些都是發生在美國的例子。但毫無疑問的，歐洲及日本也可以發現許多類似的例子。儘管這些例子各有限制，但它們已足以說明公共服務機構在培養創新能力時，需要哪些創業政策。

　　首先，公共服務機構需要明確地界定其任務。它想要做什麼？它為何存在？它的重心應放在目標上，而非行動計畫及方案。行動計畫及方案不過是達成目標的工具罷了。因此組織應視其為暫時和短期的手段。

　　第二，公共服務機構宜以合乎現實的字眼來描述組織目標。它應該說：「我們的工作是『紓解』（assuage）饑饉。」而不應說：「我們的工作是『消除』（eliminate）飢餓。」它需要設定一個可以實際達成，並且可獲得人們承諾的目標，因此它最後可以宣稱：「我們的任務已經達成了。」

　　當然，有些目標是永遠無法達成的。維持人類社會的公正，就是一個無休無止的任務，就算標準再寬，人們永遠也無法圓滿達成

此目標。但大多數的目標都應以最適化，而不應以最大化的字眼來解釋，然後人們才可以說：「我們已達成我們的目標了。」

不錯！校長和老師可以說他們已經達到傳統的目標：讓每一個人長期上學。在已開發國家中，這個目標早已達成。那麼，現在的教育應該做些什麼事呢？亦即「教育」與僅僅來上學有何差別呢？

第三，倘若組織未能達成目標，即表示目標設定錯誤，或至少定義錯誤。這裡假定目標的「經濟意義」大於「道義」。如果嘗試多次仍未達成目標，我們就必須假定目標不正確。如果失敗了，就認為應繼續努力，這種想法是不合理的。早在三百年前，數學家就告訴我們，成功的機率會因嘗試次數的增加而遞減。實際上，每一次嘗試的成功機率，絕不會高於上一次嘗試成功機率的一半。因此，任何失敗都是「鐵證」，促使我們重新檢討目標的正確性──這個觀念與大多數公共服務機構的想法完全相反。

最後，公共服務機構應釐定政策與實務，俾能經常尋求創新的機會。組織應該視變遷為機會，而非威脅。

前面所提到的能夠創新的公共服務機構，其成功的原因無他，就採用了這些基本原則。

二次大戰後，美國的天主教會首次碰到下列情況，即受過良好教育的天主教平民信徒急遽增加。大多數的天主教轄區，實際上就是羅馬天主教會的組織，都視之為威脅，或至少把它看做是一個問題。這是因為受過良好教育的天主教平民信徒增多，使得大主教與聖職人員不用被視為理所當然。而且在教會組織裡，也沒有多餘的職位提供給這些平民信徒。同樣的，從一九六五或一九七○年開

始，美國的天主教轄區都面臨了新進年輕教士銳減的問題 —— 這也被視為重大的威脅。然而，其中只有一個轄區把這兩個問題看做大好機會。結果這個轄區面臨到不同的問題：全國的年輕教士都想進入這個轄區。因為在這個轄區裡，年輕教士可以一展他們的受訓所得；他們在這裡所做的事，就是當初他們選擇教士聖職時想要做的事。

從一九七〇或一九七五年開始，所有的美國醫院都看到保建服務的變遷。絕大多數的醫院都起而對抗這些變遷，他們都說：「這些變遷將造成一個悲慘的結局。」只有一家醫院把這些變遷視為大好機會。

美國科學促進協會看到愈來愈多的人具有科學背景，愈來愈多的人在科學界工作。它認為這是一個大好機會，於是將自己塑造為領導者，使它在科學界圈內與圈外，都享有權威的地位。

美國女童軍組織看到了人口統計因素變動後，自問道：「我們應如何把人口趨勢轉變為新機會呢？」

只要遵循簡單的原則，甚至政府機構也可以從事創新。以下是政府機構創新的實例。

一百二十年前，美國內布拉斯加州的林肯市，是西方世界中第一個將大眾運輸、電力、瓦斯、自來水等公共服務事業收歸市營的城市。然而最近十年來，該市在女市長海倫‧布薩利斯的領導下，已經將大多數的公共服務事業開放民營，如垃圾收集、學童運輸等等。該市採用的辦法是，由市政府提供經費，再由民營公司參加競標。結果不僅節省可觀的成本，服務品質也大為提高。

　　林肯市的布薩利斯市長看到的機會是，將公共服務事業中的
「供結者」（政府）與「供應商」分開。這種做法不僅提高了服務標
準，也因為具有競爭性，所帶來的效率、可靠性及低成本均很可
觀。

　　前述四個原則組成了明確的政策與實務架構，是公共服務機構
從事創業與創新所必須具備的。此外，前章所述創業型事業的創業
政策與實務，公共服務機構亦可參考採用。

## 3. 為何要創新

　　為何創新對公共服務機構如此重要呢？我們為何不能讓它們保
持現狀，而像歷史告訴我們的，必須另外成立一個新機構來從事我
們所需要的創新呢？

　　問題的答是，公共服務機構在已開發國家中占有相當重要的地
位，而且規模非常龐大。公共服務機構不論是政府機構，還是民營
的非營利性組織，它們在本世紀的成長均極為迅速，速度也許是民
營企業的三到五倍。二次大戰後，公共服務機構的成長更形迅速。

　　就某些觀點來看，這種成長已經顯得過分了。因此，只要公共
服務活動有可能轉變為營利事業，就應毫不猶豫地做這種轉變。這
種轉變不僅限於林肯市將市營服務事業開放民營化，事實上，美國
醫院很早就將非營利事業轉變為營利事業。我預測這種轉變在職業
教育及研究所教育領域會掀起一陣熱潮。在已開發國家中，由於政
府不斷補貼職業教育及研究所教育機構，也就是補貼那些擁有高級

學位的高所得者，這種情形很難說是公正的。

在未來的二、三十年中，已開發國家最主要的經濟問題必定是資本形成的問題 —— 只有日本的資本形成還能夠適當地因應經濟的需要。除非「非營利」事業能重組其活動，像營利事業一樣賺取利潤，否則我們將無法負擔這些非營利事業，因為它們只會吞噬資本，而不會形成資本。

雖然公共服務機構已完成了許多活動，但有些活動仍然需要持續進行，既不會消失，也不會轉變。因此這些活動必須成為具有生產力的生產性活動。公共服務機構必須學習成為創新者，並學習創業管理。想要在社會、科技、經濟以及人口統計迅速變遷的時代中達到上述的目的，公共服務機構必須將這些變遷視為大好機會，否則這些變遷將會變成障礙。如果公共服務機構緊抱著那些在變動環境中無法成功的計畫與方案，自然愈發不能完成任務，甚至不能放棄也不願放棄這些無法完成的任務。它們會愈發像十三世紀封建貴族的後裔一樣，當他們失去所有的社會功能之後，只會寄人籬下，然後運用權力去妨害和剝削別人。它們將會變得自以為是，逐漸喪失合法地位。很明顯的，這就是公共服務機構中最有權力的工會所發生的情形。然而在一個變遷快速的社會中，有許多新挑戰、新需要以及新機會，因此公共服務機構仍是必需的。

美國的公立學校說明了它既有大好的機會，也有潛在的危機。除非這些公立學校能率先創新，否則將很難在本世紀繼續生存下去（那些在髒亂地區為少數民族所開辦的學校則不包括在內）。美國公立學校有史以來第一次面臨班級結構的威脅，除了赤貧學童之

外，所有的學童都在公立學校的照顧範圍之內 —— 至少多數人口
居住的城市及郊區是如此。然而，這種情形恰巧是公立學校本身的
錯誤，因為這是眾所周知公立學校必須改革的地方。

其他許多公共服務機構也面臨類似的情況。這些機構都知道如
何創新，也知道需要創新，它們更知道必須學習如何在原有的系統
中建立創業精神與創新制度。它們必須如此做，否則將發現自己被
其他創業化的公共服務機構所取代，而變成過時的產物。

在十九世紀末及二十世紀初期，公共服務機構有著大量的創新
和創造性。在這段長達七十五年的時期內（一直延續到一九三〇
年代），社會革新如火如荼地展開，與科技創新幾乎不相上下。然
而，在這段期間內所創辦的創新公共服務機構，經過了六、七十年
的光陰，形式仍一如往昔，只是任務更新了。再過二、三十年，情
況會大幅改觀。社會革新的需要將更加強烈，然而，這些革新大部
分將出現在現有的公共服務機構中，建立公共服務機構的創業型管
理，將是這個時代最主要的政治任務。

Chapter *15*

# 新事業

早在真正需要一個最高管理團隊之前，新事業就須設法組成這種團隊。早在創始人不能再唱獨腳戲之前，他就要開始學習與其他人一同工作，學習去信任他人，並使他人負起責來。創始人應學習成為一個團隊的領袖，而不要成為「眾幫手」之間的一顆「明星」。

對現營事業和公共服務機構而言，「創業型管理」這個辭彙的關鍵字眼是「創業型」；然而對新事業而言，關鍵字眼則是「管理」。對現營事業而言，「既有的制度」是創業精神的主要障礙；然而對新事業而言，主要障礙則是「沒有制度」。

新事業所擁有的構想，可能是一項產品或一項服務。這項產品或服務可能有銷路，有時銷路甚至頗為可觀。它當然會有成本，但也可能有收益，甚至會有利潤。而它所欠缺的則是「事業」，一個可以生存、運作、組織起來的「外貌」，使人們知道它的方向、它應該做些什麼、它的成果是什麼，或它應有什麼成果。除非它能夠發展成一個新事業，並擁有完善的「管理」，否則不論它的創業構想有多出色，吸引了多少資金，產品有多好，甚至市場需要有多股切，它都無法繼續生存下去。

十九世紀最偉大的科學家愛迪生，就是因為拒絕接受這些事實，使得他開創的每一種新事業都遭到失敗的命運。

愛迪生的野心是想成為一個成功的商人和大公司的老闆。他應該能獲得成功，因為他是一位極佳的事業規畫者。他確實知道電力公司必然採用他所發明的電燈泡；他也確實知道如何為他的新事業募集所需的資金。當他推出產品後，立刻獲致成功，而且需求源源而來。但是，愛迪生仍然維持其創業家的身分；或者應該這樣說，他以為「管理」就是當老闆。他拒絕建立管理團隊。因此，當公司步入中型規模之後，他所擁有的四、五家公司都遭到慘痛的失敗。最後這些公司只好請愛迪生走路，代之以專業管理人才，才挽救了公司的危機。

新事業的創業型管理有下列四項需要：

- 需要以市場為重心。
- 需要一個前瞻性的財務計畫，特別是現金流量與未來資金需求的規畫。
- 在真正需要及真正能負擔起一個最高管理團隊前，就需要及早將它建立起來。
- 創始事業的創業家必須設定自己的角色、工作範圍以及關係。

## 1. 以市場為重心的需要

一個新事業如果未能實現它原先的構想，或甚至連生存都發生

問題時，最普通的解釋是：「我們本來賣得很好，但後來別人進來了，搶走了我們的市場。我們實在搞不懂，他們的產品與我們的產品並無多大的差別啊！」或者是：「我們本來賣得很好，但是別人的產品是我們從未聽過的。突然之間，我們的市場全被他們搶走了。」

新事業通常在原有市場之外得到成功，產品也與最初銷售的大不相同，大部分顧客甚至不在公司當初的考慮範圍之內，而且產品的用途廣泛，超出原來的設計甚多。如果新事業未預期這些事情，未能善加利用這些預期之外的市場；如果它完全不以市場為重心，也不以市場為導向，那麼它所做的，完全是在為競爭者創造機會。

這種情形當然也有例外。為某種特殊目的而設計的產品，特別是科技性或技術性產品，通常會停留在其當初所設定的市場和設計的用途上。但情形也不一定如此。當初為特定疾病或試驗目的而設計的處方藥劑，有時會被應用在另種完全不同的疾病治療上。例如，一種藥劑原本有其既定的用途，卻被發現可用來有效地治療胃潰瘍。另外一個例子是，一種主要用來治療人類疾病的藥品，最後它的主要市場可能落在獸醫藥品上。

任何真正的新產品，都可能創造出遠超過人們想像的市場。在一九六〇年全錄推出第一台影印機以前，沒有人知道他們需要這種機器；五年後，卻沒有一家企業能想像缺少影印機的情況。當第一架噴射客機首航時，連最準確的市場調查都指出，大西洋航線的乘客將少得不足以負擔飛機的服務成本，甚至無法彌補飛機的製造成本；五年後，大西洋航線每年的乘客總數，卻是以前橫越大西洋乘

客總數的五十到一百倍。

創新者的遠見總是局限於某個範圍。事實上，創新者會產生一種所謂「狹隘的遠見」，他只看到自己熟悉範圍內的東西，而看不到其他的東西。

DDT就是一個例子。DDT是二次大戰期間發明的，主要目的在保護美國士兵對抗熱帶昆蟲及寄生蟲。但是人們最後發現，DDT最大的應用範圍卻是在農業用途上，它可以保護牲畜及農作物免受昆蟲的侵蟲 —— 結果卻因為它太有效了，以致遭到禁用。可是當初那些研究DDT而獲致成功的傑出科學家們，沒有一人預想到DDT有這些額外用途。他們當然知道許多嬰兒死於帶菌蒼蠅的「夏日」腹瀉；他們也知道牲畜及農作物受昆蟲及寄生蟲的侵害。可是他們對這些事情的了解就像門外漢一樣。身為專家的他們，只關心熱帶疾病對人類的影響。至於那些將DDT帶回家鄉，應用在母牛和棉花田上的美國士兵，才是這些新用途的「專家」。

同樣的，3M公司也未想到，當初專門為工業界發展成功的一種黏膠帶，最後竟有許多的家庭及辦公室採用 —— 演變成透明膠帶（scotch tape）。多年來，3M公司一直是工業界磨料與黏膠等產品的供應商，它甚至從未考慮過要進軍消費性市場。上述情況的演變完全是一個意外事件。當初設計這個工業產品的工程師，絕不知道這個產品會在消費性市場上有穩定的銷路。當公司已決定放棄這項產品時，這位工程師拿了幾個樣品帶回家去。結果他驚訝地發現，他的女兒用這種膠帶來固定髮捲，竟可維持整夜而不鬆脫。只是這麼一件不尋常的事件，使得他和他的上司認清了他們幾乎錯過

的一個新市場。

　　早在一九〇五年，一位德國化學家就發展出一種可用來當做局部麻醉的新古柯鹼（novocain），可是他無法說服醫生們使用；醫生喜歡全身麻醉（只有在第一次世界大戰期間才准許使用新古柯鹼）。但是最後卻出現令人意想不到的結局，牙醫在牙科手術上開始使用新古柯鹼。於是，這位發明家開始到德國各地演講，反對牙醫界使用新古柯鹼。他聲稱新古柯鹼當初不是為牙醫設計的！

　　我承認這種反應有點偏激。然而，創業家們「知道」他們的創新產品有哪些特定用途。一旦出現了其他用途，他們的反應多半是一種憎恨的態度。他們也許不會實際拒絕那些不在「計畫」內的顧客，但是他們會明顯地表示，這些顧額是不受歡迎的。

　　電腦界就發生過這樣的故事。當初推出第一部電腦的優尼韋克公司，其產品是完全針對科學用途而設計的。當商業界表示興趣時，它甚至不願派出推銷員和商業界打交道。當然，它也有一套說辭，商業界人士根本不懂電腦是怎麼一回事。IBM也同樣認為電腦是科學應用上的一種工具；IBM電腦最初就是專門為天文計算而設計的。然而，IBM願意接受商業界的訂單，並樂於提供服務。十年後的一九六〇年左右，優尼韋克公司僅是擁有最進步、性能最佳的機器，IBM卻擁有整個市場。

　　教科書告訴我們，上述問題是「市場研究」的問題，但這其實是一種錯誤的診斷。

　　一個全新的事物，是無法根據市場研究來判斷它的潛力的。對一個市面上還沒有的東西進行市場研究是無意義的。一九五〇年左

右，優尼韋克公司的市場研究得到了以下的結論：到了公元兩千年，電腦的銷售量將達一千部。可是事實上，電腦在一九八四年以前就銷售了一百萬部。然而在當時，那是一次「最科學的」、最審慎的及最周延的市場研究。那次的市場研究只有一件事做錯了：它以一項錯誤的假定為依據，即電腦只限於高級科學用途——這個用途當然大大限制了電腦的數量。同時，當初若干家公司拒絕全錄的專利權，也是根據類似的基礎：他們所做的市場研究調查普遍顯示，印刷業絕不會使用影印機。當時沒有人認為公司行號、機關學校以及許多個人會購買影印機。

因此，新事業剛開始時就應該假設，它的產品或服務可能會發現一些意想不到的顧客和市場；當初設計的產品或服務可能會出現一些意想不到的新用途；來購買產品或服務的顧客可能會超出原來的意料範圍，而新事業對這些顧客甚至一無所知。

如果新事業剛開始時未能以市場為重心，極可能變成替競爭者創造市場。幾年後，「別人進來了，搶走了我們的市場。」或者是「別人的產品是我們從未聽過的。突然之間，我們的市場全被他們搶走了。」這些情況的發生，是毫不足奇的！

新事業要以市場為重心並不是十分困難的事，但在進行此項工作時，會與一般創業家的意願牴觸。首先，它需要新事業有系統地去尋找意外的成功與意外的失敗。創業家不該像以前一樣，摒除一切意外的事件，認為它們不過是「例外」；創業家應採開放的態度，將這些例外看做是特殊的機會。

第二次世界大戰後不久，一家小規模的印度工程公司購買了專

利權，開始製造配有電動引擎的歐洲型自行車。這部自行車看來非常適合印度市場，可是銷路卻一直打不開。後來，這家小公司的老闆發現，電動引擎吸引了大批訂單。他原想推掉這些訂單，心想這些小引擎的訂單能有什麼大作用呢？然而，由於好奇心的驅使，他開始去尋訪這些訂單的來源。他發現農夫把腳踏車的小引擎拆下來，改裝到灌溉用的抽水機上；而在此之間，抽水機都是用手操作的。這家公司目前已成為全世界最大的灌溉用小型抽水機的製造廠商，每年銷售好幾百萬部的灌溉用小型抽水機。不僅如此，整個東南亞的農作方式，更因為這種抽水機的問世，而引起了革命性的改變。

為了培養市場導向的態度，新事業應該主動從事各種實驗。如果部分顧客和市場對新事業的產品或服務的興趣，是在原有計畫範圍之外，公司就應主動試驗，找出任何預期之外的應用範圍。公司應提供一些免費樣品給「不太可能的」市場，觀察他們如何使用，說不定這些人會變成將來的顧客群。公司還可以在各產業的貿易刊物上刊登廣告，以吸引人們的注意。

杜邦公司當初在發展尼龍纖維時，絕未想到它的主要用途是汽車輪胎。但是，當俄亥俄州亞克朗市的一家輪胎製造商表示願意嘗試以尼龍做為輪胎原料時，杜邦公司立刻興建了一座工廠。沒幾年的工夫，輪胎已成為尼龍原料最大且獲利最高的市場。

新事業毋須花費大筆資金去尋求意外市場和意外興趣，來做為辨別產品和服務是真正有潛力或只是一時僥倖的指標。公司需要的是，培養敏銳的眼光，以及有系統的作業。

最重要的是，新事業的推動者必須多花時間到外面的世界觀察：到市場上去觀察，並傾聽顧客及公司推銷員的意見。新事業必須建立一套系統化的作業，使「產品」或「服務」由顧客來定義，而非由生產者來定義。新事業應不斷地創造產品或服務的實用性及價值，做為對顧客的貢獻，並當做一種挑戰。

新事業最大的危險，莫過於它比顧客「更了解」產品或服務：它們應該是什麼樣子，應該如何購買以及它們的用途是什麼。最重要的是，新事業應主動地把意外成功看做是大好機會，而不應把它當做是對自己專業知識的一種羞辱。除此之外，新事業應記住這句行銷箴言：企業不是要改造顧客，而是要滿足顧客。

## 2. 前瞻性的財務計畫

未能把市場當做重心是「新生嬰兒」（neo-natal）的疾病 —— 是新事業在嬰兒期會碰到的一種典型的疾病。在新事業的創業期間，這是一種最嚴重的成長傷害 —— 有時候甚至會造成永久性的傷害。

缺乏正確的財務重心及財務政策，則是新事業成長過程中第二階段的最大威脅。最值得注意的是，對任何快速成長的新事業而言，這種情形對它們都可構成威脅。新事業愈成功，缺乏財務遠見的危險性就愈大。

假定某一新事業成功地推出產品或服務，獲得快速的成長，並發布了「快速增加的利潤」及樂觀的預測，那麼，股票市場就

會「發覺」這一家新事業，當它是高科技事業或新近流行的事業時尤然。有許多預測指出，這家新事業在五年內將有十億美元的營業額。但一年半之後，這家新事業垮了。它不一定會關門大吉或宣告破產，可是它會嚐到赤字連連的滋味。新事業二百七十五名員工中，可能有一百八十名遭到資遣、總裁遭到開革，或是廉價地被大公司收購。而這些情況發生的原因總是如出一轍。缺乏現金；無力籌措擴張規模的資金；無力控制各種開銷、存貨及應收款項，這三種財務困境通常會同時到來。然而，就算只發生其中一個困境，亦會危及新事業的健康，甚至危及其生存。

一旦出現財務危機，唯有花費極大的工夫，並忍受極端的痛苦方能度過。然而，財務危機顯然是可以事先預防的。

創業家在創業之初很少有對錢不在意的。相反的，他們大都覺得錢是多多益善，因此他們都把重心放在利潤上。然而，對新事業而言，這是一個錯誤的重心。或者我們該說，新事業應到最後再注重利潤，而不應在創業之初就太注意它。現金流量、資金及控制應擺在最前面，沒有這三者，利潤不過是一個虛幻的數字——也許過不了一年或一年半，這些利潤都不見了。

任何事業必須得到滋潤才能繼續成長。以財務的觀點來說，一個新事業的成長，需要的是額外的財源，而不是從中抽取資金。成長需要更多的現金與更多的資金。如果一個成長的新事業顯示出有「利潤」，那不過是一種幻象：一種用來平衡帳目的會計手法。由於大多數國家都對這種幻象抽稅，因此這種幻象反而造成了負債現象：現金被抽走，而不是現金的「剩餘」。

然而新事業愈壯大、愈成長，它所需要的資金也愈多。新事業是報紙及股票市場的寵兒，那些顯示快速成長及「紙上利潤」的新事業，很可能在幾年後就會遭遇悲慘的命運。

新事業需要做現金流量分析、現金流量預測，以及制訂完善的現金管理。過去幾年來，美國的新事業在這方面的表現比以前好多了（然而，許多高科技公司不包括在內），主要是因為美國新一代的創業家已了解到一項事實，那就是要達到創業的目標，需要良好的財務管理。

如果現金流量預測可靠，現金管理就不是一件難事。此處所謂的「可靠」，並不是指「希望」，而是假設「最糟的情況」。銀行界有一則古老的金科玉律：在預測現金收入及支出時，現金支出要比預計日期早算六天，應收款項要比預計日期多算六天。如果整個預測都是以最保守的態度來估計，就算最糟糕的情形發生——這在成長中的新事業難得出現——也能維持短期的現金盈餘。

正在成長的新事業必須知道，該公司十二個月後的現金需求量為何，何時需要，目的又為何。有一年的緩衝時間，它就可以籌措到所需的現金。就算新事業表現良好，倉促籌措現金，或在「危機」出現時才籌措現金，不僅極為困難，而且代價極大。最重要的是，這種情形總是讓公司內的重要人士在緊要關頭時忙得暈頭轉向。他們須花費好幾個月的時間奔走於各個金融機構之間，被問題叢生的財務預測整得團團轉。最後，他們只好暫時擱置事業的長程計畫，專心為九十天的現金周轉奔走。等到他們終於能靜下心來考慮事業的前途時，不知已喪失了多少重大的機會了。對所有的新事

業而言，外面的機會愈大，現金周轉壓力也愈大。

　　成功新事業的成長通常快過其資本結構的成長。一項經過多次試驗的金科玉律可證明此言不虛：如果銷貨成長百分之四十到百分之五十，新事業的成長速度就會大於其資本結構的成長速度。新事業每一次的成長，都需要一個與眾不同的新財務結構。當新事業成長時，私人的資金來源，不論是所有者本身、他的家族，還是外人，都會變得不夠充裕。於是公司必須尋求更大的資金來源，或向「社會大眾」舉債；或找一個合夥人；或與其他公司合夥；或向保險公司求援等等。藉權益資金來獲得財務支援的新事務，勢必負擔長期債務。所以當新事業成長時，現有的資本結構，常會變成錯誤的架構，而成為事業成長的障礙。

　　有些新事業的資金規畫比較容易。有些事業擁有劃一的單位 —— 連鎖式餐廳、移動式醫療中心、分布各個城市的獨立醫院、在不同地區獨立作業的營造商以及專門店等 —— 每一個單位的資金均可單獨籌措。對於上述情況，特許經營（就本質而言，這是一種迅速融資的方式）是解決財務問題的一種辦法。另一種解決問題的辦法是，讓每地區的單位獨立成為一家公司，容許當地投資人成為「有限權利」的合夥人。因此成長與擴展所需的資金就可藉著循序漸進的方式來籌措，前一個單位的成功，使得投資人產生信心，而繼續對下一個單位投資。但這需要下列前提：（1）每一單位最好在二、三年之內達到損益平衡；（2）公司之運作已趨向例行性，使那些管理能力有限的人員 —— 典型的特許經營店主，或是移動式醫療中心的業務經理 —— 擁有一份合適的工作，而不需

經手太多監督事務；（3）每一獨立單位能迅速達到適當規模，不僅不需要投入額外的資金，反而能夠產生現金盈餘，以協助新單位的成立。

除了這些少數能獨立籌措資金的新事業外，對其他的事業來說，資金規畫是求生存的必要工具。如果正在成長的新事業能事先合理地為資金需求及資金結構做好三年計畫（指最大而非最小的需求），等到將來需要資金時，不論資金的種類、時間及需求的方式，通常都不會發生太大的困難。如果等到新事業的成長超過資金基礎及資金結構的成長時，再進行財務規畫，即等於是把新事業的生存 —— 通常是其獨立性，拿來擺在拍賣會中等待買主出價。

無論如何，新事業的創始人將發現，他們甘冒所有的創業風險並辛勤的工作，到頭來卻為他人作嫁，使別人成為更富有的所有者。而他卻從所有者的寶座跌下來，再度成為受僱人員，而由新的投資人來控制他的事業。

最後，新事業須規畫出一套財務制度，以為管理將來成長事業之所需。我們一再強調，一個成長的新事業在創業之初可能擁有最好的產品、最好的市場地位，以及最樂觀的成長遠景。然後突然之間，應收款項、存貨、製造成本、管理成本、服務、配銷等，一切都失去了控制。一旦任何一項失去控制，其他各項都會跟進。新事業本身的成長速度，又再一次超過了它的控制結構。等到控制再度建立起來時，市場已失去了，顧客不是變得不滿意，就是採取敵視的態度，配銷商也會對公司失去了信心。最糟的是，員工對管理當局也開始採取不信任的態度，當然他們有很好的理由這樣做。

快速成長常使現有的控制制度變得無用。如果營業額成長率達百分之四十至五十時，就會出現這種情形。

一旦事業失去了控制，將很難回復原有的控制程度。然而，這種情形可以輕易加以預防。首先必須注意的是，公司應考慮組織內部的重要領域：第一是產品品質，第二是服務，第三是應收款項與存貨，第四是製造成本。一個公司內部的重要領域很少超過四、五個。（管理費用通常亦應包括在內。如果收入被不成比例或成長快速的管理費用所吞噬，即表示該公司所僱用的管理人員，超過其實際成長所需的人數。換句話說，該公司的管理架構與實務已不再符合實際的任務。）

為了配合預期的成長規模，新事業應提早三年建立重要領域的控制制度。複雜的控制並不需要，事實上也無關緊要，因為許多數字都是大約的。真正緊要的是，新事業的管理當局必須留意這些重要領域，隨時想到它們，俾在有需要時能迅速採取行動。如果管理當局能做到這一點，通常不會發生混亂的情況。於是在需要時，新事業自能獲得它所需要的控制。

財務遠見毋須花費太多的時間，但需要許多這方面的知識。人們可輕易獲得有關這方面的工具，管理會計教科書中有許多這方面的說明。但有了知識還不夠，公司一定要付諸實行。

## 3.建立一個最高管理團隊

儘管新事業成功地建立了正確的市場，並找到它所需要的財務

結構及財務制度。但幾年之後，它仍可能碰到嚴重的危機。正當它準備跨入「成人」企業的門檻時 ── 成為一家成功而且有制度的公司 ── 它會碰到似乎無人了解的麻煩。它的產品是一流的，未來遠景也很看好，但事業似乎就是無法成長。不論是獲利力、產品品質，還是其他重要項目，都無法正常地成長。

產生上述情況的理由總是如出一轍：缺乏最高管理階層。事業成長過於快速，一個人、甚至兩個人已無法應付這種局面；現今需要的是一個最高管理團隊。如果公司此時還未組成一個最高管理團隊，就會顯得為時已晚 ── 事實上太遲了。在這種情況下，事業能繼續生存就很不錯了，但是它將留下永遠的疤痕，許多年後，公司的經營還是會受到它的影響。員工士氣將會受到打擊，他們對公司的夢想也開始破滅，並憤世嫉俗起來。一起創辦公司的人最後都會逐一離開公司，心中充滿了怨恨，並感覺是大夢一場。

解決的辦法其實很簡單：在真正需要之「前」就建立一個最高管理團隊。這個團隊不可能在一夜之間成立，它需要很長的一段期間才能發揮功用。這個團隊乃建立在相互信任及相互了解的基礎上，因此需要一段很長的時間。根據我的經驗，三年是最起碼的期限。

但是小規模的成長性新事業無法負擔一個最高管理團隊。擁有六位高級頭銜及優厚待遇者的最高管理團隊，不是一個小小公司能忍受的。事實上，許多小規模的成長性公司都是由少數幾個人包辦所有的業務。那麼團隊的規模如何才算適切呢？

其實解決這個問題的辦法也很簡單。這就要看創始人是否願意

建立一個團隊，來取代以前一手包辦所有業務的方式而定。如果這一、兩位創始人深信，他們必須包辦所有業務，那麼幾個月或幾年後，必定會產生管理危機。

只要有客觀的經濟指標，像是市場調查或人口統計分析所指出的，某一新興事業會在三、五年內成長一倍，那麼創始人就應把建立管理團隊當做一個必要的責任，因為在不久的將來，它一定會需要它。這是防止將來發生問題的預防措施。

首先，公司創始人應與公司其他重要人士共同慎重考慮公司的主要活動。哪些特定領域將影響新事業的生存與成功？大多數領域都在每個人的考慮之內。但是如果有意見不一致或異議發生，那這必然是重要的問題，他們更應該慎重處理。管理團隊中每個人對這些活動的看法都應列入考慮。

書本不會記載這些主要的活動，只有透過對各個公司的分析，這些活動才會顯示出來。就算是經營同一事業，兩家公司的主要活動在一個局外人看來，仍會有顯著的差異。舉例來說，一家公司可能以生產為主，另外一家公司則以顧客服務為主。只有人事管理與財務管理這兩種主要活動，在任何一個組織裡都會出現。其他的主要活動，則視員工對公司、本身工作、價值及目標的看法而定。

第二個步驟，包括創始人在內，每一個管理團隊的成員都應自問：「我負責的活動中哪些還做得不錯？本公司其他的重要成員所負責的活動有哪些還做得不錯？」他們應對彼此的能力及長處有一致的意見。同樣的，彼此若有不同的意見，就應該慎重處理。

接著，他們應該自問：「我們之中，哪一個人由於具備某種長

處,而應該對某一特定活動負主要的責任？哪個人適合負責哪個主要活動？」

這時團隊建立工作即可開始。創始人應開始訓練自己，不再負責有關人事方面的管理，當然如果他自己正好負責人事管理則不在此限。創始人的主要長處也許適合負責新產品與新技術；也許適合負責作業、製造、產品配銷、服務；又也許適合負責金錢管理與財務管理，而其他人則更適合人事管理。無論如何，所有的主要活動都要有人負責，而且負責者必須具備足夠的能力。

並沒有任何規則指出，最高主管應負責哪些活動。當然，最高主管是公司的最後裁決者，他必須負最終責任，而且他還必須將此訊息傳達給每一位主管，以順利完成他的最終責任。最高主管本身的「工作」，端視公司的實際需要，以及他是什麼樣的一個人而定。只要最高主管的工作項目中列有主要活動，他就是在做最高主管的工作。不過最高主管還有一項責任，那就是確保所有其他的主要活動都有合適的主管。

最後一個步驟，就是每一個主要範圍都應該設定標的與目標。每一個主要活動的主要負責人，不論他們負責的活動是產品發展、人事管理或金錢管理，都應被問道：「公司能從『你』這兒得到些什麼？我們應如何支援『你』所負責的領域？『你』試圖完成什麼？什麼時候可以完成？」當然，這些都是最基本的管理。

如果開始時以一種非正式方式來建立最高管理團隊，將是一種較聰明的做法。一個正在成長的新事業，毋須給與人們什麼頭銜，也毋須公開宣布，更毋須支付較優厚的待遇。這些都可以等到一年

左右，新團隊已能發揮功能才著手進行。在這段期間內，團隊成員有許多課題需要學習：學習他們本身的工作、學習如何共同合作，以及學習如何協助最高主管及其他同僚完成他們的工作。兩、三年後，等到成長性的新事業需要一個最高管理團隊時，原來已存在的團隊就能發揮它的功用了。

如果公司在它真正需要一個最高管理團隊時，卻無法及時組成此一團隊，那麼，早在它真正需要此團隊之前，它就無法有效執行管理任務了。公司創始人會承擔過重的工作，而且許多重要的任務也無法完成。這時，擺在公司面前的只有兩條途徑。第一條可能的途徑是，公司創始人專注於一、兩項適合其能力及興趣的領域。這一、兩個領域當然很重要，可是公司裡還有其他的重要領域，創始人卻勻不出時間去照顧它們。不出兩年，由於其他的重要領域未受重視，因此整個事業將陷入極為悲慘的困境。

別外一條途徑則更糟，原因可能是創始人具有強烈的責任感。他知道人事與財務是兩項主要的活動，一定得有人負責。然而在創業之初，他的能力與興趣可能在新產品的設計與發展上，可是責任感迫使他非去管人事及財務不可。由於他未具備這方面的能力，不僅人事、財務沒有管好，連設計和發展也疏忽了。所有的決策及工作都加諸在他身上，可是缺乏時間的他，不僅忽略了原來專長的領域（即新科技與新產品的發展），公司須倚賴他的地方也未能得到發揮。三年後，公司必定會變成一個空殼子，沒有產品、沒有人事管理制度，也沒有財務管理制度。

前者尚有挽救的可能，至少它還擁有產品，不過創始人必定會

被撤換，取而代之的是，任何可以挽救公司的人。後者通常無法挽救，只有走向出售或清算一途。

　　早在真正需要一個最高管理團隊之前，新事業就須設法組成這種團隊。早在創始人不能再唱獨腳戲之前，他就要開始學習與其他人一同工作，學習去信任他人，並使他人負起責來。創始人應學習成為一個團隊的領袖，而不要成為「眾幫手」之間的一顆「明星」。

## 4. 創始人應如何貢獻才智

　　建立一個最高管理團隊，可能是新事業邁向創業型筆理過程中最重要的一個步驟。然而對創始人而言，這只是頭一個步驟，因為創始人尚須考慮他個人的前途。

　　當新事業成長時，創始創業家所扮演的角色及關係將會無情地改頭換面。如果創始人拒絕接受這項事實，那麼新事業的發展就會遭到阻礙，甚至整個事業都會遭到摧毀。

　　每一位創始創業家都點頭承認這項事實，並說：「阿門。」每一個人都聽過其他創始創業家因未隨著新事業的改變而改變，以致摧毀了個人及事業的恐怖故事。然而接受此項事實還不夠，有一些事是創始人必須要做的。很少創始人知道如何應付角色及關係的變遷。碰到這種情況，他們總是會問道：「我應該如何做呢？」或者他們會問：「哪裡才適合我呢？」其實正確的問法應該是這樣的：「透過我的管理方式，這家公司還有哪些『客觀』的需要？」只要

事業（或公共服務機構）有了顯著的成長，或方向和特性有所改變（即產品、服務、市場或所需的人才有了改變），新事業的創始人一定要問這個問題。

創始人問的下一個問題是：「我的專長是什麼？對新事業的所有需求而言，我可以有什麼獨特的貢獻？」只有深思過這兩個問題後，創始人才能繼續問道：「我真正要做的是什麼？我的信念是什麼？我的後半生願朝哪個方向去努力？我所做的真的是新事業所需要的嗎？我的貢獻真那麼重要、實際和不可或缺嗎？」

二次大戰後，紐約市的佩斯大學就是一個成功的例子。摩特拉博士（Dr. Edward Mortola）白手起家，於一九四七年創辦了該大學現在已成為紐約市排名第三，並且成長最迅速的大學。該校擁有聲譽卓著的研究所以及二萬五千名學生。在該校創辦初期，摩特拉博士是一位急進派的創新者，當佩斯大學的規模還很小時（約一九五○年），他就建立了一個堅強的最高管理團隊。團隊的成長都被賦予明確界定的主要責任，俾使他們負有全責，並享有領導權。幾年後，摩特拉博士決定了自己應該擔當的角色，成為一個傳統的大學校長，同時並成立了一個強有力的獨立董事會，一方面向他提供建議，一方面支持他的措施。

但是當問到新事業的需求、創始創業家的專長，以及他真正想要做的事時，所得到的答案可能完全不同。

另外一個例子是發明拍立得相機的蘭德。有十二到十五年的光景，蘭德負責公司的全盤業務，一直到一九五○年代才停止。後來公司開始迅速成長，於是蘭德設計了一個最高管理團隊，並使之發

揮功能。至於他自己,他認為自己不適合擔任公司最高主管的工作:他能貢獻的就是科技創新,而且也只有他才有此能耐。因此,他為自己建立一個實驗室,並使自己成為一名專門從事基礎研究的顧問性主管。至於公司的例行性業務,則交由其他人負責。

創立麥當勞的克勞克也有同樣的做法。到八十幾歲過世為止,他一直擔任公司的總裁。但是,他建立了一個最高管理團隊去經營公司的全盤業務,同時他還任命自己做為公司的「市場良心」(marketing conscience)。一直到他去世前,他每週訪問兩、三家麥當勞連鎖店,檢查它們的產品品質、清潔程度,以及服務是否友善。最重要的是,他觀察來到店裡的顧客,和他們交談,並傾聽他們的意見。這使得公司能做必要的改變,並維持它在速食界的領導地位。

一家位於美國西北岸的建築材料供應商也發生過同樣的故事。當初創立該公司的年輕人,到後來也決定不經手公司的例行性業務,而專心開發公司最重要的資源,即分布在各個小鎮及郊區的兩百家分店經理。這些分店經理事實上是在經營他們自己的地區性事業。他們背後有總公司強力的後勤支援:統一採購、品質管制、賒銷信用及應收款項的控制等。但是各分店的銷售則靠經理全權負責,而且也沒有幾位幫手,可能只有一位推銷員與兩位卡車司機。

分店生意好壞,完全看這些獨當一面、背景單純的分店經理所受到激勵的程度、自我驅策力、工作能力及工作熱忱而定。他們沒有一個人擁有學士學位,甚至很少人唸完高中課程。於是這位公司創始人每個月抽出十二到十五天來訪問這些分店經理,並視之為分

內的工作。每一次的訪問，他都要花上半天的時間，和各分店經理討論有關當地的業務和工作計畫，並討論他們的期望。這也許是該公司唯一與其他建築材料批發商不同之處 —— 除此之外，每一家批發商的經營方式都大同小異。然而，該公司最高主管在這個主要活動上的表現，使得該公司的成長較其他任何競爭廠商快三到四倍，甚至在經濟衰退時仍是如此。

但是對同樣的問題，有三位科學家卻給與完全不同的答案。這三位科學家創立了世界最大且最成功的半導體公司。當他們自問：「公司的需求到底是什麼？」他們得到了三個答案：（1）基本企業策略；（2）科技研究及發展；（3）人力資源發展，特別是科學及技術人才。他們三人先決定誰最適合負責上述工作，然後根據個人的專長分派這三項工作。負責人際關係及人力資源發展的主管，從前是位多產的科技創新者，在科學享有崇高的地位。但是他認為自己極適合管理工作，尤其是人事管理，而他的兩位夥伴也同意他的看法。他曾在一次演說中指出：「這不是我真正想要做的事，但卻是我最能貢獻心智的領域。」

這些問題不一定都能獲得上述完滿的結局，有時甚至創始人會因此掛冠求去。

美國一家極為成功的新興財務服務事業的創始人，即以掛冠求去做為他的最後決定。他建立了一個最高管理團隊，也探討了公司的需求。可是當他省察自己及所擁有的專長時，發覺自己的能力與公司的需要沒有太多關聯，更不用談他自己想要做的事與公司的需要有什麼關聯了。他說道：「我花了一年半的時間來訓練接班人，

然後把公司交給他接手，就辭職不幹了。」自那以後，他又創辦了三家新事業，這三家事業均未獲得任何財務支援。等到三家公司成功地發展成中型規模的公司後，他又一一辭職不幹了。他喜歡開創新事業，卻不喜歡經營。他承認一項事實：即自己與事業最好不要有什麼關聯。

在同樣的情況下，不同的創業家可能會有不同的結局。一家著名臨床醫療中心的創始人曾面對類似的困擾。這家醫療中心是該特殊領域的權威，它需要的是一位管理者及資金籌募者。創始人的專長是研究及臨床醫療，但是他了解，他對籌募資金相當有辦法，而且也能學習成為一個具有相當規模的保健組織的最高主管。「而且，」他說道，「我認為壓抑自己的願望，學習成為最高主管及資金籌募者，是對我自己創辦的事業及同僚應負的職責。但是，如果我自知沒有這份能力，我的顧問及董事會也認為我沒有這個能力，我就絕不會如此做。」

在新事業首次出現成功跡象時，創業家就必須面對並徹底考慮「我應該何去何從？」的問題。面對這個問題並不困難，事實上，在新事業尚未創立時，創始人就可能詳細考慮過這個問題了。

日本本田汽車公司創始人本田宗一郎，在二次大戰日本戰敗後的黑暗期，決定創設一家小型企業時就考慮過這個問題。在尚未找到適當的合夥人來負責管理、財務、配銷、行銷、銷售及人事等部門之前，他決定暫緩創辦新事業。至於本田先生本人，他認為從事業一開始，自己就應屬於工程及生產領域，而不應插手其他業務。這個決策，締造了今日的本田汽車公司。

　　亨利・福特的例子更早，且更富教育意義。當福特於一九〇三年決心自行創業時，他的做法與四十年後的本田宗一郎完全相同。在創業之前，他就尋找了適當的合夥人來負責他不熟稔的領域：管理、財務、配銷、銷售及人事。與本田先生一樣，福特知道自己應投入工程及製造，且僅止於這兩個領域而已。他找到的合夥人名叫柯森（James Couzens），他對公司的貢獻與福特本人相比毫不遜色（柯森後來當選底特律的市長及密西根州參議員，倘若不是因為出生於加拿大，他極可能成為美國總統）。許多歸功於福特的著名政策及實務，如一九一三年著名的五美元日薪，或開闢配銷管道及服務的政策等等，都是出自柯森的構想，而這些構想原先都不為福特所接受。但由於柯森的表現過於傑出，使得福特愈發地嫉妒他的成就。一九一七，柯森終於被迫離開福特公司。柯森在離職前的最後一個建議乃是，堅持公司應逐漸減少對T型車的投入，同時應運用公司的鉅額利潤來發展後繼車型。

　　福特汽車公司的成長和茁壯止於柯森辭職的那一天。不出幾個月的光景，當福特一手包辦了最高管理團隊的所有功能，而忘記他原先所知道自己應從事何種任務之時，公司就開始走下坡了。整整十年，福特固守在T型車，直到該型車一輛都賣不出去為止。柯森被解僱之後的三十年，元氣大傷的福特公司一直沒有回復以前的盛況。直到福特過世，他的孫子福特二世接手經營這家已瀕臨破產邊緣的企業之後，該公司才略見起色。

## 5.接受局外人士建議的需要

這些個案指出，一位開創成長性新事業的創業家，必須能接受獨立而客觀的局外人士的建議。

成長性的新事業也許不需要一個正式的董事會，而一般的董事會也未必能提供創始人所需的諮詢與建議。但創始人的確需要與別人研商基本決策，並傾聽他們的意見。然而，在公司內部不容易找到適當人選。創始人對新事業的需要及自己才能的評估，必須接受別人的批評和挑戰，必須由局外人對問題提出質疑，並檢討創始人所做的決策。最重要的是，局外人應經常提醒新事業注重長期的生存需求。要達成這些目的，新事業必須以市場為重心、培養財務遠見，並組成一個能發揮功能的最高管理團隊。這是新事業達成創業型管理的最後一個要求。

新事業若能將上述創業型管理融入其政策及實務中，將來一定會變成欣欣向榮的大規模企業（有關此過程的敘述，請參閱世界最大半導體製造商之一英特爾公司創辦人葛洛夫〔Andrew S. Grove〕所著的《葛洛夫給經理人的第一課》）。

許多新事業，特別是高科技新事業，對本章討論的技巧抱持排斥，甚至蔑視的態度。這個問題在於，他們把「管理」和「我們是創業家」連在一起。這不是不拘形式，而是不負責任，把態度與本質混為一談。有一句古老的箴言說得好：沒有法律，就沒有真正的自由，就是放縱。這種自由很快就會引起極大的混亂，並會演變為暴君式的統治。新事業想要維持並強化創業精神，必須具備長遠的

眼光,並要求自我訓練。事業的成功,將會引出新的需求,因此新事業必須及早準備因應這些需求。最重要的是,它需要責任 ——這也是前述最後一項分析所指出,創業型管理能提供給新事業的。

關於如何管理新事業的財務、人事、產品行銷等活動,還有許多值得探討的地方,讀者可由許多專門書籍中做進一步的研究。本章的目的,不過想要指出並探討與新事業生存及成功有關的幾個簡單的政策,不論這些新事業是私人企業還是公共服務機構;是「高科技性」、「低科技性」,還是「無科技性」事業;是男性、女性,還是一群人創立的事業;是想維持小規模經營,還是想變成「另一個IBM」,本章所討論的政策對它們均有助益。

# Part 3
# 創業型策略

創業家需要創業型管理，也就是公司內部的管理實務與政策；同樣的，他也需要公司外的、市場上的管理實務與政策，也就是創業型策略。

Chapter *16*

# 孤注一擲

　　每一個人都知道瑞士神箭手威廉・泰爾（Wilhelm Tell）的故事，只要他第一次就射中兒子頭上的蘋果，暴君就答應赦免他。如果他失敗了，不是兒子被射死，就是自己被砍頭。這種情形與採用孤注一擲策略的創業家處境完全相同，沒有所謂「幾乎成功」或「差不多失敗」，不是成功，就是失敗。


　　近年來，「企業策略」[1]已變成了「時髦」字眼，無數的書刊都提到企業策略[2]。然而，到目前為止，我還沒有看過任何有關創業型策略的著述，雖然創業型策略相當重要、獨特，而且與眾不同。

　　創業型策略有以下四個：

- 孤注一擲
- 打擊對方的弱點
- 找出並占據一個生存利基
- 改變產品、市場或產業的經濟特性

　　這四個策略不會相互排斥，在創業家所採取的整個策略中，可

能包含兩個甚至三個在內。同時，這四個策略的差異性也不很明顯。例如，同一策略在此處被列為「打擊對方弱點」，在彼處卻被歸類為「找出並占據一個生存利基」。不過這四個策略均各有其先決條件；各個策略均有其適合的創新事業；不同的策略需要創業家表現出不同的行為；最後，每一個策略都各有其限制及風險。

## 1. 嶄新的孤注一擲

「孤注一擲」（Fustest with the Mostest）是美國內戰時，一位南軍騎兵將領一再贏得勝利所用的策略。這個策略能使創業家贏得新市場或新產業的領導地位。雖然在本質上，孤注一擲的目的在於創造一個大企業，但並不一定要求即達成。然而，該策略確實希望在一開始就取得永遠的領導地位。

許多人都認為，孤注一擲的方法是一種卓越的創業型策略。的確，如果人們依照坊間那些討論創業家的書籍的見解，自然會以為孤注一擲是唯一的創業型策略 —— 特別是許多高科技創業家都做如是想。

然而，這種想法是不正確的。當然，有相當多的創業家曾採用此一策略。但它並不是最具優勢的策略，有的策略風險比它低，有的策略成功機率比它高。相反的，在所有創業型策略裡，它是風險最大的一種賭注。它不能容許任何錯誤，也絕不會出現第二次機會。一旦成功，企業所得到的回報將無可限量。

茲舉數例以說明該策略的內容，及其成功的條件。

　　瑞士巴塞爾市的羅氏大藥廠（Hoffman-LaRoche），多年來一直是世界最大且獲利最豐的製藥廠。羅氏大藥廠一開始的規模不甚起眼，一直到一九二○年代中期以前，它只是一家小規模的化學品製造廠商，產品僅有少數幾種紡織染整顏料。在一家龐大規模的本國染料製造商，及兩、三家較大化學公司的陰影籠罩之下，羅氏藥廠幾乎被壓得喘不過氣來。於是它決定在最新發現的維他命上下一賭注。當然，維他命這種物質還沒有完全被科學界所接受。它設法得到維他命的專利製造權——事實上，當時根本無人爭取這項專利權。羅氏藥廠付給維他命發明人的薪水，是蘇黎士大學教授薪水的好幾倍，也是業界從未出現的高報酬。不僅如此，它把所有的現金及借貸來的錢，全部用來生產並行銷這種新物質。

　　六十年後，所有的維他命專利權都已期滿，可是羅氏大藥廠已占有全世界維他命市場的一半，年營業額高達幾十億美元。後來該公司又兩度運用此一策略：第一次是一九三○年代，當大多數科學家都「知道」一種藥效及於全身的磺胺類藥劑（sulfa drugs）不一定能有效地治癒傳染病時，它就勇敢地投資進行生產；第二次是二十年後，其時已進入五○年代，它全力生產肌肉鎮靜劑，當時亦被業界認為相當冒險，因為肌肉鎮靜劑並不是「每一位科學家都知道的東西」。

　　杜邦公司也曾採用此一策略。經過十五年孜孜不倦、屢經挫敗的研究後，該公司突然決定投入大量人力，並建立大規模的工廠，來生產第一種真正可稱為合成纖維材料的「尼龍」，它同時編列大量的廣告預算——該公司以前從沒有為消費性產品做過廣告——

因此創造了我們現在所稱的塑膠工業。

　　有人會說這些都是「大公司」的故事，但是，羅氏大藥廠創業之初規模並不大。以下是一些最近發生的例子，創始人除了孤注一擲這個策略外，幾乎什麼資源都沒有。

　　文字處理機（word processor）其實算不上是科技性的發明，它只是把三種現有的器材結合在一起：打字機、螢幕，以及一個相當基本的電腦。但是這種現有因素的組合，確實是一種創新，大大改變了辦公室的工作。當王安博士於五〇年代中期發現這種組合的潛力時，只不過是一位孤零零的創業家。他沒有任何創業經驗，也得不到任何財務支援，可是他在創業之初將目標訂得很明確，創造一個改變辦公室工作的新工業——當然，「王安公司」（Wang Laboratories）目前已成為一家規模非常龐大的公司。

　　同樣的，創立蘋果公司的兩位年輕工程師，當初也是從一個車庫研究室白手起家。他們沒有得到財務支援，也沒有任何創業經驗，但是他們一開始就設定了一個明確的目標：創造並控制一個嶄新的工業。

　　雖然採行孤注一擲策略的目標必然是創造一個新事業並控制該市場，但並不需要創造一個大事業。明尼蘇達州聖保羅市的3M公司在發展創新事業時，並不想藉本身的力量來創造一個大事業——似乎它的政策就是如此。生產衛生與保健用品的嬌生公司也採取同樣的策略。這兩家公司目前均為獲利甚豐的成功創新者；兩家公司的創新事業均朝中型規模，而非龐大規模發展。雖然是中型規模，兩家公司仍然能控制它們的市場。

　　孤注一擲策略並不限於私人企業，公共服務機構一樣可應用此一策略。如前文所述，洪堡於一八〇九年創立柏林大學時，就很明確地採用孤注一擲的策略。當時普魯士不僅被拿破崙打敗，而且難逃被瓜分的命運。不論是政治方面、軍事方面，還是財務方面，普魯士都徹底的破產了。這種情形與一九四五年希特勒戰敗，德國必須收拾滿目瘡痍的戰後殘局非常相似。然而洪堡仍創辦了西方世界有史以來規模最大的大學 —— 是當時其他大學的三到四倍。他決定聘請各專門學科的權威學者，並從哲學這一類科開始。他聘請到當時的哲學泰斗黑格爾（George W. F. Hegel）。自拿破崙戰役後，許多歷史悠久的著名學府都被迫解散。在那個連一流學者都即將行乞的時代，洪堡支付教授的薪水，是有史以來他們所能得到最高薪水的十倍。

　　一百年後，即本世紀初，出身於明尼蘇達州一個沒沒無名的羅契斯特鎮的兩位醫生，決定在這個遠離人口中心與醫學院的小鎮，創辦一座嶄新且基於被視為異端的醫療實務觀念的醫學中心，其特點是建立一個由數位傑出專業醫生以及一位主治醫生所組成的醫療小組。科學管理之父泰勒博士（Frederick William Taylor）與醫學中心的創始人梅育兄弟（Mayo Brothers）素未謀面，可是他在一九一一年那場著名的國會聽證會中，盛讚「梅育醫院」是他所知道「唯一實踐科學管理並獲致成功的事業」。從一開始，這兩位沒沒無名的鄉下醫生的目標就是要爭取此一特殊領域的領導權、吸引醫學界的傑出臨床醫生及年輕人，以及吸引願意支付極昂貴診費的病患。

　　二十五年後，「一人一元運動」（March of Dimes）也曾運用孤

注一擲的策略，組織醫學人員從事小兒麻痺的研究。從前的醫學研究都是逐步蒐集新知識，採循序漸進方式進行。一人一元運動卻一反常態，一開始就準備完全克服一種極為神祕的疾病。在此之前，從來沒有人成立過一個「沒有實驗室的研究實驗室」，即根據一個事先規畫好的研究計畫，指派大批分散在各個研究機構的科學家，分別從事特定階段的研究工作。稍後，美國在二次大戰時所做的許多項大型研究方案：原子彈、雷達實驗、低空爆炸信管，以及十五年後的「送人類登上月球」方案，都是遵循了一人一元運動所建立的模式 —— 所有的創新努力，都採用孤注一擲的策略。

　　上述例子給與我們的第一個啟示是，孤注一擲策略必須有一個野心勃勃的目標，否則，一定會遭致失敗。它的目標如果不是要創造一個新工業，就是要創造一個新新場。要不然至少也像採取孤注一擲策略的梅育醫院與一人一元運動一樣，把目標放在創造一個嶄新且突破傳統的程序上。一九二〇年代中期，當杜邦公司聘凱洛薩斯進行尼龍的實驗時，公司並沒有對自己說：「我們將要建立塑膠工業。」（事實上，一直到一九五〇年代，塑膠這個字眼才逐漸出現在業界。）但當時公司內部的許多文件已充分顯示，最高管理當局的目標確定是要創造一個嶄新的工業。他們並不確定凱洛薩斯的研究是否會成功，可是他們知道，一旦研究成功，他們將獲得一項偉大的發現，而且這項新發現絕不僅僅限於一項產品或產品線。據我所知，王安博士並未說出「創造明日的辦公室」這句話，但是他在第一次的廣告文案中卻宣稱，市面上將出現一種辦公環境及辦公室工作的新觀念。杜邦公司與王安公司從一開始就有一個明確的目

標，而且也成功地創造並領導一個新工業。

將孤注一擲策略內涵發揮得淋漓盡致的最佳例子還不在商業界，而是洪堡所創辦的柏林大學。洪堡本人其實對大學一點興趣也沒有。創辦大學對他而言，不過是一種手段，他的目的乃是要創造出一種新興「政治」階級，完全不同於十八世紀的獨裁統治，及法國大革命所倡導由中產階級來統治的民主制度。這種政治階級將帶來一個均衡的制度。在這個制度下，所有的公務員及專職市政官員，均由不帶任何政治背景的專業人士擔任。他們的任用及晉升完全根據他們的專長，並且在非常狹窄的專業範圍中享有充分的自主權。這些人士——今日被稱為「技術官僚」（technocrat）——所從事的任務有限，同時受到一個獨立的專業司法制度的嚴密監督。然而在他們所屬的有限範圍內，他們就是專家。因此，中產階級可在兩種範圍內享有兩種個人自由，一為道德與文化的自由，一為經濟的自由。

洪堡早年曾出版了一本書鼓吹這個觀念。一八〇六年，普魯士的專制統治遭到拿破崙徹底地摧毀，從前洪堡詬病的各項因素——君主、貴族及軍隊——都因此土崩瓦解。他利用此大好機會創辦了柏林大學，以為推行這種政治觀念的工具，並獲得了輝煌的成就。柏林大學的確為十五世紀的德國製造了一種稱為「合法狀態」（the Lawful State）的政治結構。在這種政治結構下，自立自主的公務員及一般文職官員菁英，充分控制了政治及軍事；自立自主的知識分子菁英與自主的大學相結合，塑造出一種「自由的」文化氣氛；至於經濟制度，也能充分表現出自主和不受限制的精神。

這種政治結構不僅讓普魯士擁有道德與文化的優越感，而且很快的使德國在政治及經濟上也能享有優勢，很快就取得歐洲的霸業。而其他國家也開始爭相仿效，特別是英、美兩國，在文化及知識模式上，到一八九〇年左右，一直都以德國為模仿的對象。這一切都是洪堡在一個戰敗的黑暗世紀，在已經完全絕望的時期中，設定目標、正視當時環境而致力達成的。事實上，他在柏林大學的創立計畫書及大學憲章中，早已明白寫下了他的目標。

也許就是因為孤注一擲策略的目標，是要創造一些前所未有的嶄新事物，因此非專家與局外人士也能和專家一樣有所表現。事實上，非專家和局外人士的表現常常比專家還好。羅氏大藥廠當初並未將此策略交由化學家來執行，而是委交給公司創始人的孫女婿，一位利用公司給他的微薄紅利來補貼交響樂團的音樂家。在這之前，公司也未交由化學專家經營，而是由來自瑞士銀行的財務專家負責公司的業務。洪堡則是一位外交家，從來就不曾與學術界來往，也沒有辦學校的經驗。杜邦公司的最高管理當局多半是商人，只有少數化學專家及研究人員。梅育兄弟雖然是受過良好訓練的醫生，可是他們對建立一個醫學中心一無所知，而且他們所在的小鎮也離醫學中心甚遠。

當然，也有所謂的「圈內人」，如王安博士、3M公司的工程師，及創立蘋果公司的年輕電腦工程師。但是在採用孤注一擲策略時，局外人士自有他的好處。他未擁有圈內人的知識，因此不知道有哪些「禁忌」。

## 2.必須一擊中的

　　採用孤注一擲策略必須一擊中的，否則一切都將付之東流。換一種說法，孤注一擲策略非常類似登月計畫：只要時間稍有偏差，通過弧形軌道的火箭就會消失在外太空中。一旦發射出去，孤注一擲策略就很難再加以調整或修正。

　　換句話說，在運用此一策略之前，必須經過縝密的思考及分析。一般人口中或好萊塢電影中所謂的創業家，一旦想到一個「聰明的創意」，就立刻付諸實行，這種做法多半是不會成功的。事實上，若要採用孤注一擲的策略來獲得成功，創新事業必須經過審慎的分析且深思熟慮的過程，以找出本書第三章到第九章所討論過的重大創新機會。

　　洪堡的柏林大學所利用的「認知轉變」，就是重大機會的最佳例子。先是法國大革命的恐怖時代，接著是拿破崙帶來無情的戰爭，使受過良好教育的知識分子對政治感到徬徨無主。然而，他們絕不願回到十八世紀的專制統治時代，更不用談封建制度。他們需要一種不帶政治色彩的「自由」，以及一個不帶政治色彩的政府。他們希望這個政府所依據的是他們深信不疑的法律與教育原則。這些中產階級都是亞當斯密的忠實信徒，他所著的《國富論》恐怕是當時最受人推崇，且擁有最多讀者的一部政治學巨著。就在這樣一個錯綜複雜的時代中，洪堡探尋到他的政治結構，並計畫將柏林大學的想法付諸實行。

　　王安博士的文字處理機，則聰明地利用了「程序的需要」。在

一九七〇年代之前，人們對電腦產生極大的恐懼，稍後人們才開始問道：「電腦能為『我』做些什麼？」接著，辦公室人員才逐漸對電腦所做的工作熟悉起來，如發放員工薪水或存貨控制；同時他們也購置影印機，大幅減少了辦公室的文書作業。於是王安的文字處理機乃針對一個仍然不能自動化的雜事，也是每一個辦公室職員痛恨的雜事：在繕寫信函、演講紀錄、工作報告或手稿時，只是為了一點點改變，卻必須一再地重新繕寫。

羅氏大藥廠在一九二〇年代初期，選擇維他命做為發展的對象，這是利用新知識的創新。三十年後，一位哲學家孔恩寫了一本著名的《科學革命的結構》。然而羅氏藥廠的那位音樂家比孔恩早三十年了解何謂「科學革命的結構」，並將之付諸實行。雖然有足夠的證據支持他的做法，可是他也認識了一個新的科學基本法則：如果他的做法與現有的基本法則相牴觸，就絕不會為大多數科學家所接受。有很長的一段期間，大多數的科學家們都不去注意羅氏藥廠所發展出來的新觀念，一直到舊有的「典範」，即舊有的基本法則已完全站不住腳時，他們的觀念才會轉變過來。而且在那個時期，凡是接受此新觀念並將之付諸實行的人，都能在業界擁有一席之地。

只有經過審慎的分析，孤注一擲策略才可能獲致成功。

此外，公司必須在此事業上付出極大的努力。公司應先設定一個明確的目標，然後將全部力量投注到此一目標上。等到新事業開始產生成果時，創新者就必須隨時大規模地動員現有的資源。杜邦公司即是一例。當該公司發展出可供使用的合成纖維時（此時距

市場有所反應還早得很），它就建造了一個規模龐大的合成纖維工廠，並對紡織工廠及一般消費大眾大做廣告，舉辦試用展示會，以及免費贈送樣品。

等到創新事業邁入正軌時，工作才真正開始。採用孤注一擲策略的公司，仍須持續努力，以維持其領導地位，否則它所創造的一切成果都將拱手讓給競爭對手。創新者甚至要比以前還要賣力的工作，並持續進行大規模的創新努力，如此其領導地位才不致動搖。創新成功之後的研究預算，甚至要多於成功之前的預算。公司必須找出新用途、確認新顧客，並嘗試新材料。最重要的是，採用孤注一擲策略而獲成功的創業家，一定要搶在競爭對手之前，使自己的產品或處理過程提早過時。他必須以類似的力量及資源，盡早開始發展後續產品。

最後，採用孤注一擲策略，並取得領導地位的創業家，必須逐步降低其產品或處理過程的價格。如果上市後死守高價，高價就像撐起一把傘，來保護並助長有潛力的競爭者一樣（有關此點，請參閱下一章「打擊對方弱點」）。

在經濟史上，歷史悠久的私人獨占事業早就建立了此一策略。諾貝爾（Alfred Nobel）發明炸藥之後，就創立了「炸藥卡特爾」（Dynamite Cartel）集團。直到一次大戰過後不久，諾貝爾的炸藥專利權才消滅。可是在此之前，炸藥卡特爾完全獨占了全世界的市場，而且產品不斷跌價。這種情形使那些有心建立炸藥工廠的潛在競爭者望而卻步，而炸藥卡特爾卻能不斷增加生產，並維持相當的獲利力。美國杜邦公司、王安的文字處理機、蘋果公司的電腦及

3M公司的所有產品，均遵循此一策略。

## 3. 成敗一線間

　　以上都是一些成功的例子。這些例子並未顯示出採用孤注一擲策略有多大的風險，我們也未看到有失敗的情事。然而我們卻知道，雖然有很多人採用此策略而獲致成功，卻有更多的人因此而失敗。採用此一策略，只有一個成功的機會。如果它未立即步入正軌，則必定是一個失敗的案例。

　　每一個人都知道瑞士神箭手威廉‧泰爾（Wilhelm Tell）的故事。只要他第一次就射中兒子頭上的蘋果，暴君就答應赦免他。如果他失敗了，不是兒子被射死，就是自己被砍頭。這種情形與採用孤注一擲策略的創業家處境完全相同，沒有所謂「幾乎成功」或「差不多失敗」，不是成功，就是失敗。

　　雖然我們事後才知道是否成功，但有兩個例子可資證明，成功與失敗之間僅為一線之隔，運氣與機會合起來才拯救了它們。

　　尼龍的成功可說是得自僥倖。在三〇年代中期，合成纖維根本找不到市場。由於價格過於昂貴，使它無法與當時廉價的棉紗或人造絲競爭。除此之外，三〇年代末期的日本，因為遭逢嚴重的經濟大蕭條，迫使它以極低廉的價格外銷原本極為奢侈的絲織品。這些情形均使尼龍無法在市場上立足。二次大戰爆發，日本絲停止出口，也拯救了尼龍的命運。一直到一九五〇年左右，日本重新推動人造絲工業時，尼龍工業已建立起鞏固的堡壘。尼龍的成本及價格大幅下降，已與三〇年代末期居高不下的情形不能相比。另外前文

述及3M公司著名的透明膠帶，其成功完全是一項意外，否則必定
會遭致失敗。

採用孤注一擲策略的確比採用另一重要策略 ——「創意性模
仿」冒更大的風險。這仍是根據一項假設，即採用孤注一擲策略失
敗的可能性較大。這些可能性包括：缺乏堅定的意志；所投入的努
力不夠；沒有足夠的資源可資運用，或未用在開發成功的機會上等
等。可是採用這種策略一旦獲致成功，回收將未可限量。除了重大
的創新事業外，對其他創新事業而言，採用此一策略的風險及困難
都不太大。洪堡成功地創造一個政治制度、羅氏大藥廠發展維他
命，或梅育兄弟建立一種醫學診斷及實務的嶄新方式，這些都可稱
得上是重大的創新事業。事實上，在所有的創新事業中，只有極少
數適合採用孤注一擲的策略。它需要深入的分析及深刻了解創新事
業的來源及動力；它需要投入大量的資源及極端專注的努力。在多
數情況下，創業家最好採用其他的策略 —— 主要並不是因為其他
的策略風險較低，而是因為多數創新事業的機會，都不足以補償創
業家孤注一擲策略所投入的成本、力量及資源。

注1：一九五二年版的《牛津簡明字典》仍將「策略」定義為：「用兵術；作
　　　戰的藝術；軍隊或選舉團體的管理。」一九六二年，小陳德勒（Alfred D.
　　　Chandler, Jr）在他的《策略與結構》（*Strategy and Structure: Cambridge,
　　　Mass., M. I. T. Press*）這本先驅著作中，首次將該字用於商業界，這本書
　　　主要在探討大企業中所發生的管理演變。可是過不了多久，當我於一九
　　　六三年首次撰寫有關企業策略分析方面的書時，出版商及我都發現以策

　　略當做書名勢必造成極大的誤解。書商、雜誌編輯及資深企業主管都堅
　　決認為,「策略」這個字眼對他們的意義不出軍隊的管理或選舉活動。
　　這本書所討論的內容,多半為現今人了解的「策略」。文章裡面用了這
　　個字眼,但書名卻定《成效管理》( *Managing for Results* )。

注2:其中我認為最值得一讀的是《競爭策略》( *Competitive Strategies* ) *Michael Porter, New York: Free Press, 1980.*

## Chapter *17*

# 打擊對方弱點

創意性模仿者利用其他人的成功。創意性模仿不是一般人所了解的「創新」。創意性模仿者並沒有發明產品或服務，他只是將原始創意產品或服務變得更完美，並將之適當定位。

美國南北戰爭時，另一位南方將領把兩個完全不同的創業型策略的精髓，以「打擊對方弱點」一句話表達出來。這兩個策略分別是：「創意性模仿」，及「創業家柔道」。

## 1.創意性模仿

從字面來看，「創意性模仿」（這個名詞是哈佛大學教授李維特所創的）本身就有矛盾的地方。所謂「創意性」，必定是指「獨創的」，而「模仿」則不是「獨創的」。雖然如此，這個辭彙還是說得通。它說明了一種具有「模仿」本質的策略。創意家所做的，乃是別人已經做過的事。而所謂具有「創意性」，乃是因為採用創意性模仿策略的創業家，比最初從事該項創新的人還要了解該項創新。

　　最早採用此一策略並獲得最傑出表現的公司，乃是IBM。寶鹼公司在肥皂、清潔劑及衛浴用品市場上，也廣泛採用這個策略。另外生產「精工錶」，並獲得世界領導地位的日本「精工舍」公司，也因此採用創意性模仿策略而控制了手錶市場。

　　三○年代初期，IBM為紐約哥倫比亞大學的天文學家製造了一部高速計算機，供他們做天文計算之用。幾年之後，它又製造了一部早有類似設計的機器，把它稱為電腦 ── 這一次是提供給哈佛大學做天文計算之用。到了二次大戰末期，IBM才製造了一部真正的電腦 ── 這是第一部真正擁有電腦功能的機器：有一個「記憶體」以及可做「程式運算」的容量。然而很少書籍在敘述電腦史時提起IBM的貢獻。其原因不外乎當IBM於一九四五年推出高級電腦 ── 這是擺在紐約市中心櫥窗裡公開向世人展示的第一部電腦，當時吸引了潮水般的人前來參觀 ── 之後不久，它放棄了自己的設計，而採用它的競爭對手，「ENIAC」在賓州大學發展出來的設計，「ENIAC」的電腦遠較IBM的電腦更適於商業用途（如發放薪水），只是它的原始設計人並沒有看到這一點。IBM採用了ENIAC的設計，使它製造出來的電腦，符合現實生活的「數據處理」（numbers crunching）。一九五三年，當IBM推出模仿ENIAC設計的電腦時，立刻成為多用途電腦主機的標準。

　　這就是「創意性模仿」策略。等待別人推出「近似的新產品」之後，它才推出「真正的新產品」來攫取市場。在短短的期間內，這種真正的新產品能滿足顧客的需求，執行顧客希望達成的任務，並使顧客願意購買。於是，這種採用創意性模仿的產品就成為業界

的標準，並攫取競爭對手的市場。

在發展個人電腦時，IBM再度使用創意性模仿策略。個人電腦是蘋果公司的構想。如本書第三章所述，當時IBM全公司的人都「認為」，發展這種獨立的小電腦是一項錯誤——不經濟、不切實際，而且價格又昂貴。但是，個人電腦卻成功了。IBM立刻著手設計一種新機器，希望能成為個人電腦界的標準，並準備控制整個市場，或至少取得領先的地位。結果它推出了PC個人電腦。不到兩年的光景，IBM就從蘋果公司的手中奪走了領導地位，並成為銷售速度最快的品牌，以及業界的標準。

寶鹼公司在肥皂、清潔劑、衛浴用品及加工食品的市場上，也採用類似的策略。

自從半導體問世以來，所有的手錶業者都知道半導體可用來做為手錶的動力。與傳統上發條的方式相比，使用半導體動力的手錶將更準確、更值得信賴，且價格更低廉。瑞士的手錶廠商立刻生產石英數字錶，但是他們對傳統手錶的投資過鉅，因此決定逐步推出石英數字錶，並決定在這段漫長的轉型期間，將石英數字錶價格定得很高，使它成為昂貴的奢侈品。

在此同時，日本的精工舍公司一直是製造傳統手錶的廠商，其市場僅限於日本國內。但是當它看到這個機會時，立刻採用創意性模仿策略，成功地發展出石英數字錶，並成為業界的標準。等到端士廠大夢初醒，為時已晚。精工錶已成為全世界銷路最好的手錶，迫使瑞士錶幾乎退出整個手錶市場。

與孤注一擲策略一樣，創意性模仿策略的目標乃是取得市場或

整個產業的領導地位，甚至控制整個市場或產業。在創意性模仿者展開行動時，市場已經建立，人們也開始接受新事業。事實上，市場的需求大過原始創新者的供給；市場區隔也逐漸形成；市場研究也能找出顧客購買的是什麼、如何購買，以及哪些價值能滿足他們等。創新者初出現時所遭遇的各種不確定因素，也已被一掃而空，或至少能夠加以分析和研究。公司已不再需要向人們解釋個人電腦或數字錶的意義及功能。

當然，原始創新者可能一開始就獲得成功，而不給與創意性模仿者任何機會。但是像羅氏大藥廠的維他命、杜邦公司的尼龍，以及王安公司的文字處理機等產品，雖然在產品推出過程中未出差錯，卻仍有風險存在，以致後來仍有許多採用創意性模仿策略的創業家跟進，並且也大有斬獲。這種情形說明一件事實，即原始創新者正確地推出產品，並試圖獨占市場，他們所遭遇的風險也許並不如想像來得大。

嬌生的泰諾這種「非阿司匹靈的阿司匹靈」，就是採用創意性模仿策略的另一範例。這是我所知道最能說明此策略的內涵、需要，及如何運用的個案。

乙醯胺基苯酚（嬌生公司在美國行銷的泰諾藥丸中所含有的成分）多年來一直被用來做為止痛藥，可是最近美國將它列為處方成藥。另外，阿司匹靈是一種歷史悠久的止痛藥，一直被認為絕對安全，且擁有它自己的市場。直到最近，人們才發現，乙醯胺基苯酚的藥性低於阿司匹靈；兩者都是有效的止痛藥，可是前者沒有抑制發炎的作用，也沒有造成血液凝固的危險。因此乙醯胺基苯酚沒有

阿司匹靈的一些副作用，例如造成胃部不適及胃出血。尤其在人們長期服用阿司匹靈，企圖減輕關節炎所造成的痛楚時，這些副作用將更明顯。

當乙醯胺基苯酚可以不經由醫師處方時，第一種以此物質為藥劑的品牌，強調它沒有阿司匹靈的副作用。結果該品牌所獲致的成功，遠超過廠商當初的預期。這項成功為創意性模仿者創造了機會。嬌生公司體認到可「取代」阿司匹靈的止痛藥，銷路一定很好；而阿司匹靈會造成血液凝固的現象，且有抑制發炎的作用，因此市場將很有限。從一開始，嬌生公司就強調泰諾是一種安全、「人人適用」的止痛藥。不到一、兩年的光景，泰諾就攫取了廣大的市場。

這些例子指出，創意性模仿者對先驅者「失敗」的解釋，並不是一般人所了解的失敗。相反的，先驅者必然是成功的。蘋果電腦是一個偉大的成功故事，最後被泰諾逐出市場並且取代其領導的乙醯胺基苯酚品牌也是一個成功的故事，只是原始創新者並不了解他們的成功。蘋果公司以產品為重心，而非以使用者為重心，因此當使用者需要程式及軟體時，它卻推出更多的硬體。泰諾的個案則顯示，原始創新者並未了解當初它成功所代表的意義。

創意性模仿者利用其他人的成功，創意性模仿不是一般人所了解的「創新」。創意性模仿者並沒有發明產品或服務，他只是將原始創意產品或服務變得更完美，並將之適當定位。在原始產品推出時，似乎缺少了些什麼。或許原始產品應該具備一些額外的功能；或許是原始產品或服務的市場區隔須稍做調整，以滿足另一個不同

的市場；又或許原始產品的市場定位雖然正確，但創意性模仿品卻能提供它所缺少的東西。

　　創意性模仿者是從顧客的角度來觀察產品與服務。從技術功能來看，IBM的個人電腦與蘋果電腦並無顯著的差別。可是IBM在一開始推出個人電腦時，即為顧客提供他們所需的程式及軟體。蘋果公司一直透過電腦專門店，即傳統的電腦配銷方式來銷售個人電腦。IBM公司則不同，它打破了自己多年來的傳統，透過各種配銷管道 —— 電腦專門店、西爾斯之類的大零售商，以及IBM旗下的專門店 —— 來銷售個人電腦。它使顧客易於購買及使用。這些不是單純增加硬體功能的做法，我們都可稱為「創新」，於是IBM攫取了廣大的個人電腦市場。

　　簡言之，創意性模仿是從「市場」，而不是從「產品」著手；從「顧客」，而不是從「生產者」著手。它既是以市場為重心，也是以市場為導向。

　　上述例子指出，採用創意性模仿策略的前提為：

　　它需要一個成長快速的市場。創意性模仿者不是要從最先推出產品或服務的先驅者手中，奪走他們原有的顧客，而是要滿足先驅者錯過的市場。創意性模仿者是要滿足一個原來就已經存在的需求，而不是要創造一個需求。

　　採用此策略自然有風險，而且風險還不小。創意性模仿者很容易將力量分散，企圖規避風險。另一項危險是，創意性模仿者對未來的趨勢判斷錯誤，因此當產品推出時，已不能符合市場發展趨勢了。

　　IBM這家世界上最大的創意性模仿者的例子，即可說明這些危險。該公司在辦公室自動化的每一重大發展領域中，均成功地模仿了別人的產品，並使它在每一個領域中都獲得領導地位。但是，由於每一項產品都是經由模仿得來，使得產品種類繁多，而且相容性甚低。到目前為止，IBM還是無法為其總部大樓建立一個整合性的自動化系統。因此人們懷疑IBM能否維持其辦公室自動化市場的霸業，以及能否為自動化辦公室提供一套整合系統。這就是為何電腦的未來主要市場仍是一個未知數的理由。「太過聰明的風險」乃是創意性模仿策略固有的風險。

　　創意性模仿策略在高科技領域中最易見效，原因很簡單：高科技產品的創新者最不易以市場為重心，而傾向於以技術和產品為重心。他們常常誤解自己成功的原因，找不出而且也無法滿足他們所創造市場的需求。前述的泰諾及精工錶的例子指出，當初絕非只有他們採取此一策略。

　　由於創意性模仿策略的目的乃在控制市場，因此最適用於主要的產品、處理過程或服務，例如個人電腦、世界性的手錶市場，或像止痛藥這樣的大市場。但與孤注一擲策略的目標市場相較，創意性模仿略遜一籌。它的風險也較小，因為當模仿品上市時，市場已被確定，需求也開始出現。所不同的是，創意性模仿者彌補了原始產品的缺陷。然而，創意性模仿者必須具備警覺性的彈性，並且要樂於接受市場的意見。最重要的是，他必須辛勤工作，並投入極大的努力。

## 2.創業家柔道

　　一九四七年，貝爾實驗室發明了電晶體，並立刻認為電晶體終將取代真空管。特別是應用在像收音機及電視機這類消費性電子產品上。大家都知道有此一回事，可是卻無人採取行動。幾家主要的大製造廠商 —— 在當時均為美國公司，雖然已經開始研究電晶體，但卻計畫在「一九七〇年左右」才將它變為真正的產品。他們均宣稱，電晶體「尚未準備妥當」。新力公司當時不過是日本國內一家小型製造商，甚至消費性電子市場的人士也不知道有這麼一家公司存在。但新力公司的總裁盛田昭夫卻從報紙上讀到有關電晶體的消息，於是他專程前往美國，以一個荒唐的價錢 —— 兩萬五千美元，向貝爾實驗室買下電晶體的製造權。兩年後，新力公司推出第一台手提電晶體收音機，重量不到傳統真空管收音機的五分之一，成本則僅有三分之一。三年後，新力公司在美國打下了廉價收音機的市場；五年後，日本占據了全世界的收音機市場。

　　當然，這是先驅者拒絕意外成功而將機會平白送人的典型例子。美國人拒絕電晶體，是因為它「不是業界發明的」，即不是由RCA與奇異這些電氣與電子產器的領導廠商發明的。美國人因為太驕傲，以致後來自食惡果。美國人自滿於昔日收音機的美好時光，對能表現完美技巧的真空管超級變頻器（super heterodyne sets）念念不忘。與這些令美國人自豪的東西相比，矽晶片在他們的眼中根本沒有分量，甚至認為會有損他們的尊嚴。

　　新力公司的例子不過是日本人成功故事中的一小段情節罷了。

我們如何解釋日本人一再使用此一策略，一再獲致成功，一再讓美國人感到驚訝？他們在發展電視機、石英數字錶以及掌上型計算機時，一再採用此一策略。等到他們打入影印機市場時，又從原始發明人——全錄公司的手中奪走了大部分的市場。換句話說，日本人不斷成功地運用「創業家柔道」來對抗美國人。

MCI公司與史普林特公司當初利用貝爾電話系統的定價，結果奪取了貝爾系統大部分的長途電話業務（請參閱第六章）。羅姆公司也採用貝爾系統的政策，結果奪取了交換總機的大部分市場。花旗銀行在德國開辦一家名為「家庭銀行」的消費者銀行，不出幾年的工夫，就控制了德國消費者的財務狀況。

德國的銀行都知道一般消費者已具備購買力，他們希望成為銀行的客戶。德國的銀行曾檢討提供消費者銀行服務的可行性，可是實際的做法卻讓消費者大失所望。德國的主要銀行擁有商業顧客及有錢的投資客戶，消費者感覺與這些大銀行打交道得不到尊重，如果消費者想要設立一個帳戶，都情願到郵政儲蓄銀行去辦理。不論德國的銀行在廣告中如何吹噓它們對消費者的重視，可是實際做法卻明顯地背道而馳。當消費者到達當地的銀行分行時，發覺他們一點都得不到幫助。

這就是花旗銀行在德國開設家庭銀行的動機。除了針對個別消費者提供服務滿足消費者的需求，並使他們易於與銀行打交道外，家庭銀行並未提供任何的新服務。雖然德國的銀行勢力雄厚，全國各個市鎮、各個角落都有這些大銀行的分行，但家庭銀行竟然在五年內就控制了德國的消費者銀行業務。

這些「新進入者」（newcomer），如上述的日本公司、MCI公司、羅姆公司以及花旗銀行等都實行了所謂的「創業家柔道」策略。在所有的創業型策略，特別是在那些想要取得某一產業或某一市場領導地位的策略中，「創業家柔道」絕對是風險最小，而且最容易成功的策略。

每一位警察都知道慣犯會以同樣的手法犯罪 —— 不論是撬開保險箱，還是侵入建築物中搶劫。他在作案現場所留下的「簽名」，就和每個人特有的指紋一樣。就算他可能會因此一再被捕，他還是不會改變他的「簽名」。

並非只有罪犯這樣做，我們每個人都不例外，而商業界與工業界也是如此。這種一再重複的習慣，將使公司喪失其領導地位及市場。而美國廠商的習慣，使得它們的市場一再地被日本人奪走。

當罪犯被逮捕時，他極少承認是被習慣所誤。相反的，他會找出各類的理由 —— 出獄後，他還是會運用同樣的做案手法。同樣的，因為習慣而導致失敗的企業，也很少承認習慣有誤，它們也會找尋各類的理由來搪塞。例如美國電子產品製造商，大都將日本公司的成功歸功於日本「低廉的勞工」，只有少數幾家公司願意面對現實。例如RCA與「美格福斯」（Magnovox）將其電視機價格壓得很低，雖然兩家公司必須支付較高工資與工會開支，但是它們的產品無論在價格或品質上，都能與日本產品競爭。德國的銀行一致解釋花旗家庭銀行的成功，是因為該銀行承擔了它們不願意冒的風險。但家庭銀行的消費性貸款呆帳損失較德國銀行低，借貸條件卻與德國銀行一樣嚴苛。德國銀行當然知道這些因素，可是它們就是

不願面對自己的失敗與家庭銀行的成功。這種情形不足為怪。這也就是為什麼同一策略（即同一個創業家柔道策略）可以一用再用的原因。

下列五種常見的壞習慣，為新進入者創造了採用創業家柔道策略的契機，更使他們取得業界的領導地位，有能力對抗已建立陣地的現營事業。

第一個壞習慣是美國俚語所稱的「NIH」（Not Invented Here，不是業界發明的）。這種自負導致公司或產業深信，除非是它們自己想到的，否則新發明必定沒有分量，如美國電子產品製造廠商拒絕採用新發明的電晶體。

第二個壞習慣是「擷取」市場菁華，即爭取那些能夠使公司產生最高利潤的顧客。

全錄公司就採用此做法，使日本模仿者輕易找到影印機的目標市場。全錄公司將重點放在大客戶身上，即那些大量購買，或購買高性能昂貴機型的大客戶。全錄公司並未拒絕其他的客戶，可是也沒有出去尋找另外的客戶。說得更明確一點，全錄公司認為這些客戶不是提供服務的適當對象。結果，小客戶對全錄公司所提供的服務，甚至可以說是根本沒有服務，感到不滿意，因此轉向競爭者的產品。

「擷取菁華」違背了最基本的管理與經濟認知，最後的結局總是拱手退出市場。

全錄嚐到勝利的果實後就停滯不前，它的勝利確屬空前，而且獲利甚豐，但過去的成就並不能保證公司可賴此為生。擷取菁華就

是想依賴過去的成就為主。一旦公司養成這種習慣，其他人就採用創業家柔道的策略乘虛而入。

第三個壞習慣更糟糕：對「品質」的信念。產品或服務的品質不是廠商所賦予的，而是顧客所發掘並願意付錢購買的東西。如果某一項產品甚難製造，且成本高昂，製造廠商通常會認為這項產品具有品質。其實不然，在顧客的眼光中，產品的品質完全取決於它能帶給顧客的用途及價值。除此兩項因素外，再無其他因素是構成品質的成分了。

一九五〇年代時，美國電子產品的製造廠商們深信，它們花了三十年的努力所製造出更複雜、更大和更昂貴的收音機，裡面裝的是完美的真空管，這些因素就構成所謂的「品質」。它們認為製造真空管必須具備複雜的技巧，因此真空管就是品質。至於電晶體收音機的構造很簡單，未受過訓練的工人亦可加入生產線工作，因此電晶體就不是品質；但在消費者的眼光中，電晶體收音機的品質要超過真空管甚多。由於電晶體收音機的重量甚輕，因此人們到海灘旅行或到郊外野餐，都可攜帶它同行；電晶體收音機極少出毛病，也毋須更換真空管；它的成本極低廉；與含有十六個真空管的超級雙頻式收音機相比，它的接收範圍與傳真效果均較佳，且真空管經常燒毀，極為惱人。

第四個壞習慣，與前述「擷取菁華」和「品質」兩個壞習慣有密切的關聯：「溢價的錯覺」（the delusion of the premium price）。「溢價」必然會吸引更多的競爭者加入。

自十九世紀初期法國的賽伊及英國的李嘉圖（David Ricardo）

以來，這兩百年當中，經濟學家均認為只有透過降低成本，才是獲得較高「邊際利潤」的唯一途徑（獨占事業除外）。企圖以訂定高價來獲取較高邊際利潤的公司，必定會自食惡果。這種做法，就像為競爭者撐起一把保護傘。已確立地位的領導者看起來是獲得較高的利潤，實際上等於在補貼新進入者。不出幾年的光景，新進入者就會取代原來領導者的地位，而成為新的霸主。創業家應視溢價為一種威脅，認為它終有一天會造成傷害。溢價只能偶爾為之，如要提高股票價格或要求達到最大利潤時。

然而，普遍的觀念都錯誤地認為透過溢價可達到較高的利潤，而不知此舉將為「創業家柔道」大開方便之門。

最後一個，也是第五個壞習慣，是「最大化」的想法，而非「最適化」。這個壞習慣常見於已建立地位的企業，並會導致企業的式微 —— 全錄公司就是一個很好的例子。當市場逐漸成長並擴張時，這些企業仍然想以同樣的產品或服務，來滿足每一個單獨的顧客。

舉例來說，一套試驗化學反應的分析儀器剛推出上市，起初市場只限於工業實驗室，接著大學實驗室、研究機構及醫院也相繼購買這套儀器，不過每一個顧客的要求都有些許差別。於是製造商開始為甲顧客增加某項特色，為乙顧客增加另一項特色。製造商為了使產品發揮最多的功能，到最後，這套簡單的儀器會變得相當複雜，結果它不再能滿足任何人。滿足每一個人的結果，通常是沒有人會得到滿足。同時，這套儀器會變得非常昂貴，操作及維護也不容易。然而製造商卻引以自豪，在全頁的產品廣告上，特別指出它

能執行六十四項功能。

　　這家製造廠商必定會變成創業家柔道策略下的犧牲者。它認為自己所擁有的長處，將來反而會成為缺點。新進入者將生產一套專為醫院設計的儀器，剔除醫院所不需要的功能。這種儀器不僅醫院所需的功能一應俱全，而且，每一種功能都優於原先具有多用途的儀器功能。接著，這家新進入者將會分別為研究實驗室、政府實驗室及工業實驗室設計專用的儀器 —— 過不了不久，新進入者就會以這些專為使用者設計、符合最適化而非最大化的儀器，奪取所有的市場了。

　　同理，當日本人打入影印機市場，與全錄公司放手一搏時，就曾為某些特定的群體分別設計產品 —— 如小型辦公室專用影印機，適用於牙醫、醫生、中小學校長等辦公室。日本製造的影印機並無全錄公司引以為傲的功能，如影印速度、清晰程度等。但日本公司提供給小型辦公室的影印機，是它們最需要的：一個低成本的簡單影印機。等到日本公司在該市場站穩腳步，它就逐一打入其他市場，並專為某一特定區隔市場設計最適化的產品。

　　新力公司當初打入收音機市場時，也是始於一偏僻的角落：廉價而且接收範圍有限的手提收音機市場。

　　創業家柔道策略的目的，首先要鞏固一個灘頭陣地，通常這個灘頭陣地是已建立地位的領導者沒有設防或不重視之處 —— 如德國銀行在花旗設立家庭銀行時所持的態度。一旦灘頭陣地建立（即新進入者已擁有適當的市場及收入），新進入者就會向「海灘」的其他地方進軍，最後占領「全島」。每一次進入者都會重複同樣的

策略，專為某一特定區隔市場設計最適化的產品與服務。在這場戰爭中，原來的領導者很少有反擊的機會。在新進入者取得領導地位並控制整個市場之前，原來的領導者幾乎不會改變自己的做法。

在下列三種情況下，採用創業家柔道策略的新進入者，特別容易獲致成功。

第一種常見的情況是，原來的領導者拒絕對意外成功或意外失敗採取行動。他們不是完全忽視它，就是把它摒除門外。新力公司就是在這種情況下找到了可乘之機。

第二種是全錄公司所遭遇的情況。一項新科技發展成功且獲得快速的成長，但創新者卻以傳統的「獨占事業者」的姿態，將新科技（或新服務）帶到市場上：他們運用其領導地位，「擷取」市場的菁華並訂定「溢價」。他們不是不知道，就是不願承認下列既定事實：除了獨占事業以外，想要維持領導地位，只有做一個「仁慈的獨占者」（benevolent monopolist，經濟學家熊彼得所創的名詞）。

一位仁慈的獨占者會在競爭者有所行動前，就降低其產品價格，並在競爭者有所行動前，使舊產品提早過時，同時領先推出新產品。歷史上能證明此論點正確的例子甚多。杜邦公司就行之多年。美國貝爾電話系統也曾採行此一策略，因此未被七〇年代經濟衰退所擊垮。如果原來的領導者不以降低成本，反以提高價格或邊際利潤來維持其領導地位，則任何使用創業家柔道策略者都可將他擊敗。

同樣的，在一個成長迅速的新市場或新興科技市場中，原有的領導者若不採用最適化，而以最大化為其追求目標，也很快會被採

用創業家柔道策略者擊敗。

最後一個情況是，當市場或產業結構快速變動時，是採用創業家柔道的大好時機 —— 家庭銀行即為一例。在五〇至六〇年代間，德國已經變得欣欣向榮，除了傳統的儲蓄與抵押外，一般民眾也逐漸需要貸款服務，可是德國的銀行均局限於舊有的市場而不知變革。

創業家柔道總是以市場為重心，並以市場為導向。它可能以一項科技做為開始，如盛田昭夫從戰後百廢待舉的日本專程前往美國，只為了取得電晶體的製造權。盛田昭夫看到過重的收音機及易燒毀的真空管，他就意識到有一個可用現有的技術予以滿足的區隔市場 —— 手提式收音機市場。他為這個市場設計適當的收音機，使那些收音機的接收範圍及音質要求不高的年輕窮學生得到滿足。以另一種方式來說，上述市場是舊有科技已無法提供適當服務的範圍。

同樣的，以批發價向貝爾系統購進，再轉賣給零售商的美國長途電話折扣公司發現，有不少企業使用長途電話極為頻繁，但又無力自行建立長途電話系統，於是，這些折扣公司首先為這些客戶提供服務。等到它們在該市場有相當大的占有率時，它們就同時向大客戶及小客戶進軍。

採用創業家柔道策略時，首先應該分析產業、製造商與供應商、他們的習慣（特別是壞習慣）及政策；然而再觀察整個市場，找可獲得最大成功及最少阻力之處，一擊中的。

創業家柔道亦需一些真正的創新。只提供低廉的相同產品和服

務是不夠的，它所提供的產品必須與原有產品有所區別。當羅姆公司推出交換總機系統時，為了與AT&T競爭，它加裝了一部小型電腦，使該總機系統增加一項功能。其實，這不算是高科技產品，更不算是一項新發明。事實上，AT&T本身也設計了一種類似的附加功能，只是它未像羅姆公司一樣積極地推廣該項產品。同理，當花旗以家庭銀行打入德國市場時，也標榜了若干創新的服務，如開辦小額存款戶，為他們兌換旅行支票及提供納稅建議 —— 當時的德國銀行沒有這些服務。

　　換句話說，新進入者若僅是壓低產品或服務的價格、提供較佳的服務，這種做法還是不夠的。新進入者必須使自己與原來的領導者有所區別。

　　與孤注一擲及創意性模仿一樣，創業家柔道策略的目的是在取得領導地位，最後取得控制權。但它並不是要與原來的領導者做正面競爭，或讓原來的領導者知道或擔心競爭的來臨，相反的，它乃是要「打擊對方弱點」。

Chapter *18*

# 生存利基

事實上，最成功的生存利基策略，就是要使自己顯得不起眼。由於它的產品已成為處理程序中的一個重要部分，因此無人願意與它競爭。

到目前為止，我們已討論過「孤注一擲」、「創意性模仿」及「創業家柔道」三種策略，目的都在取得市場或產業的領導地位，甚至取得統治地位（dominance）；而本章所論的「生存利基」（ecological niche）策略的目的，則在控制（control）。前述三種策略乃針對企業如何在一個廣大市場或重要產業中取得一席之地；生存利基策略則針對企業如何在一個小市場中取得實際獨占地位。前述三種策略乃是競爭性策略；生存利基策略的目的，乃在於使企業成為成功的業者，確保不發生競爭或受到他人挑戰的情況。採用前三種策略而獲致成功的企業將賺進現金，不在乎外人對它的評價。它對沒沒無名似乎相當滿意。事實上，最成功的生存利基策略，就是要使自己顯得不起眼。由於它的產品已成為處理程序中的一個重要部分，因此無人願意與它競爭。

以下是三種獨特的生存利基策略，各有其條件、限制及風險：

- 收費站策略
- 專門技術策略
- 專門市場策略

## 1. 收費站策略

　　本書第四章曾討論過艾爾康公司所採用的策略。這家公司發展出一種酵素，使醫生在進行老年白內障切除手術時，可以少掉一個步驟，而使得整個手術過程更和諧、更合理。一旦該公司成功地發展出這種酵素並取得專利權，它就擁有「收費站」（tollgate）地位。任何眼科醫生都需要它。不論該公司索價多高，對整個白內障切除手術費用而言，這麼一點點酵素價格就算不得什麼了。我懷疑任何眼科醫生曾經詢問過這種酵素的價格。然而，整個市場非常有限，也許全世界一年的需求量只不過五千萬美元，因此不會有人想要嘗試去發展一種競爭性產品。就算這種特殊酵素價格降低了，全世界也不會因此多出一次白內障切除手術。所有潛在競爭者所能做的，不過是為社會大眾省錢，自己卻得不到什麼益處。

　　另外一個例子，亦可說明收費站地位。五、六十年前，一家中型規模的公司發展出一種油井防爆器，使它擁有收費站地位多年不墜。鑽一口油井必須耗資數百萬美元，一旦碰到油井爆炸，整個油井及所有投資都將付諸東流。因此，當人們開鑿油井時，防爆器可保障整個油井，不論它的價格有多高，它都是一項低廉的保險。防爆器的市場也非常有限，不會吸引潛在競爭者加入。就算該公司將

防爆器的價格降低，也不會刺激人們多鑽一口油井，因為防爆器的成本可能只占鑽探油井總成本的百分之一。競爭只會降低產品價格，並不會增加需求。

另一個採用收費站策略的是「杜威亞密」（Dewey & Almy）公司 —— 現在是「葛蕾絲」（W. R. Grace）公司的一個部門。這家公司在一九三〇年代時，曾發展出一種密封罐頭的合成物。罐頭是否密封，對罐頭工廠殊為重要；如果罐頭走氣，後果將不堪設想。假如有人吃了罐頭食物而中毒致死，這家食品罐頭工廠就要關門大吉了。由於這種罐頭合成物能確保罐頭食品不會因走氣而腐壞，因此它的價格再怎麼高也不能算貴。對整個罐頭成本及造成腐壞的風險而言，密封成本（頂多不超過美金一分）實在微不足道，因此誰也不會去關心它的價格；他們所關心的是密封性能的優劣，而不是它的價格。雖然它的市場大過前述酵素及防爆器的市場，可是仍屬有限。就算廠商降低該密封合成物的價格，人們也不會因而多製造一個罐頭。

從許多觀點來看，收費站地位可能是公司最渴望獲得的地位。但它卻有極為嚴格的先決條件。該項產品必須是某個處理程序中的重要成分；不使用該項產品的風險 —— 失明、油井會爆炸或罐頭食物腐壞 —— 這種損失遠超過購買產品的成本；而且市場必須小到誰先來就處於獨占的地步。它必須是一個真正的生存利基，為一種產品所完全囊括，且由於市場太小，不會吸引競爭對手加入。

這種收費站地位還真不容易尋找，通常只有在一種不一致的狀況下才會出現（請參閱第四章）。例如艾爾康公司的酵素，是手術

過程的步調或邏輯發生不一致狀況下的產物。又如油井防爆器及罐頭密封合成物，則是經濟現實不一致的產物 —— 操作錯誤的成本與維護成本之間不成比例。

　　收費站地位同樣有嚴格的限制及可觀的風險。基本上，它的地位相當平穩。一旦建立了生存利基，就很難再有大幅度的成長。擁有收費站地位的公司將很難增加或控制它的生意。不論它的產品有多好，價格有多低，市場需求量將取決於其依附的處理程序或產品的需求。

　　這個論點對艾爾康公司可能並不重要，因為白內障患者不會因為經濟繁榮或蕭條而有所增減。可是製造油井防爆器的公司則不同，一九七三年的石油危機及一九七九年的石油恐慌，造成石油鑽探工作如火如荼地展開，因此該公司必須大量增資設廠，才能應付這些突如其來的需求。它已懷疑高漲的油價不會持久，也知道投下去的資金不會全數回收，可是當時它必須如此做，否則失去的市場將永遠也收不回來了。不到幾年的光景，油價開始回跌，油井鑽探工作突然在一年之間減少了百分之八十，油井鑽探設備的訂單也以同樣比例減少。而對這種情況，該公司仍是一籌莫展。

　　只要收費站策略達到其目標，公司在發展過程上就算「成熟」了。它的成長速度將與產品的最終使用者成長速度一樣，但沒落的速度也很快。如果某人發現一種不同的方式，可滿足同樣的最終用途，它就會在一夜之間成為無用的廢物。以杜威亞密公司為例，該公司就未防範錫製罐頭的替代材料，如玻璃、紙或塑膠，也未防範其他保存食物的方法，如冷凍、放射線處理等。

　　採行收費站策略者絕不可剝削自己的獨占事業。他絕不可變成德國話中的「強盜貴族」。這種人居住在山峽與河谷附近，搶劫經過這些地帶的倒楣旅客。採行收費站策略者絕不可濫用其獨占事業，來剝削、榨取或虐待顧客。否則另一家供應商將會取而代之，顧客也會轉向另一個功能較差但能控制的替代品。

　　四十多年來，杜威亞密公司一直成功地執行了一項正確的策略。它提供使用者（特別是第三世界廠商）廣泛的技術服務，教導他們如何使用，並設計出更新更好的裝罐機以及封罐機，以配合該公司的罐頭密封合成物。不僅如此，它還不斷地提升該合成物的品質。

　　收費站地位可能維持歷久不墜 —— 或接近如此，但這種地位能控制的範圍有限。艾爾康公司曾進入與視覺有關的各種消費性產品市場，例如人工淚液、隱形眼鏡清潔水、無過敏性眼藥等，企圖擴大市場範圍，到目前為止，這個策略非常成功，因為它吸引了瑞士「雀巢」公司，以非常高的價格將它買下。據我所知，艾爾康公司是擁有收費站地位的公司中，唯一能成功地在原有地位之外的市場上覓得一席之地，而且新產品的經濟特性與原有產品並不相同。不過公司若因採取多角化經營，而進入它所知甚少，且競爭激烈的消費市場，在這種情況下，它是否能獲利，將是一個未知數。

## 2.專門技術策略

　　大汽車廠是大家耳熟能詳的，但是那些提供汽車電機及照明系

統的公司卻鮮為人知。這些公司比大汽車廠少多了：在美國，是通用汽車公司下的「戴爾柯集團」（Delco Group）；德國是「博斯」（Robert Bosch）公司；英國是「萊卡斯」（Lacus）公司。事實上，除了汽車工業的人士之外，沒有人知道，幾十年來，美國大客車的車架都是密爾瓦基AO史密斯公司的產品；也沒有人知道，幾十年來，美國汽車用的剎車系統都是「班迪士」（Bendix）公司的產品。

這些公司歷史相當悠久，組織也極健全，這一切都要拜古老的汽車工業之賜。這些公司早在第一次世界大戰之前，即汽車工業還屬嬰兒期時，就已獲得了控制地位。以博斯先生為例，他與兩位德國汽車工業的先驅，朋馳及戴姆勒，都是同時代的人物。他們是好朋友，因此，博斯先生早在一八八〇年代就創立了博斯公司。

一旦這些公司在專門技術利基中獲得了控制地位，它們就會盡力維持這種地位。它們的利基範圍雖較收費站為大，仍然有其獨特的地位。這種地位的取得，是因為它們很早之前就發展出高度的技術。AO史密斯公司在一次大戰結束後不久，就發展出今日稱之為「自動化」的汽車骨架製造技術。博斯於一九一一年為朋馳廠設計的電機系統太過精密，到二次大戰後，還只有昂貴的車型才裝有這種系統。俄亥俄州丹頓市的戴爾柯公司於一九一四年加入通用汽車公司之前，就已發展出汽車起動器。這類專門技術使得這些公司在其專業領域中領先甚多，也不會有人想向它們挑戰，因為它們已成為業界的「標準」。

專門技術利基絕不僅限於製造業。過去十年來，維也納及奧地利的幾家民營貿易公司也建立了一個類似的利基，過去稱為「以物

易物」，現在則稱之為「易物貿易」；已開發國家以火車頭、機器或藥品，和開發中國家（保加利亞和巴西）交換菸草或灌溉用抽水機。在這之前，一位富有創業精神的德國人也獲得了一個專門技術利基，直到今日，旅行指南還稱做「貝迪克」（Baedeker）。

　　這些例子指出，時機是建立專門技術利基的要素。它一定要在一個新工業、新習慣、新市場或新趨勢剛開始時，立刻展開行動。當航行萊茵河的蒸汽船於一八二八年首次對中產階級民眾開放時，貝迪克（Karl Baedeker）就印行了他第一本旅行指南。在第一次世界大戰爆發，西方國家禁止德國人的出版品之前，貝迪克一直在其領域中唯我獨尊。維也納的易物貿易開始於一九六〇年代。當時這種貿易方式極為罕見，大部分限於蘇俄集團中的小國家（這解釋了它們為什麼都與中立的奧地利來往）。十年後，當強勢貨幣逐漸在第三世界絕跡時，這些貿易公司卻相當熟悉以物易物的技巧，因此變成了「專家」。

　　專門技術利基必須是一種新事物、一種附加事物，或是一種真正的創新。在貝迪克以前也有所謂的旅行指南，可是那些小冊子只介紹文化層面 —— 教堂、風景等。至於旅行時會遇到的一些細節問題 —— 旅館、馬車租金、路程遠近及如何給小費等，英國紳士都會僱用一位導遊來應付這些問題。但是中產階級人士卻僱不起導遊，於是便成為貝迪克的大好機會。一旦他知道旅行者需要的情報，知道如何取得這些情報，以及知道以何種方式表達（貝迪克的編輯設計至今仍是許多旅行指南仿效的對象），別人就不會重複他的投資，開設一家公司與他競爭。

　　一項主要新發展的初期階段,通常是建立專門技術利基的大好機會。這種例子多得不勝枚舉。例如美國多年來只有兩家公司製造飛機推進器,這兩家公司都是第一次世界大戰之前就成立了。

　　專門技術利基很少是意外發現的,在每個例子中,都是有系統地調查創新機會的結果。創業家應先尋求可發展專門技術的適當領域,為新公司建立獨特的控制地位。德國的博斯花費了許多年的工夫,才在汽車工業中找到一個領域,使他的新公司一舉成為該利基的領袖。「漢彌爾頓飛機推進器」(Hamilton Propeller)公司的創始人早在動力飛機發展初期,就做過有系統的研究,因為成為今日美國飛機推進器業界的領導者。貝迪克在決定出版旅行指南之前,也曾做過多方面的嘗試,最後終於使他名揚四海。

　　因此第一個重點是,在一個新工業、新市場,或重大新趨勢的初期階段,人們就應抓住機會,有系統地去研究專門技術的機會,然後充分利用時間來發展此一專門技術。

　　第二個重點是,專門技術利基所需要的是獨特而且與眾不同的技術。早期的汽車業先驅對機械、金屬及引擎所知甚多,但對電機卻是門外漢,沒有一個例外。電機有關的理論知識,他們不僅從未學過,而且根本不知道從何學起。因此,給與汽車電機業者一個可乘之機。貝迪克也不是當時唯一的出版商,但是編輯旅行指南需要實地蒐集詳細的資料,需要經常到各地勘查,並聘請其他領域的旅遊顧問。至於易物貿易,既不是貿易,也不是銀行業務。

　　因此,已在專門技術和利基中建立地位的專業,不易受到顧客或供應商的威脅。無論是顧客還是供應商,都不願從事他們一無所

知的技術。

第三個重點是，占有專門技術利基的事業必須經常改進其技術。它必須保持領先地位 —— 事實上，它必須經常以新技術來淘汰舊技術。早年汽車公司經常埋怨美國的戴爾柯公司及德國的博斯公司逼迫它們太緊。這兩家公司所設計的照明系統，遠超過普通的需要；遠超過當時汽車廠商心目中顧客的需要、期望及負擔程度；並且超過汽車廠商的裝配技術。

專門技術利基雖有其獨特的優勢，卻也有若干嚴格限制。其中一個限制就是，公司必須在其專門領域中保持狹窄的眼光。想維持既有的控制地位，公司不可左顧右盼，而應將其眼光集中在其狹窄的專門領域隔中。在早期飛機電機與汽車電機並沒有太大的差別，然而汽車電機專業廠商 —— 戴爾柯、博斯及萊卡斯並未成為飛機電機業的領導者。它們根本無意踏入該領域，因此連正眼也不瞧一下。

第二個嚴格的限制是，擁有專門技術利基的廠商必須仰賴他人將其產品或服務帶入市場，因此變成他人產品或服務的附屬品。汽車電機公司的長處是顧客根本不知道它的存在，然而這也是它的弱點。如果英國汽車工業不景氣，萊卡斯公司必定會受到波及。AO史密斯公司的汽車骨架生意一直都在蓬勃的發展，但是到了石油危機時卻停頓下來。美國汽車廠商逐漸開始製造不需骨架的汽車。雖然這種汽車較傳統汽車昂貴，但卻因重量減輕而較省油。AO史密斯公司對此趨勢則一籌莫展。

最後一個限制，也是專門技術利基製造廠商所面臨的最大危

險，就是如果它所擁有的專門技術已變成一種普遍技術，這家廠商的專門技術也就算不了什麼了。

維也納商人現在從事的易物貿易的生意，早在一九二〇至三〇年代就有外匯交易商在從事了，他們大都是瑞士人。當時的銀行家深信，幣值不會變動。但當幣值開始不穩定，且發生政府採用貨幣封鎖政策時，許多貨幣因此產生不同的匯率。此外，還發生一些稀奇古怪的事，這一切均使銀行家不願再從事這類業務。當這些瑞士的外匯交易商出現時，銀行巴不得他們盡快將這個令人不快的工作接過去，因此少數的瑞士外匯交易商占據了此獲利甚豐的專門技術利基。第二次世界大戰後，世界貿易迅速擴張，外匯交易即成了例行性工作，大銀行多半設有國際匯兌部門。這些瑞士外匯交易商的專門技術也就算不了什麼了。

專門技術利基與其他所有的生存利基一樣，亦有其範圍及時間的限制。生物學告訴我們，在某個生存利基中的物種，對外在環境極小的改變都很難適應。創業家的專門技術也不例外。但也由於這些限制，一旦廠商擁有這種專門技術的利基，就能獲得極有利的地位。在一個擴張迅速的新科技、新工業或新市場中，這恐怕是最有利的一種策略了。一九二〇年代的汽車製造廠商現在幾乎都不存在了，但是汽車電機及照明製造商卻全數生存到現在。廠商一旦達到並維持專門技術利基的地位，即可避免受到競爭的威脅，這完全是因為汽車買主根本不知道，或根本不在乎車頭大燈或剎車是哪些廠商製造的。沒有人會為了大燈或剎車而到處詢問。一旦「貝迪克」成為旅遊指南的同義字，除非市場起了急遽的變化，否則它根本不

用擔心別人會進入此一市場。在新科技、新工業或新市場中，專門技術策略提供了最佳的成功機會與最少的失敗風險。

## 3.專門市場策略

專門技術利基與專門市場利基之間最主要的差別，在於前者具有產品或服務的專門技術，後者則具有市場的專門知識，其他情況則大同小異。

在非共產國家中，有兩家中型公司，一家在英格蘭北部，一家在丹麥，它們占據了一種烘製西點及餅乾的自動烤箱的絕大部分市場。歐洲的「庫克」（Thomas Cook）公司及美國運通（American Express）公司是最早的旅行業者，多年來在旅行支票市場上擁有實際的獨占地位。

據說製造烤箱並不需要高深或特殊的技術，許多廠商亦能製造同樣品質的烤箱。但英國與丹麥這兩家公司卻了解市場：它們知道每一個重要的麵包師傅，而這些麵包師傅也知道這兩家公司。這個市場並不大，而且兩家公司的表現還算令人滿意，因此不足以吸引外人前來競爭。同樣的，旅行支票一直被視為一種反潮流的做法，一直到第二次世界大戰之後，旅遊風氣才開始盛行。而由於發行旅行支票的公司 —— 庫克或美國運通，可運用現金並獲取利息（購買旅行支票的人也許好幾個月後才會兌現），因此這種事業獲利甚豐。然而，此一市場卻未大到足以吸引他人前來嘗試的地步。更甚者，旅行支票需要在世界各地建立起分支機構，以方便人們前來兌

現。二次大戰後，根本無人想要模仿庫克或美國運通，因為他們均認為這不值得。

從下列問題的最新發展之中，我們可以發現專門市場：哪些機會能給與我們獨特的利基？我們如何做才能領先他人占有該利基？旅行支票並不是偉大的「發明」，基本上，它不過是一紙信用狀，並已有數百年的歷史。所不同的是，旅行支票提供一種標準單位——先是對庫克或美國運通的顧客，然後對一般大眾。持有人可至庫克或美國運通各地的分支機構兌換現金。對那些不願攜帶大量現金，及無法得到銀行信用狀的旅客來說，旅行支票具有獨特的吸引力。

早期的烤箱不需要什麼特別進步的技術，就算在今日，烤箱也不需要任何高深的技術。前述兩家公司能獲致成功，乃是因為它們了解西點與餅乾的烘製，已由家庭移向工廠。於是它們開始研究工廠麵包師傅的需要，以便專門為西點麵包業者及超級市場製造產品。烤箱不是依據製造技術，而是依據市場研究。事實上，製造技術很普遍，隨處都有。

專門市場利基的先決條件與專門技術利基的相同處：（1）有系統的分析新趨勢、新工業或新市場；（2）一個特殊的創新貢獻，例如將傳統信用狀「扭曲」為現代旅行支票的創意；（3）不斷地努力改進產品，特別是服務，俾能維持已達到的領導地位。

至於它所受到的限制也相同。專門市場地位所受到最大的威脅便是成功，即專門市場變成大眾化市場。

旅行支票目前已成為一種普通產品，並具有高度的競爭性，其

原因就在於旅遊已成為一個大眾化市場。

　　香水亦面臨同樣的情況。法國的「科蒂」（Coty）公司曾創造了現代的香水工廠。該公司了解第一次世界大戰已改變了人們對化妝品的態度。在第一次世界大戰之前，只有「放蕩的婦女」才使用化妝品（再不然就是得到別人允許才敢使用）。到了大戰結束，人們才逐漸接受使用化妝品的觀念，使用化妝品也逐漸受到人們的尊重。在二〇年代中期以前，科蒂公司幾乎在大西洋兩岸建立了完全獨占的地位。一直到一九二九年，化妝品市場還是「專門市場」，專為中上流人士服務。在經濟大恐慌期間，一個真正的大眾化市場出現了，於是化妝品市場一分為二：（1）以昂貴價格、專門配銷管道及專門包裝為特色的高級區隔市場；（2）在超級市場、雜貨店及美式藥局出售的廉價、大眾化品牌區隔市場。不出幾年的光景，科蒂公司控制的專門市場已自市面上消失了。科蒂公司對大眾化市場和奢侈品市場猶豫不決，它企圖停留在一個已經不存在的市場中，當然就此消失得無影無蹤了。

Chapter *19*

# 改變價值及特性

經濟學家把「價格」定義為，顧客為取得或獲得某一產品或服務的所有權而須支付的金額，而買到的產品或服務能為顧客帶來些什麼就再也不提了。不幸的是，不論是賣產品還是賣服務，供應商都喜歡接受經濟學家的這套理論。

到目前為止，本書所討論的創業型策略，目的都在推出一項創新的產品或服務；而本章將討論的創業型策略，本身就是一項創新。本章所要討論的產品或服務，可能已經存續甚久 —— 本章的第一個例子是存續已有二千年歷史的郵政服務 —— 然而，本章的創業型策略可使得這些根深柢固的舊有產品或服務改頭換面、煥然一新。它可改變產品或服務的實用性、價值及經濟特性。產品或服務在物質外觀上可能毫無改變，但在經濟性上卻有所不同。

本章討論的策略均有一共同點，即所有策略的目的都是要創造顧客 —— 這是一個事業的最終目的，事實上也是一個經濟活動的最終目的。有四種方式可以達到這個目的：

- 創造實用性

- 定價的運用
- 配合顧客的社會及經濟現實
- 提供顧客所需的真正價值

## 1. 創造顧客實用性

英國學童從小就被教導，郵政服務是羅蘭・希爾（Rowland Hill）於一八三六年「發明」的。這當然是無稽之談。早在羅馬的凱撒大帝時代，郵政服務就已經相當完善了，信差定期將郵件迅速傳遞至帝國的各個角落。一千年後的一五二一年，德國國王查理五世以一種文藝復興時代的作風，仿效古羅馬做法，將該國境內的郵件傳遞工作，全權交由王室後裔索倫及德克西斯負責。這種寬大的作風贏得「日耳曼選侯」（German Electors）的擁戴，也因此保住了他的王冠——索倫及德克西斯後裔持續負責郵政服務至一八六六年，集郵人士都知道此事。到了十七世紀中葉，歐洲各國均以德國郵政為模式，紛紛成立郵政服務。一百年後殖民美國的拓荒者也起而成立了郵政服務。事實上，早在羅蘭・希爾「發明」郵政服務之前，所有西方傳統上偉大的模範書簡作者，從西塞羅（Cicero）、塞維尼夫人（Madame de Sevigné）到查斯特菲爾德爵士（Lord Chesterfield）及伏爾泰（Voltaire）等，均曾透過郵政服務郵遞過他們的信函。

然而，希爾的確創造了今日所稱的「郵政」。他的貢獻並非一種新技術，也非一種新事物，他所創造的東西不是可以去申請專利

的。在他以前，郵局根據路程的遠近以及郵件的重量，酌收不同的郵資，而且是由收信人付郵資。這種做法既昂貴且浪費時間。因此，希爾建議，不論路程遠近，凡在英國境內投遞的郵件，郵資一律相同，而且改由寄件人預付郵資。寄信人可以將郵局的「印花」貼在信封上（印花是多年來用來支付各種稅負和規費的）。一夜之間，郵寄變得既簡單又便利；事實上，現在的郵件已經可以直接投入郵筒中。同時，郵資也變得極為低廉。從前一封信的郵資超過一先令 —— 是一個工匠的一日所得，現在則只要一便士。郵政處理的信件數量也不再少得可憐。簡言之，「郵政」從那時起正式誕生了。

希爾創造了實用性。他問道：「顧客『需要』郵政真正能為他們做什麼？」在討論改變實用性、價值及經濟特性的創業型策略時，這個問題總是第一個被提出來。事實上，郵寄成本的降低（約降低百分之八十）還是次要的問題。郵政改革最主要的影響，乃是使每一個人都感覺郵寄很方便，是他們可以利用的。信件已不再局限於「正式的書信」。裁縫師也可將帳單用郵件投遞。於是郵件數量激增，第四年就增加了一倍；十年後，郵件數量又增加至四倍。不僅如此，郵資也大幅下降。多少年來，人們根本不認為郵資是一種負擔。

對創造實用性的策略而言，價格通常無多大關聯。策略是否成功，端視它提供的服務能否符合顧客的需要而定。它能獲致成功是因為它問道：對顧客而言，什麼才是真正的「服務」？什麼才是真正的「實用性」？

　　每一個美國新娘都希望得到一套「上好的瓷器」。由於整套瓷器太過昂貴，而送禮人既不知道新娘喜歡的樣式，也不知道她已經擁有的瓷器，因此最後都贈送別的禮物。換句話說，顧客有此需要，但缺乏的是實用性。一家中等規模的餐具製造商「李諾克斯瓷器公司」，發現這是一個創新的好機會。它只不過是採用了一個古老的觀念：「結婚登記簿」，但這本登記簿只准「登記」該公司的瓷器。準新娘告訴該公司她希望得到哪一套瓷器，並告訴公司一份可能的送禮人名單。於是，公司開始去詢問送禮人：「您準備送多少錢的禮物？」並解釋道：「您的錢可以買到兩只帶托盤的咖啡杯。」或解釋道：「新娘已經有全套的咖啡杯組了，她現在需要的是甜點盤。」最後的結果是，新娘、送禮人及李諾克斯瓷器公司皆大歡喜。

　　上述例子毋須任何高深的技術，也無法申請專利：該公司只是針對顧客的需求提供服務。然而一個簡單的結婚登記簿觀念 —— 也許就是因為它的簡單 —— 使李諾克斯公司成為最受歡迎的「上好瓷器」製造商，並成為美國中等規模製造商中成長最迅速的公司之一。

　　創造實用性的策略，乃是依照顧客「自己的方式」去滿足他們的需求。如果裁縫師必須花三小時才能到達郵局，並須負擔昂貴的郵資 —— 也許和他所要寄的帳單一樣貴，他絕不會去郵局寄他的帳單。希爾並未在原有的服務上增加任何東西，原來的郵局作業員、郵遞馬車及郵差都未改變。然而他所創造的郵政卻是一個前所未有的「服務」，這個服務提供了不同的功能。

## 2.定價

多年來，吉利（King Gillette）一直是最著名的美國人像，全世界都可以在「吉利」刀片的外包裝上看到這張臉。每天早晨，全球幾百萬男士都在使用吉利刀片。

吉利並未發明安全刮鬍刀，十九世紀末期已有許多安全刮鬍刀獲得了專利。一八六〇或一八七〇年以前，只有少數上流人士、職業藝人及商人才會注意他們的面部修飾，也只有他們才負擔得起理髮師的昂貴費用。突然之間，大批的男士（生意人、店員、職員）也需要看起來「體面些」。可是他們大多不會使用刮鬍刀，再不然就是這種危險的工具使他們感到不快，可是他們又不願光顧理髮店，那裡既昂貴又浪費時間。許多人發明了「自行操作式」安全刮鬍刀，可是都賣不出去。理一次髮只要付十分錢，而最便宜的刮鬍刀卻要賣五塊錢——在當時來說，日薪一美元已經算是很高的了。

「吉利」公司生產的安全刮鬍刀性能並不比其他產品為佳，而且它的製造成本反而更高。可是吉利公司所「賣」的並不是刮鬍刀。吉利牌刮鬍刀的零售價是五十五分錢，批發價是二十分錢，大約是製造成本的五分之一，所以幾乎等於是贈送給顧客。但是吉利的刮鬍刀經過特別設計，只能使用吉利公司的專利刀片，每片刀片的成本不到一分，卻定價為五分錢。由於每片可使用六至七次，因此每刮一次臉只需花費一分錢——是去一次理髮店所花費用的十分之一。

吉利公司的定價是根據顧客每刮一次臉的成本來計算，而不

是根據產品的本身來計算。如果人們以五塊錢購買了其他廠牌的安全刮鬍刀，及一片一、兩分錢的刀片，比較起來還是覺得不划算。因此，大多數都成了吉利公司的俘虜。顧客並非如廣告商或納德（Ralph Nader，譯註：美國消費者保護運動的發起人）所描述的那樣笨。事實上，顧客都很聰明，他們當然知道兩者的差別。他們乃是根據每刮一次臉的成本，而非根據一件「東西」來決定何者划算。倘若他們購買了吉利牌刮鬍刀，就不需要再使用其他廠牌的危險武器，也比上鄰近的理髮店便宜。

當初，一家位於紐約羅契斯特郡沒沒無名的小公司，後來稱為「哈羅伊德公司」（Haloid Company），取得了製造影印機的專利權。為什麼大規模的印刷機製造商不去爭取這項專利呢？其中一個原因是，這些大公司認為銷售影印機沒有前途。經過他們計算，這種機器要賣到四千美元一部。他們認為，複寫紙那麼便宜，誰會去購買這麼昂貴的印影機呢？而且四千美元不是一個小數目，公司主管必須計算其投資回收，提出資金分派申請，並呈給董事會批准才得購買。從任何一個觀點來看，他們認為購買這樣一部機器去幫助秘書簡直不可思議。哈羅伊德公司 —— 即現在的全錄公司 —— 耗費許多心血，終於完成了影印機的設計。然而，全錄公司的最大貢獻卻是它的定價。全錄公司並未銷售它的產品，而是銷售影印機所生產出來的拷貝。由於拷貝只需五到十分錢，因此毋須向董事會提出資金分派申請。換句話說，拷貝費用屬於「零用金」的範圍，秘書就有權處置。全錄公司將其機器定價為一份拷貝五分錢，是一項真正的創新。

大多數供應商（包括公共服務機構）從未將定價視為一種策略。然而，定價可以使顧客能根據他們真正購買的價值 —— 一次刮鬍或一份文件拷貝 —— 付出代價，而不是根據廠商的產品成本付出代價。當然，顧客最終所付出的還是一樣。廠商的定價是根據顧客的需要及現實組成的；它根據的是顧客真正購買的「價值」，而不是廠商的「成本」。

## 3.顧客的現實

美國奇異電氣公司的大型蒸汽渦輪機之所以能取得世界性的領導地位，主要是因為在第一次世界大戰前，該公司就考慮過顧客的現實需要。蒸汽渦輪機與活塞驅動蒸汽引擎不同，蒸汽渦輪機太過複雜，一般的電力公司絕無能力製造。每隔五到十年，當電力公司建立新發電廠時，才會購置一台。然而技術人員卻須維持相當的編制，因此製造商必須建立並維持一個龐大的顧問組織。

可是，奇異公司很快就發現，電力公司不可能支付顧問服務費用。根據美國的法律，這項開支必須由各州的公共事業委員會來投票表決。然而委員會的意見是，電力公司必須自行建立顧問組織。奇異電氣公司同時還發現，它不能將電力公司所需支付的顧問服務費附加在蒸汽渦輪機的售價上，至少公共事業委員會就不會同意。然而，蒸汽渦輪機的壽命相當長，每隔五到七年才需更換新的葉片，而這些葉片必須來自原製造廠商。結果奇異公司建立了世界上第一家免費服務的工程顧問組織 —— 但是該組織的實際名稱卻是

「儀器銷售」，而非工程顧問。不到十年的工夫，其他製造蒸汽渦輪機的廠商都採用了此一制度。然而，奇異公司已取得了全世界的市場領導權。

　　早在一八四〇年代，在產品及處理程序上就已有了符合顧客現實的類似設計，而成為分期付款的先例。當時，美國有許多人都發明了農作物收割機——這個需要相當明顯——麥考密克（Cyrus McCormick）也是其中之一。可是，他和其他的發明人都發現，他們的機器賣不出去。農人們根本沒有購買力。然而，人們也都知道，只需兩、三季的時間，農人們就可賺回機器的成本。可是，當時卻無任何銀行願意貸款給他們。於是，麥考密克提供了分期付款的方式，只要農人們在頭三年，答應由農作物收成所得中扣除機器價款即可。農人有能力負擔這種昂貴的收割機，是麥考密克的方式促成的。

　　廠商經常談到「無理性的顧客」（經濟學家、心理學家及倫理學家也都這麼說），但事實上沒有所謂的「無理性的顧客」；古諺說得好：「只有懶惰的廠商。」廠商一定要假設顧客都是有理性的。顧客的現實通常與廠商的現實不大相同。公共事業委員會所訂的規則，在廠商的眼裡可能是毫無意義和無理取鬧。然而，電力公司卻在它的管轄範圍之內，這就是電力公司所面對的現實。一八四〇年代的美國農民，他們的信用風險可能遠低於當時美國銀行的想像。可是當時美國農民所面對的現實是，銀行不願意借錢給他們。因此，創新的策略應接受這些現實，這些現實包括與產品本身無關的問題，以及一些顧客關心的問題。顧客不會購買不符合自己現實

問題的產品，就算買回來，也是一無用處。

## 4.提供顧客所需的價值

本章最後所要討論的創新策略，乃是指製造商應提供顧客一項「價值」，而不是提供它所製造出來的「產品」。這個策略實際上是上述接受顧客現實策略的再進一步，使這些現實，成為顧客購買產品的一部分。

美國中西部有一家中等規模的廠商，專門製造推土機及曳引機具所使用的特殊潤滑油。該公司占有全美半數以上的市場。該公司的競爭力並非來自潤滑油產品本身；事實上，它所銷售的是「保障」。該公司所提供給顧客（工程承包商）的「價值」，不是潤滑油，而是機具的運轉。一部重型機具不能運轉一小時所導致承包商的損失，比該部機具整年所使用的潤滑油費用多得多。所有的工程合約都規定，工程若未能在限期內完成，承包商必須接受嚴重的懲罰。然而承包商在競標前，卻須盡量節省工期，才有機會得標。這家潤滑油公司的做法是，替每部機具分析維護的需要，提供承包商一套維護計畫及每年維護費用，並保證在此計畫下，承包商的機具不會因潤滑問題而故障。不用說，承包商都願接受此一建議。其實，承包商所購買的不是潤滑油，而是不故障的保證，這對他們來說極有價值。

最後一個例子可稱之為「產品系統化」（moving from product to system），是密西根州濟蘭市的「米勒」（Herman Miller）家具公

司。該公司最初因製造早期的現代設計 ——「伊姆斯椅」（Eames chair）而著稱於世。等到其他家具商開始仿效時，該公司開始製造並銷售整套辦公室及醫院的醫療工作站家具，獲致相當成功。最後，當「明日辦公室」時代來臨時，米勒公司即著手創立一家「設備管理顧問公司」（Facilities Management Institute）。這家公司根本不銷售家具或設備，而是提供公司有關辦公室布置，以及有關最佳工作流程、高生產力、高昂員工士氣（這些因素都可降低成本）所需設備的建議。米勒公司此舉，乃是為顧客「定義」他們所需的「價值」。它告訴顧客道：「你們要花錢購買辦公家具，但你們也要購買工作、士氣及生產力，這些才是你們該花錢的地方。」

上述例子看來相當明顯，可是有誰曾運用過稍微高人一等的智慧，而想出類似的策略呢？系統經濟學之父李嘉圖曾說過：「利潤的創造，不是因為你比別人聰明，而是因為別人都比你愚蠢。」上述策略之所以成功，不是因為採行這些策略的人比較聰明，而是因為大多數的供應商 —— 包括製造商品或提供服務的企業及公共服務機構在內 —— 未詳加思考。由於這些策略太過「明顯」，所以會有人看到而加以運用。

但是這種人為何如此稀少呢？如上述例子告訴我們的，他們都是問了這個問題才贏得比賽的：「顧客到底購買的是什麼？」事實上，這根本不是一種比賽，因為除了他一人外，沒有其他人和他競爭。這到底是什麼原因呢？

其中一個原因是，經濟學家所說的「價值」觀念。每一本經濟學教科書都指出，顧客不是要購買一個「產品」，而是要購買產品

能為他們帶來的那個東西。可是到後來，除了「價格」以外，經濟學教科書忽略了所有因素的考慮。

　　經濟學家把「價格」定義為顧客為取得或獲得某一產品或服務的所有權而需支付的金額，而買到的產品或服務能為顧客帶來些什麼就再也不提了。不幸的是，不論是賣產品還是賣服務，供應商都喜歡接受經濟學家的這套理論。

　　「Ａ產品的成本是Ｘ元。」這句話是有意義的。「我們必須回收Ｙ元，以抵銷生產成本及資金成本，並得到適當利潤。」這句話也是有意義的，但我們卻不能做成下列的結論：「因此顧客必須以Ｙ元來購買Ａ產品。」相反的，我們應該繼續討論：「顧客必須以Ｙ元來購買我們的Ａ產品。但他們是否願意購買，端賴何者對他們最具意義：產品能為他們帶來些什麼？能否配合他們的現實？以及他們所看到的『價值』是什麼？」

　　價格本身並不是定價，也不是價值。金吉利由於洞悉此點，因此享有刮鬍刀獨占地位幾達四十年之久；小小的哈羅伊德公司也因深知箇中奧妙，在短短十年之內，就成為年營業額高達數十億美元的全錄公司；同時奇異電氣公司也因此享有蒸氣渦輪機的世界性領導地位。在上述例子中，每一家公司都獲得了鉅額的利潤。可是這些成果，卻是它們辛苦賺來的。它們給與顧客滿足感，也提供顧客希望購買的東西。換句話說，它們讓顧客感覺到所花的每一分錢都很值得。

　　「這些不過是最基本的行銷罷了。」大多數的讀者也許會這樣的抗議。這些讀者沒有錯，它「什麼都不是」，只是最基本的行

銷。廠商應由顧客的實用性、顧客所希望購買的、顧客所遭遇到的現實及顧客的價值來著手 —— 這些就是整個行銷學所談的內容。但是四十年來，我到處鼓吹行銷、教導行銷、以行銷為業，還是沒有幾家廠商願意走行銷的路，我實在無法了解他們的心態。然而到目前為止，只要有人願意用行銷做為他的策略基礎，就可迅速獲得某一產業或某一市場的領導權，而且風險微乎其微。

創業型策略、有目的的創新以及創業型管理三者同等重要，三者綜合，就組成了「創新與創業精神」。

雖然創業型策略並不多，而且相當合理明確，但是選擇一個特定的創業型策略，可比實行有目的的創新或創業型管理難多了。我們知道哪裡有創新的機會，我們也知道如何分析這些機會；我們知道哪些是正確的管理政策及實務，可促使現營事業或公共服務機構具備創業精神；我們也知道新事業該如何著手。但是，要選擇一個能配合創新事業的創業型策略，卻是一個風險極高的決策。

某些創業型策略較適合於某一特定情況，例如前述稱之為創業家柔道的策略，就適合於原有的產業領導者多年來已養成傲慢自大的壞習慣，因此予人可乘之機。據此，我們就可描述某個創業型策略的典型優點及其限制。

最重要的是，我們知道，如果創業策略愈從使用者 —— 他們的實用性、價值及現實著手，將來成功的機會就愈大。所謂創新，就是市場或社會的一項變革。創新能為使用者帶來更大的利益，為社會帶來更多的財富、更高的價格或滿足。

創新的成功與否，端看它能為使用者帶來什麼。因此，創業家

總是以市場為重心。亦即以市場為導向。

　　雖然如此，創業型策略仍屬於創業的決策範圍，因此它仍擔有風險。它絕不是一種預感或賭博，但也不完全是科學。更確切的說，它是一種「判斷」。

# ｜結　論｜
# 創業型社會

## 1.創新與創業精神

　　美國的傑佛遜（Thomas Jefferson）總統活了八十三歲，他在晚年時曾說道：「每一代都需要新革命。」與他同時代的德國大詩人歌德，雖然是一位主要的保守派人士，也在他晚年的一首詩中，道出了同樣的心聲：

　　我們沒有理由再逃避了。

　　請賜我們災難吧！

　　傑佛遜和歌德都道出了他們對啟蒙運動（Enlightenment）和法國大革命所留下遺產的失望。然而，在一百五十年後的今天，我們對今日的遺產 —— 福利國家（Welfare State）這個偉大的諾言 —— 也和他們兩人一樣感到失望。福利國家的觀念從德國的君主專制時代就萌芽了。當時的「福利」乃是針對窮人與殘障人士，現在卻成為「人人可享受的權利」，且愈益成為從事生產者的沉重包袱。機構、制度和政策，到最後都應該被淘汰，而產品、程序與服務也不例外。它們在達到目標或無法達到目標之後，就應該被淘汰了。或許它們的機能尚仍健全，但當初設計所根據的假設已變得陳舊不堪

了 —— 例如數百年來，所有已開發國家為醫療及退休計畫所做的人口統計設計。因此我們沒有理由再逃避了，請賜我們災難吧！

然而，我們自從傑佛遜時代以來所學的「革命」，並不是解決目前問題的妙方。革命無法預測、指揮或控制；革命賦予人們不該擁有的力量。最糟糕的是，革命的結果 —— 可預期的 —— 恰與革命者的承諾相對立。一八二六年傑佛遜死後不久，法國大政治家托克維爾（Alexis de Tocqueville）就曾指出，革命不曾摧毀舊制度之下的限制，只會使限制更加擴大。托克維爾證實，法國大革命留下來最長久的遺產，是法國革命後的限制比革命前更加嚴密：把國家交給一個不受控制，而且無法控制的官僚政府；所有的政治、知識、藝術以及經濟生活都集中於巴黎。俄國大革命的主要結果，是新的農奴制度、無孔不入的祕密警察，以及一個嚴厲、腐敗、壓迫人民的官僚政府 —— 沙皇制度的翻版，而沙皇制度卻是蘇俄自由人士與革命家所大聲疾呼要打倒的制度。另外，毛澤東在中國大陸所推動的「文化大革命」，更造成了千萬無辜者的喪命。

事實上，我們到現在才知道，革命是一種謬誤，而且是十九世紀最普遍的一種謬誤。而今日的人們恐怕對此神話更加不相信。現在我們才知道，革命並不是一項成就，也不是光明時代的來臨。它源自老年期的腐敗、觀念和組織的破產，以及自我改革的失敗。

同時我們也知道，各種理論、價值以及人類心智的所有結晶，終有一天會老化、僵化和過時，而變成一個「災難」。

因此，無論是社會或經濟，也無論是公共服務機構或私人企業，都需要創新與創業精神。創新與創業精神能使任何社會、經

濟、產業、公共服務事業或私人企業保持彈性與自我革新（self-renewing），完全是因為創新與創業精神並非「一次連根拔除」，而是「循序漸進」，這一次推出一項產品，下一次實行一項政策，再下一次改進一個公共服務項目；是因為它們並未做整體規畫，而是隨處注意各種機會與需要；是因為它們屬暫時性的，如果未達預期目標或成果，它們就會消失不見。換句話說，它們能發揮功效，不是因為注重教條，而是因為強調實際；不是因為好高騖遠，而是因為腳踏實地。幾個時代以來，傑佛遜總統希望能透過革命達到的理想境界，均可藉著創新與創業精神來達成，並且不會發生流血事件、內戰、集中營或經濟災難。它們是有目的、有方向的行為，並在人們的控制之下。

我們所需要的，乃是一個創業型社會。在這個社會中，創新與創業精神所代表的是一種正常、穩定及持續的行為。正如管理已成為所有現代機構特定的工具，以及組織社會的整合工具一樣，創新與創業精神也應成為今日組織、經濟及社會賴以存續的主要活動。

要達到這個目的，所有機構的主管都應將創新與創業精神當做組織及工作中一種正常、持續進行的例行性實務。本書的目的，就是提供達成此一任務所需的觀念及工具。

## 2. 無用的政策

在討論一個創業型社會所需的公共政策及政府評估方法時，首先應討論不能發生作用的政策 —— 特別是今日所流行的一些無用

的政策。

　　一般人所了解的「規畫」，實際上與創業型的社會與經濟格格不入。沒錯，創新需要設定目標，而創業精神也需要有良好的管理。但是從創新的字面來看，創新必須要分權、成立專案小組、自主權、明確化，並以個體經濟方式為之。它最好是從小規模開始發展，最好是暫時性的，並且最好具有彈性。事實上就整體而言，創新的機會常是偶然發現的。這種機會未必出現在規畫人員必須處理的大批事物中，有時反而是因為脫離正軌而發現的 —— 意外的狀況、不一致的情況、「一杯半滿的水」與「一杯半空的水」之間、一個處理程序中較弱的環節。等到這些逸出正軌的情況變成「重大的統計事件」，規畫人員也因而察覺時，通常都已經太遲了。創新機會不會在暴風雨來臨時出現，而是隱藏在徐徐微風之後。

　　現今一般人（尤其是歐洲人）普遍相信，一個國家可以靠自己的力量達到「高科技創業精神」。法國、西德，甚至英國的國策，都以這個前提為依據。然而這個想法又是一個錯覺。事實上，推動高科技的政策以及高科技本身，都不會產生高科技 —— 這種做法等於對創業精神採取敵視態度，就像法國、西德，甚至英國對創業精神採取敵對態度一樣。這種做法只會造成另一慘敗 —— 另外一架「協和式」超音速噴射客機，換來一點點「虛榮」，背後卻是嚴重的虧損。這種做法既不算是一項工作，也不能夠取得科技的領導地位。

　　首先，我們要了解 —— 本書幾項重大的前提之一 —— 高科技只是創新與創業精神的領域之一，而其領域的創新占創新的絕大部

分。同時，推動高科技的政策還會碰到政治性的阻礙，往往一道命令，原有的政策就被迫停止。在創造工作機會方面，高科技的貢獻在明日，而不是現在。如本書前言中所述，美國的高科技在一九七〇至一九八五年所創造的工作機會，並不比「煙囪工業」喪失的工作多，約五到六百萬個。美國經濟社會在該時期所增加的工作──三千五百萬個，全部都是由「中科技」、「低科技」或「零科技」的新事業所創造的。然而，歐洲國家的勞動力一直都在持續成長，將來必定要尋求更多的工作，來自這方面的壓力也會愈來愈大。如果政府將創新與創業精神的重心放在高科技上，勢必會犧牲今日其他工業的需求──這些需求是處在痛苦中的業界巨人的支柱，而且高科技的前途也勢必會變得沒有把握。法國共產黨曾於一九八四年要求密特朗（Francois Maurice Mitterrand）總統的內閣放棄這個政策，同時，密特朗自己所屬社會黨的左派也愈來愈感到不快與不安。

最重要的是，一個國家若要重視高科技的創業精神，而不推動一個包含零科技、低科技及中科技的創業型經濟，就像一個沒有山脈支持的山頂一樣。就算有政府推動，高科技人員也不會加入這種新興、風險性高的高科技性事業。他們情願加入一家已建立地位、較「安全」的大公司，或在政府機關覓得一個較有保障的工作。當然，高科技事業也需要大批非高科技職員：會計、銷售員、經理等等。一個把創業精神與創新一腳踢開的經濟社會，只留下少數「迷人的高科技事業」。在這樣的環境裡，高科技事業的從業人員將會不斷地找工作與換職業，因為這個社會及經濟（即他們的同學、父

母和師長）鼓勵他們加入一個「安全」、已建立地位的大機構。配銷商將不願經紀新事業的產品，投資人也不願借錢給這些事業。

高科技事業需要資金，其他的創新事業也同樣需要。基於知識的創新事業，特別是高科技的創新事業，從投資到獲利所需的前置時間最長。全世界的電腦工業一直虧損了三十年，直到七〇年代後期才開始損益平衡。當然，IBM公司很早就獲得了超額的利潤。另外，不少號稱「七矮人」的美國小規模電腦廠商也在六〇年代後期出現了利潤。然而在這三十年當中，不少電腦廠商多次出現鉅額的虧損，早就把上述利潤抵銷掉了。這些電腦廠商許多都是歷史悠久的大公司，最後卻被迫退出電腦市場，如美國的奇異電氣公司、西屋公司、國際電報電話公司、RCA公司；英國的奇異電氣公司、佛蘭提公司及普列西公司；法國的「湯姆森休斯頓」（Thomson-Houston）公司；德國的西門子公司及德律風根公司；荷蘭的飛利浦公司；以及其他許多大公司。迷你電腦與個人電腦產業也將重複這段歷史，許多年後，該產業全世界的收支才會出現平衡。生物科技也不例外。一百年前，即一八八〇年代，電器業也發生了同樣的故事。一九〇〇或一九一〇年時，汽車工業也難逃此模式。

然而，在這段長期的待產期間，非高科技性事業所創造的利潤，必須用來抵銷高科技事業的虧損，並提供它們所需的資金。

這些年來，法國都在追求高科技性地位，不論是資訊科技、生物技術，還是自動化科技。這個政策當然是正確的，因為法國的政治及經濟力量需要這樣的地位。法國確實擁有科學及技術方面的能力。但是，一個沒有創業型經濟的國家，想要追求高科技的創新及

創業精神是很不容易的（我幾乎要說這是不可能的）。高科技當然是重要的刀刃，但沒有刀哪來刃。高科技工業無法單獨生存，就如人死了不可能還有一個健康的頭腦一樣。想要擁有高科技工業，整個經濟必須擁有許多創新者與創業家；他們具有創業家的遠見與價值觀，能夠獲得新事業所需的資金，並充滿創業家的熱忱。

## 3.社會創新的需要

在一個創業型社會中，有兩個領域需要大量的社會創新：

一個社會必須制訂政策來照顧過剩的工人。這些工人的數目並不多，但「煙囪工業」的藍領工人都集中在極少數的幾個地方。例如美國汽車工業的全體工人當中，有四分之三都集中居住在二十個郡。因此他們顯得很起眼，且都很有組織。更重要的是，他們都缺乏安置自己的能力，也不知如何轉業或換工作。他們不是未受過教育，就是缺乏職業技能，再不然就是沒有社交的能力，最重要的是他們多半缺乏自信。他們一輩子都未求過職，當他們到達工作年齡時，一位在汽車廠工作的親戚就會把他介紹給汽車廠領班，或教區的牧師會交給他一封介紹信，叫他向教區內一位在工廠上班的教友報到。英國「煙囪工業」的工人、威爾斯的煤礦工人、德國魯爾區的藍領工人、法國洛林區的工人或比利時波林內（Borinage）工業區的工人，情況都是大同小異。本世紀教育與知識水準都有大幅度的成長，然而在已開發國家中，這一群工人卻未能趕上水準。就能力、經驗、技能與教育程度而言，他們與一九〇〇年未受過訓練的

勞工沒有什麼兩樣。然而有一件事卻不同，那就是他們的投入有顯著的增加 —— 如果將工資與福利合併計算，他們是工業社會中收入最好的一個團體 —— 而且政治影響力也大幅增加。因此，他們沒有足夠的能力（不論是個人還是團體能力）來幫助自己，卻擁有足夠的力量去反對、否決與干涉。除非社會能夠安置他們，甚至是為他們找到一份低收入的工作，否則他們必定會變成一個反對的力量。

只要經濟能邁向創業型態，這個問題就可以得到解決。一個創業型經濟中的新事業，將會創造許多新的工作機會。這是過去十年來發生在美國的故事，這個故事解釋了為什麼古老「煙囪工業」的大量失業工人並未造成重大的政治問題，甚至並未引起許多保護人士的口誅筆伐。然而就算一個創業型經濟創造了許多新工作，社會仍須建立起有組織的力量，來訓練並安置昔日「煙囪工業」的過剩工人 —— 他們可不會自我訓練。否則這些過剩的「煙囪工業」勞工，將會愈來愈反對任何新事物 —— 甚至包括拯救他們的工具在內。迷你鋼鐵廠可提供工作機會給過剩的鋼鐵工人，自動化汽車工廠也可安置無處可去的汽車工人。然而迷你鋼鐵廠或自動化汽車工廠現職工人彼此之間的競爭也很激烈，他們知道現有的工作無法持久。除非我們能利用創新來為「煙囪工業」的過剩工人創造工作機會，否則他們會感覺到自己無能、恐懼，被社會所拋棄，因而抗拒所有的創新 —— 英國（或美國郵局）就曾發生過這樣的個案。歷史上亦有過創新為過剩工人創造工作機會的例子 —— 一九〇六年日俄戰爭以後，日本出現嚴重經濟蕭條，「三井」財閥創造不少工

作機會：二次大戰後，瑞典審慎擬定了一項政策，為農人及伐木工人創造了許多就業機會，使瑞典逐步邁入欣欣向榮的工業化國家。前曾述及，過剩工人的數目並不很大 —— 其中三分之一的年齡在五十五歲以上，可以提前退休，另外三分之一是三十歲以下的年輕人，他們有能力更換工作並自我安頓，這些人都不是我們特別關注的對象。然而，如何制訂政策來安置剩下三分之一的人 —— 人數雖然不多，卻是整個藍領階級的核心分子 —— 卻令人頭痛，有關當局仍需大費周章。

第二個社會創新極難推動，這是一項徹底的改革，而且也是史無前例的創舉 —— 有系統地廢棄陳腐過時的社會政策及公共服務機構。這個問題在前一個偉大的創業時代還不算嚴重，因為在當時這類的政策及機構數目並不多。然而，現在卻到處充斥著這種政策與機構。同時，我們到現在才知道，它們很少能永遠存在的，而且它們大都應很快地被淘汰。

過去二十年來，全世界的人對以下事實的看法及認知已有了基本的改變 —— 這是一個永垂不朽的轉捩點 —— 那就是人們了解到，政府機構及其政策是人為的，不是天賦的。既然是人為的，人們就可確定這些機構及政策很快就會過時。然而，許多政策仍基於已過時的假設，因此許多政策一經頒布，就永難廢棄。到目前為止，還沒有哪一種政治機能可以有效廢棄古老、過時、不再具生產價值的政府機構與政策。

也許我們現在所擁有的還未發生作用。美國曾很快地通過了一個「日落法律」（sunset laws），指出政府機構或公共政策經過一段

時間後，除非重新制訂，否則就應廢棄。然而這個「日落法律」並未發生作用，部分是因為沒有訂定審查的標準，部分是因為未建立有系統的廢除過程，但最主要的原因卻是我們到現在還不知道如何發展出新的替代方法，以達成舊有機構或政策應該達成的目標。

　　政府一定要訂定原則與程序，使「日落法律」具有意義，並且能有效發揮它的功用。這是一個重要的社會創新，且能使社會進步 —— 我們的社會迫切需要這樣的法律，而且也已準備好接受它。

## 4. 新任務

　　上述這兩個社會政策不過是範例而已，隱藏在它們之下的，乃是一個龐大的需要：政策、態度及優先順序的重新定位。無論是機構還是個人，我們都應鼓勵他們養成彈性的習慣，持續不斷地學習，並把變革視為家常便飯，視為大好的機會。

　　賦稅政策就是一個重要的領域，因為它對人類行為的影響極大，而且是社會價值觀及社會政策優先順序的象徵。在已開發國家中，稅制對公司廢棄舊有事物的處罰極重。舉例來說，美國稅法認定，出售或清算一個事業或一條產品線的金額為所得，而實際上這些金額是當初投資的回收。在現行的稅制下，這些金額須按營利事業所得稅扣繳。如果公司將這些錢發放給股東，股東就必須按個人所得稅扣繳。稅法把這些錢當做「紅利」，即公司有了「利潤」之後發放股東的股息。結果導致公司不願放棄舊有的、過時的、不再具生產力的事業或產品線，而情願竭澤而漁。糟糕的是，公司還派

出最能幹的人去「挽救」它。這些人力資源是公司內最稀少、最寶貴的資源，公司應分派他們去從事未來的事業（如果公司還有未來的話），但公司卻做了錯誤的處置。等到真正需要清算這些過時事業或產品線時，公司並不會把清算所得交給股東，也不會選擇創新性的創業機會。相反的，公司通常會把清算所得投入公司內另一個歷史悠久、傳統、式微的事業或產品，因為這些事業或產品不容易獲得投資人的青睞，公司必須自行籌措資金。最後，公司再一次重複了上述過程 —— 誤置了稀有資源。

　　一個創業型社會需要一套能鼓勵公司將昨日資金運用於明日事業的稅制，而不是像現在一樣，加以防止或處罰。

　　另外，我們尚需要改進現行稅制，以減輕成長性新事業所面臨最嚴重的財務壓力：現金短缺。我們必須接受一個經濟現實：在成長性新事業的頭五、六年當中，利潤不過是會計上的一種幻象。在這段期間內，新事業的今日營運成本總是大於昨日的營運盈餘（指當期所得超過昨日營運成本的部分）。因此，正在成長的新事業必須將所有的營運盈餘用來維繫它的生存。特別是當事業成長快速時，公司必須繼續投資，而其金額將遠超過它所能生產的「當期盈餘」（即利潤）。因此稅務機關應免除成長性新事業 —— 不論它是單獨的事業，還是公司許多事業中的一部分 —— 的所得稅負擔。這和我們不會要求一個正在快速成長的小孩生產「盈餘」，以負擔他自己的成長需求的道理是一樣的。稅負不過是一項工具，政府用它來養活別人 —— 即非生產者。如果政府等到新事業「長大」後再課稅，到後來總稅收反而會大幅增加。

　　如果政府認為這種改革太過「激進」，至少也應該緩徵新事業在嬰兒期所產生的「利潤」。政府應讓新事業保留所賺得的現金，既不加以懲罰，也不課徵利息所得，直到它們度過嚴重的現金流量壓力時期。

　　總而言之，一個創業型的社會及經濟，需要訂定獎勵金形成的稅負政策。

　　日本人成功的「祕密」之一，就是政府正式制訂資金形成可以「免稅」（tax evasion）的獎勵。日本成年人可以合法地擁有一個相當金額的免稅儲蓄帳戶，但實際上這類帳戶的數目是全日本人口總數的五倍，因此日本報章雜誌及政界人士經常攻擊，認為這個數字是日本人的「恥辱」。可是日本人卻非常小心地「濫用」他們的權利，結果使日本成為全世界資本形成率最高的國家。也許人們會認為這種方式太過迂迴，可是日本人卻成功地逃避了現代社會所遭遇的困境：社會一方面需要高資本形成率，一方面又將利息及股息當做「不勞而獲的收入」及「資本家所得」（有時甚至把利息及股息當做罪惡或不道德的東西）而加以課稅，兩者之間自然形成了尖銳的衝突。然而一個國家若想在現今創業的時代維持其競爭地位，就要像日本人一樣，以一種喬裝的半官方方式，發展出一套能促進資本形成的稅負政策。

　　和財稅政策同等重要，同樣亦可被鼓舞創業精神（或至少不加以處罰）的做法是，免除政府法令、限制、報告及文書作業對新事業的干擾，因為這些已成為新事業日益沉重的負擔。我有一個自認為不可能被接受的方法：新事業為了應付政府法令、報告及文書作

業而產生的成本，如果超過新事業總收入的一定比例（如百分之五），即可向政府要求補貼。這樣做尤其對公共服務機構（如移動式醫療中心）有好處。在已開發國家中，公共服務機構因政府的繁文縟節而背負極其沉重的包袱；它們為政府所做的瑣事，比一般企業還來得多。然而公共服務機構的財力及人力，都不足以挑起這個重擔。

　　政府機構所導致的看不見的成本，一直在穩定的成長。對已開發國家所潛伏的這種危險疾病，上述方法將是最佳的，可能也是唯一的良方。政府機構所導致的成本耗費了許多財力，也耗費了優秀人才的時間及精力。然而，這項成本卻看不見，就是要「配合」政府的命令與法則；擁有二百七十五位員工的小公司在其損益表中也有這項成本，因為政府的預算中沒有這個數字。可是執業醫生的帳目裡卻看得到這項成本，因為他的護士要填寫政府規定的表格及報告；大學預算裡也會出現這項成本，因為有十六位高級行政人員的工作，因為其中十九位員工就是在擔任政府稅務員的工作，他們的工作包括替政府從員工薪水中扣掉社會福利捐，替政府蒐集供應商與顧客的統一編號，或像在歐洲一樣，替政府課徵附加稅（value-added tax）。所有這些看不見的政府費用完全不具生產力。有誰會認為稅務會計師對國家財富、生產力以及社會福利有貢獻（不論是實質、物質，還是精神上）。然而，每一個已開發國家都有這種趨勢，要求最稀少的資源，亦即能幹、勤奮、受過完好訓練的人才，去從事不具生產力的工作。

　　想要阻止這種看不見的政府成本的蔓延，已經是一種奢望，更

不用談要求政府補貼了。但我們至少可以做到下列這點，即盡量保護具有創業精神的新事業，以免它們背負上述成本的重擔。

因此，政府在提出任何一項新政策或新法案之前，都應詢問下列問題：它是否能進一步增加社會的創新能力？它是否能增加社會及經濟的彈性？它是否會干涉或懲罰創新及創業精神？當然，政府毋須完全以此來評定某個政策的好壞，但至少在提出政策之前，應先將政策對創新及創業精神的影響考慮在內。然而，也許除了日本以外，今日沒有任何一個國家這麼做。

## 5.創業型社會中的個人

在一個創業型社會中，個人面臨了一個極大的挑戰：每個人都必須不斷地學習、再學習，並將這種學習機會視為一種挑戰。

在傳統社會中，人們認為青少年是學習的結束階段，最遲到成人階段就毋須再學習了。一個人在二十一歲以前沒有學到的，以後就再也不可能學到了。同時一個人會將他在二十一歲以前所學到的東西，一成不變地在一生中運用。因此，傳統的學徒制度，與傳統的技藝、職業、學校及教育制度的建立，都是根據這種假設。當然，在這種假設下仍有某些團體是例外，如大藝術家、大學者、禪宗信徒、密宗人士以及耶穌會修道士等，他們都未間斷學習的過程。但是這些例外為數甚少，很容易被人們忽略。

然而在一個創業型社會中，這些例外卻應成為人們效法的典範。在一個創業型社會中，每個人滿二十一歲之後仍應學習新事

物 —— 也許不止一次 —— 這才是正確的假設。這個正確的假設是，過了五到十年，一個人在二十一歲以前所學的事物會逐漸被淘汰，因此他應該以新學習、新技能以及新知識，來替代（或至少用來修飾）以前所學的事物。

為了個人的發展及事業前途，每一個人都應不斷地學習，否則後果亦應由他來承擔。人們不應再假定孩童及青年時期所學的事物可做為一輩子的「基礎」，它應被視為一個「發射台」（launching pad）—— 用來發射，而不是用來建築或休息。人們不應再繼續假設他們只要「選定了一項職業」，只要走在一條預定、已標好路標，而且充滿光明的「職業路徑」上，就能達到既定的目的地 —— 這就是美國軍隊所謂的「進階過程」（progressing in grade）。現在人們應該假設，一個人在一生當中，會發現、決定及發展出好幾個「職業」。

一個人所受的教育愈高，他的工作就愈有創業性，也愈需要將學習當做一種挑戰。或許木匠仍可假設他在學徒時期所學到的技藝，足夠他用四十年。可是醫生、工程師、化學家、冶金家、會計師、律師、教師以及管理人員等可大不相同，他們最好假設，他們十五年之後將應用全新而完全不同的技能、知識及工具。甚至要假設，十五年之後必須從事完全不同的新工作，有完全不同的新目標，在許多情況中，事實上是從事完全不同的新「行業」。同時，只有靠自己不斷地學習，不斷地調整方向，他們才不會被社會淘汰。一切傳統、慣例及「公司政策」，都將成為新事業的阻礙，而沒有什麼幫助。

　　上述事實也是對教育及學習制度的一項挑戰。現今全世界的教育制度，都是十七世紀歐洲教育制度的延伸。雖然其間經過重大的增加及修正，然而各級學校最基本的架構，卻是三百多年前的骨董。現在各級學校急需傳授一些新思考方式，以及增添一些新教學方式。學前兒童使用電腦的熱潮已逐漸衰退，然而讓四歲孩童看電視的教育方式，與五十年前完全不同。面臨「職業」選擇的年輕人──大學人數的五分之四，確實需要一種「自由式教育」（liberal education）。然而「自由式教育」，或德文中的「Allgemeine Bildung」，顯然與十七世紀課程的翻版──十九世紀的教育制度不同。如果我們不肯接受這項挑戰，就可能失去整個「自由式教育」的基本觀念，而降格成為純粹職業式、專業式的教育方式，如此會危及整個社會的教育基礎，甚至危及整個社會。教育家也應該接受一項最大的挑戰──同時也是最大的機會，那就是學校不單單是為年輕人而設立的，對那些已受良好教育的成人，學校仍應安排課程，讓他們繼續不斷地學習。

　　到目前為止，還沒有任何教育理論談到這種使命。到目前為止，還沒有任何人發展出「現代」中、小學與「現代」大學，像十七世紀捷克偉大的教育改革家柯美紐斯，或像耶穌會教士所做的一樣。不過在美國，至少實務已超前理論甚多。我認為最近二十年來，最徹底、最令人鼓舞的發展，就是美國教育界的實驗──「教育部」消失後的優良副產品──以需要不斷學習的成人，特別是已受過良好教育的成人為對象。這二十年來，教育界為已受過高等教育及已有顯著成就的成人，建立了一套持續教育及職業發展計

畫。雖然沒有「總計畫」，沒有「教育哲學」，事實上也未獲得教育機構的大力支持，但是這套持續教育及職業發展計畫，這二十年來已成為一個真正的「成長產業」。

創業型社會的興起，可能是歷史上一個重大的轉捩點。

自亞當斯密於一七七六年出版《國富論》一書以來，即開始了長達一個世紀的自由式競爭：到了一八七三年，世界性的大恐慌中止了自由式競爭，取而代之的是現代福利國家的興起。一百年後，也就是現在，每一個人都知道現代福利國家思潮已走到了盡頭，也許它可無視人口老化、出生率降低的人口統計挑戰，而繼續苟延殘喘。然而現代福利國家求生存的唯一活路，在於創業型經濟能成功地大幅提高生產力。我們仍可在福利的殿堂外，加蓋一間小屋，增加這項福利，或改善那項措施，但福利國家的時代已經過去了 —— 即使是年高德劭的自由派人士，也知道這項事實。

下一個時代，是否就是創業型社會呢？且讓我們拭目以待！

國家圖書館出版品預行編目資料

創新與創業精神：管理大師彼得‧杜拉克談創
新實務與策略／ Peter F. Drucker 著；蕭富峰、
李田樹譯 . 一版 . 臺北市：臉譜，城邦文化出版；
家庭傳媒城邦分公司發行，2020.12
　　面；　公分. -- （企畫叢書；FP2103X）
譯自：　Innovation and entrepreneurship

ISBN 978-986-235-878-8（平裝）

1.企業管理　2.創業　3.美國

494　　　　　　　　　　　　　　　109015837